Boy / Bruckert / Wessels
Elektrische Steuerungs- und Antriebstechnik

Die Meisterprüfung

Elektrische Steuerungs- und Antriebstechnik

Dipl.-Ing. Hans-Günter Boy
Dipl.-Ing. Klaus Bruckert
Dipl.-Ing. Bernard Wessels

10., überarbeitete Auflage

Vogel Buchverlag

Die Deutsche Bibliothek – CIP-Einheitsaufnahme

Boy, Hans-Günter:
Elektrische Steuerungs- und Antriebstechnik /
Hans-Günter Boy ; Klaus Bruckert ; Bernard Wes-
sels. – 10., überarb. Aufl. – Würzburg : Vogel, 1995
   (Vogel-Fachbuch : Die Meisterprüfung)
   ISBN 3-8023-1566-1
NE: Bruckert, Klaus:; Wessels, Bernard:

1. bis 3. Auflage: ISBN 3-8023-0558-2
4. bis 8. Auflage: ISBN 3-8023-0725-9
Der bis zur 8. Auflage enthaltene Teil «Elektrische Maschinen»
erscheint ab der 9. Auflage als separater Band: Fehmel/Flach-
mann/Mai: Elektrische Maschinen.

ISBN 3-8023-1556-1
10. Auflage. 1995

Vorwort

Dieses Buch in der Reihe *Die Meisterprüfung in der Elektrotechnik* behandelt ausführlich alle wichtigen Teile der elektrischen Steuerungstechnik und der Leistungselektronik. Es entstand durch Teilung des Bandes *Elektrische Maschinen und Steuerungstechnik* in zwei eigenständige Bücher.

Innerhalb der Schalt- und Steuerungstechnik ist ein Kapitel den Schaltgeräten gewidmet. In zahlreichen Beispielen werden Grundschaltungen und spezielle Schaltungen in konventioneller Technik gezeigt. Es folgt eine ausführliche Anleitung zum Darstellen von Steuerungsfunktionen mit Symbolen für binäre Schaltungen und zum Beschreiben von Steuerungen mit Funktionsplänen. Die Einführung in das Thema speicherprogrammierbare Steuerungen schließt sich an. Ein weiteres Kapitel beschreibt die Drehzahlverstellung von Gleich- und Drehstrommotoren mit den zugehörigen Stellern der Leistungselektronik.

Dieser Band ist für jeden Elektrofachmann in der Energietechnik wichtig, weil Antriebe und Steuerungen zur Grundausrüstung aller Betriebe gehören. Von besonderer Bedeutung ist er für die Meisterausbildung von Elektrofachkräften der energietechnischen Berufe, wie Elektroinstallateuren, Elektromechanikern und Elektromaschinenbauern sowohl im Handwerk als auch in der Industrie. Vorausgesetzt werden die Kenntnisse, die der Band *Mathematische und elektrotechnische Grundlagen* enthält. Hierzu zählen der Umgang mit mathematischen Formeln, das magnetische Feld, die elektrischen Grundgesetze der Gleichstrom- und Wechselstromtechnik und die grundlegenden Zusammenhänge der Drehstromtechnik.

Die mit diesem Buch erreichbaren Lernziele entsprechen jenen Anforderungen, die der Zentralverband der Deutschen Elektrohandwerke für die Meisterprüfung im Elektroinstallations-, Elektromaschinenbauer- und Elektromechanikerhandwerk festgelegt hat. Die heutige Form der Buchreihe entwickelte sich aus den bekannten Bänden *Die Meisterprüfung in der Elektrotechnik*. Sie ist das Ergebnis ständiger Erprobungen mit Teilnehmern an Meisterlehrgängen der Bundesfachlehranstalt für Elektrotechnik in Oldenburg und bringt die umfangreichen Erfahrungen der Autoren im Handwerk und in der Industrie zum Ausdruck.

Die übersichtliche Gliederung und Gestaltung des Stoffes erleichtert dem Leser das Einarbeiten. Zahlreiche Beispiele tragen zum besseren Verständnis der Fachprobleme bei. Bei jeder Überarbeitung werden die neuesten Normen nachgetragen und an einigen Stellen zum besseren Erkennen den alten Normen gegenübergestellt.

Oldenburg/Würzburg   Verfasser und Verlag

In der Fachbuchgruppe «Die Meisterprüfung in der Elektronik» sind bisher erschienen:

Böttle/Friedrichs: Mathematische und elektrotechnische Grundlagen

Boy/Dunkhase: Elektro-Installationstechnik

Fehmel/Flachmann/Mai: Elektrische Maschinen

Folkerts/Friedrichs: Hausgeräte-, Beleuchtungs- und Klimatechnik

Böttle/Boy/Grothusmann: Elektrische Meß- und Regelungstechnik

Dugge/Haferkamp: Grundlagen der Elektronik

Böttle/Friedrichs: Aufgaben und Ergebnisse Elektrotechnik

Boy/Bruckert/Wessels: Elektrische Steuerungs- und Antriebstechnik

Böttle/Fehmel: Formeln und Tabellen Elektrotechnik

Ebenfalls im Vogel Buchverlag sind in der Fachbuchgruppe «Elektronik» erschienen:

Beuth/Beuth: Elementare Elektronik

Meister: Elektrotechnische Grundlagen

Beuth: Bauelemente

Beuth/Schmusch: Grundschaltungen

Beuth: Digitaltechnik

Müller/Walz: Mikroprozessortechnik

Schmusch: Elektronische Meßtechnik

Inhaltsverzeichnis

10

1 Schaltgeräte und Grundschaltungen

Aus dem Gebiet der Niederspannungs-Schalt- und Steuertechnik sollen wichtige Schaltgeräte in Aufbau und Funktion behandelt werden. Weiterhin sind die Grundlagen aufgeführt, die erforderlich sind, um Schaltpläne sinngemäß richtig lesen zu können, und die es ermöglichen, einfache Steuerungen logisch aufzubauen.

1.1 Bedeutung der Schaltzeichen

Elektrische Schaltungen können nach einheitlichen Richtlinien des Deutschen Instituts für Normung (DIN) in Form von genormten Schaltplänen aufgezeichnet werden. Eine wichtige Voraussetzung für die schnelle und richtige Beurteilung eines Schaltgerätes oder einer elektrischen Anlage nach einem Schaltbild bzw. nach einem Schaltplan ist die genaue Kenntnis der Bedeutung von Schaltzeichen. Alle Elemente einer elektrischen Schaltung, wie z.B. Schaltkontakt, Antriebe, Leitungen, Klemmenverbindungen, mechanische nichtleitende Verbindungen von Gerätebauteilen usw., lassen sich eindeutig durch genormte Sinnbilder, sogenannte Schaltzeichen und Schaltkurzzeichen, darstellen.

Einige gebräuchliche, nach DIN 40900 genormte Schaltzeichen sind auszugsweise in Tabelle 1.1 zusammengefaßt und erklärt. Durch das Zusammenfügen der Schaltzeichen erhält man Schaltbilder oder Schaltpläne von Geräten oder elektrischen Einrichtungen. Schaltgeräte bestehen im Aufbau allgemein aus drei Grundeinheiten:

1. Antriebsglieder
Dazu gehören handbetätigte Antriebe, wie z. B. bei Dreh-, Kipp- oder Hebelschaltern, und fremdbetätigte Antriebe, wie z. B. bei druck-, temperatur- und feuchtigkeitsabhängigen oder elektromagnetisch betätigten Schaltgeräten.

2. Mechanische Zwischenglieder
Darunter versteht man elektrisch nichtleitende, mechanische Verbindungen, die zur Kraftübertragung zwischen Antriebs- und Schaltgliedern dienen.

3. Schaltglieder
Als Schaltglieder bezeichnet man Arbeits- und Hilfskontakte, z.B. Schließer, Öffner, Wechsler. Zur zeichnerischen Darstellung von Schaltgeräten werden die entsprechenden Schaltzeichen dieser drei Grundeinheiten sinnvoll aneinandergesetzt, so wie es aus Tabelle 1.2 ersichtlich ist.

11

Tabelle 1.1 Schaltzeichen nach DIN 40900

Ihr sind die gebräuchlichsten Schaltzeichen in ihren Beschreibungen zu entnehmen. Bei verschiedenen Darstellungsformen ist vorzugsweise die Form 1 zu verwenden.

Kennzeichen für Arten von Strömen und Spannungen

—— oder ‒‒‒	Gleichstrom
∼	Wechselstrom
≂	Gleich- oder Wechselstrom (Allstrom)
∽∼	Gleichgerichteter Strom mit Wechselstromanteil
≈	Mittlere Frequenzen (z. B. Tonfrequenzen)
≋	Hohe Frequenzen (z. B. Rundfunkfrequenzen)
2 µs ⎍ 10 kHZ / 2 µs ⎍ 10 kHZ	Rechteckstromimpuls positiv, negativ
1 ∼ 60 Hz	Einphasen-Wechselstrom 60 Hz
3 ∼ 50 Hz 400 V	Dreiphasen-Wechselstrom (Drehstrom) 50 Hz
3/N ∼ 50 Hz 400 V	mit Neutralleiter
3/PEN ∼ 50 Hz 400 V	mit Neutralleiter mit Schutzfunktion
3/N/PE ∼ 50 Hz 400 V	mit Neutralleiter und Schutzleiter

Erde, Masse

⏚	Erde, allgemein. Anmerkung: Um die Art oder den Zweck der Erde anzugeben, dürfen ergänzende Angaben hinzugefügt werden.
	Fremdspannungsarme Erde
	Schutzleiteranschlußklemme
	Masse Gehäuse. Anmerkung: Die Schraffur darf entfallen, wenn keine Unklarheit besteht. Die Linie, die das Gehäuse repräsentiert, muß dann breiter dargestellt werden! ⏚

Besondere Leiter, Leitungen

	——	Leiter, allg.
Form 1	Form 2 N ——	Neutralleiter (N) Mittelleiter (M)
	PE ——	Schutzleiter (PE)
	PEN ——	Neutralleiter mit Schutzfunktion (PEN)
3	—///—	Drei Leiter
—— 110 V		Gleichstromkreis, 110 V, zwei Aluminiumleiter 120 mm²
2 × 120 mm² Al		
	—(⁻)—	Leiter, geschirmt
	—⊖—	Leiter, koaxial
		Leiter in einem Kabel, drei Leiter dargestellt

Leitungsverbindungen

●	Verbindung von Leitern
○	Anschluß (z. B. Klemme)
Form 1 Form 2	Steckverbindung mit Buchse und Stecker
	Abzweig von Leitern
11 12 13 14 15 16	Anschlußleiste, dargestellt mit Anschlußbezeichnungen
1 2	Reihenklemmen, dargestellt mit fester Verbindung
1 2	Reihenklemmen, dargestellt mit lösbarer (schaltbarer) Verbindung
1 2	Reihentrennklemmen
1 2 3 4 5 6	Klemmenleiste Dargestellt sind Reihenklemmen und Reihentrennklemme
	Steckverbinder, dargestellt mit Kennzeichnung des Schutzleiteranschlusses

Mechanische Stellteile

Form 1	Wirkverbindungen, allgemein Mechanische Wirkverbindung Pneumatische Wirkverbindung Hydraulische Wirkverbindung
Form 2	Beispiele: Mechanische Verbindung mit Angabe der Richtung von Kraft oder Bewegung Mechanische Verbindung mit Angabe der Drehrichtung Anmerkung: Der Pfeil ist im Vordergrund, die Wirkungslinie im Hintergrund zu denken.
Form 1 ⇐ Form 2 ⤆	Verzögerte Wirkung Anmerkung: Verzögerte Wirkung in Bewegungsrichtung vom Bogen zu dessen Mittelpunkt (Fallschirmwirkung).
⊲	Selbsttätiger Rückgang Anmerkung: Das Dreieck zeigt in die Richtung des Rückgangs.

Mechanische Stellteile

	Raste Nicht selbsttätiger Rückgang Einrichtung zum Beibehalten einer gegebenen Stellung
	Raste, nicht eingerastet
	Raste, eingerastet
	Mechanische Verriegelung zweier Einrichtungen
	Sperre, nicht verklinkt
	Sperre, verklinkt
	Blockiereinrichtung, allgemein
	Blockiereinrichtung, verklinkt Bewegung nach links ist blockiert
	Kupplung, allgemein
	Kupplung, gelöst
	Kupplung, gekuppelt Beispiel: Kupplung für Mitnahme in einer Drehrichtung, Freilauf
	Bremse
(M)	Beispiele: Elektromotor mit eingelegter Bremse Elektromotor mit gelöster Bremse
	Getriebe

Antriebsarten

	Handantrieb, allgemein
	Handantrieb mit beschränktem Zugriff
	Betätigung durch Ziehen
	Betätigung durch Drehen
	Betätigung durch Drücken
	Betätigung durch Annähern

13

◁▷- - - -	Betätigung durch Berühren
⊄- - - - -	Notschalter
⊘- - -	Betätigung durch Handrad
⌿- - - -	Betätigung durch Pedal
⌐- - - -	Betätigung durch Hebel
◇- - - -	Betätigung durch abnehmbaren Griff
⌷- - - -	Betätigung durch Schlüssel
⌐- - - -	Betätigung durch Kurbel
⊙- - - - -	Betätigung durch Rolle Fühler
◖- - -	Betätigung durch Nocken Anmerkung: Nocken und Nockenscheibe dürfen im Profil detailliert dargestellt werden. Beispiele: Nockenprofil
⌐⌐⌐	Nockenprofil (abgewickelte Darstellung)
◖○- - -	Betätigung durch Nocken und Rolle
☐- - -	Kraftantrieb, allgemein Betätigung durch gespeicherte mechanische Energie Anmerkung: Hinweis auf die Art der gespeicherten Energie dürfen in das Quadrat eingetragen werden (z. B. p v).
⊡→- -	Betätigung durch pneumatische oder hydraulische Steuerung in Pfeilrichtung
⌐- - - -	Betätigung durch Flüssigkeitspegel
⊡- - - -	Betätigung durch die Anzahl von Ereignissen Betätigung durch einen Zähler
⊐- - - -	Betätigung durch Strömung, allgemein
⊡- - - -	Beispiel: Betätigung durch Gasströmung

%H₂0 - - -	Betätigung durch relative Feuchte
⊡↔- -	Betätigung durch pneumatische oder hydraulische Steuerung in beiden Richtungen
⊡- -	Betätigung durch elektromagnetischen Antrieb
⊃- - -	Betätigung durch elektromagnetischen Überstromschutz
⊐- - -	Betätigung durch thermischen Antrieb, z. B. Bimetallrelais Thermischer Überstromschutz
Ⓜ- - -	Betätigung durch Motor
◷- - -	Betätigung durch Uhr
⊤- - - -	Handantrieb, Betätigung durch Kippen
◇- - - -	Handantrieb, abnehmbar, z. B. Steckschlüssel
⊤☐- - -	Kraftantrieb, dargestellt mit Handaufzug
⊞	Schaltschloß mit mechanischer Freigabe
⊞	Schaltschloß mit elektromechanischer Freigabe

Kontakte

⟍	Schließer Schaltfunktion, allgemein Schalter
⌐	Öffner
⌐	Wechsler mit Unterbrechung
⌐	Wechsler ohne Unterbrechung Folgeumschaltglied
⫯	Zweiwegschließer mit Mittelstellung «Aus»
⌐	Zwillingsschließer

Kontakte

	Zwillingsöffner
	Wischer mit Kontaktgabe bei Betätigung
	Wischer mit Kontaktgabe bei Rückfall
	Wischer mit Kontaktgabe bei Betätigung und Rückfall
Form 1 oder Form 2	Schließer, schließt verzögert bei Betätigung
Form 1 oder Form 2	Öffner, schließt verzögert bei Rückfall
	Schließer, schließt und öffnet verzögert
	Kontaktsatz mit einem unverzögerten Schließer, einem bei Rückfall verzögerten Schließer und einem verzögerten Öffner
	Voreilender Schließer eines Kontaktsatzes, der relativ zu anderen Kontakten des Kontaktsatzes früher schließt
	Nacheilender Schließer (eines Kontaktsatzes), der relativ zu anderen Kontakten des Kontaktsatzes später schließt
	Nacheilender Öffner (eines Kontaktsatzes), der relativ zu anderen Kontakten des Kontaktsatzes später öffnet
	Voreilender Öffner (eines Kontaktsatzes) der relativ zu anderen Kontakten des Kontaktsatzes früher öffnet

Schalter, Schaltgeräte

	Handbetätigter Schalter, allgemein
	Druckschalter (nicht rastend) Taster
	Zugschalter (nicht rastend)
	Drehschalter (rastend)
	Grenzschalter (Schließer) Endschalter (Schließer)
	Grenzschalter (Öffner) Endschalter (Öffner)
	Grenzschalter, Endschalter, für mechanische Betätigung in beiden Richtungen in zwei getrennten Stromkreisen
θ	Schließer, temperaturabhängig Anmerkung: Anstelle von Θ dürfen die Temperatur-Ansprechwerte eingesetzt werden.
θ	Öffner, temperaturabhängig Es gilt die Anmerkung wie vor
	Öffner mit selbsttätiger thermischer Betätigung (Thermokontakt, z. B. Bimetall) Anmerkung: Es ist zu unterscheiden zwischen dem dargestellten Kontakt und dem Kontakt eines elektrothermischen Relais', der in aufgelöster Darstellung wie folgt dargestellt werden darf: oder
	Mehrstellungsschalter, einpolig, dargestellt mit sechs Schaltstellungen
1 2 3 4	Mehrstellungsschalter, einpolig, dargestellt mit vier Schaltstellungen Anmerkung: Hat ein Schalter nur wenig Schaltstellungen, darf dieses Schaltzeichen angewendet werden. Beispiel mit Schaltstellungsdiagramm: Anmerkung: Es ist manchmal zweckmäßig, die Aufgabe jeder Schaltstellung durch zusätzlichen Text in einem Schaltstellungsdiagramm anzugeben. Es darf auch die mechanische Begrenzung für die Betätigungseinrichtung angegeben werden.

Schalter, Schaltgeräte

Symbol	Bezeichnung
	Schütz (Schließer)
	Schütz mit selbsttätiger Auslösung
	Schütz (Öffner)
	Leistungsschalter
	Trennschalter Leerschalter
	Zweiweg-Trennschalter mit Mittelstellung «Aus»
	Lasttrennschalter
	Lasttrennschalter mit selbsttätiger Auslösung
	Trennschalter mit Blockiereinrichtung, handbetätigt

Blocksymbole für Anlasser

Symbol	Bezeichnung
	Anlasser, allgemein
	Anlasser, Betätigung stufenweise Anmerkung: Die Anzahl der Stufen darf angegeben werden.
	Anlasser, stetig veränderbar
	Anlasser mit selbsttätiger Auslösung
	Anlasser mit Schütz für Direktanlauf eines Reversiermotors, über einen Schutz direkt ans Netz geschaltet Nennspannungsanlasser
	Anlasser für Stern-Dreieck-Schaltung

16

Blocksymbole für Anlasser

Symbol	Bezeichnung
	Anlasser für Spartransformator
	Anlasser für Thyristoren, stetig veränderbar
	Anlasser für Motoren mit zwei Drehrichtungen
	Anlasser für Motoren mit einer Drehrichtung
	Anlasser, automatisch
	Anlasser, teilautomatisch
	Anlasser mit thermischen und magnetischen Auslösern
8/4p	Anlasser für polumschaltbaren Motor
	Anlasser für Einphasenmotor mit Hilfsphase, kapazitiv
	Anlasser mit Widerständen
	Anlaßeinrichtung, dargestellt mit – dreiphasigem Schleifringläufermotor – Schützen-Ständeranlasser für zwei Drehrichtungen – automatischem Widerstands-Läuferanlasser

Näherungsempfindliche und berührungsempfindliche Einrichtungen

Symbol	Bezeichnung
	Berührungsempfindlicher Schalter (Schließer)
	Näherungsempfindlicher Schalter (Schließer)
	Näherungsempfindlicher Schalter (Schließer), betätigt durch Näherung eines Magneten
Fe	Näherungsempfindlicher Schalter (Öffner), betätigt durch Näherung von Eisen

Elektromechanische Antriebe

Form 1	Elektromechanischer Antrieb, allgemein Relaisspule, allgemein
Form 2	Anmerkung: Mehrere Wicklungen für den Antrieb dürfen durch Einfügung der entsprechenden Anzahl von schrägen Linien oder durch Wiederholung der Schaltzeichen dargestellt werden.
Form 1	Beispiele:
Form 2	Antrieb mit zwei getrennten Wicklungen: zusammenhängende Darstellung
	Elektromechanischer Antrieb mit Rückfallverzögerung
	Elektromechanischer Antrieb mit Ansprechverzögerung
	Elektromechanischer Antrieb mit Ansprech- und Rückfallverzögerung Anmerkung: Die Kennzeichen für Ansprech- und Rückfallverzögerung dürfen auch ohne Abstand zueinander dargestellt werden.
Forme 1 Form 2	Elektromechanischer Antrieb eines Remanenzrelais'
	Elektromechanischer Antrieb eines Thermorelais'
	Antrieb, elektromechanisch, dargestellt mit zwei gegensinnig wirkenden Wicklungen
	Wahlweise Darstellung
	Fortschaltrelais Stromstoßrelais
$\approx$	Tonfrequenz-Rundsteuerrelais
5/min	Blinkrelais, dargestellt mit einer Blinkfrequenz von 5/min
$I >$	Stromrelais (Antrieb)
$U <$	Unterspannungsauslöser (Antrieb)

Schutzeinrichtungen

	Sicherung, allgemein
	Sicherung Die breite Seite kennzeichnet den netzseitigen Anschluß
	Sicherung mit mechanischer Auslösemeldung (Schlagbolzensicherung)
	Sicherung mit Meldekontakt und drei Anschlüssen
	Sicherung mit getrenntem Meldekontakt
	Dreipoliger Schalter mit selbsttätiger Auslösung durch den Schlagbolzen jeder einzelnen Sicherung
	Sicherungsschalter
	Sicherungstrennschalter
	Sicherungs-Lasttrennschalter
D II 10A	Schraubsicherung, dargestellt 10 A, Typ DII, dreipolig
00 25A	Niederspannungs-Hochleistungssicherung dargestellt 25 A, Größe 00
3	Motorschutzschalter, dreipolig, mit thermischer und magnetischer Auslösung, in einpoliger Darstellung
4	Fehlerstrom-Schutzschalter, vierpolig
	Leitungsschutzschalter

Sensoren und Detektoren

	Näherungssensor
	Näherungsempfindliche Einrichtung, Blocksymbol Anmerkung: Die Wirkungsweise darf angegeben werden. Beispiel: Näherungsempfindliche Einrichtung, kapazitiv, reagiert auf Näherung eines Festkörpers
	Berührungssensor

Elektrische Uhren

	Uhr, allgemein Nebenuhr
	Hauptuhr
	Uhr mit Schalter

Leuchtmelder und Signaleinrichtungen

	Lampe, allgemein Leuchtmelder, allgemein
	Leuchtmelder, blinkend
	Sichtmelder, elektromechanisch Schauzeichen Fallklappe
	Mehrfachzeigermelder, Stellungsanzeige, elektromechanisch, mit einer Ruhestellung (Störstellung) und zwei Arbeitsstellungen
	Horn Hupe

Leuchtmelder und Signaleinrichtungen

	Schnarre Summer
bevorzugte Form andere Form	Wecker Klingel
	Gong Einschlagwecker
	Sirene

Absperrorgane

	Absperrorgan, allgemein Absperrorgan, geschlossen
	Absperrorgan, offen
	Ventil, dargestellt mit Fühler und Antrieb durch Nocken

Maschinenarten

M 3~	Drehstrom-Asynchronmotor mit Käfigläufer
M 3~	Drehstrom-Asynchronmotor mit Käfigläufer, alle sechs Wicklungsenden herausgeführt, z. B. zur Stern-Dreieck-Schaltung
M 1~	Asynchronmotor, einphasig, mit Käfigläufer, Enden für eine Anlaufwicklung herausgeführt
M 3~	Drehstrom-Asynchronmotor mit Schleifringläufer

18

Maschinenarten

M 3~ 8/4P	Induktionsmotor mit Käfigläufer und Polumschaltung nach Dahlander, z. B. 8 auf 4 Pole
M 1~	Einphasen-Induktionsmotor mit Käfigläufer und Anlaufwicklung im Ständer, mit Kondensator
M	Gleichstrom-Reihenschlußmotor
M	Gleichstrom-Nebenschlußmotor

Stromversorgungsgeräte

G	Generator
GS 3~	Drehstrom-Synchrongenerator mit Dauermagneterregung

Form 1	Form 2	
	oder	Transformator mit zwei Wicklungen Anmerkung: in Form 2 dürfen gleiche Phasenlagen gekennzeichnet werden.
		Transformator mit drei Wicklungen

	Gleichrichter
	Wechselrichter
	Primärzelle Primärelement Akkumulator Anmerkung: Die längere Linie kennzeichnet den positiven Pol, die kürzere den negativen. Die kürzere Linie darf zur Verdeutlichung breiter gezeichnet werden.

Stromversorgungsgeräte

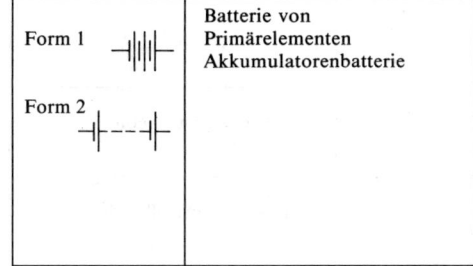

Form 1	Batterie von Primärelementen Akkumulatorenbatterie
Form 2	

Meßwandler und Meßgeräte

	Stromwandler
	Stromwandler mit zwei Kernen und zwei Sekundärwicklungen Die Anschlußsymbole an beiden Enden der Primärwicklung geben an, daß ein einzelnes Betriebsmittel dargestellt ist.
	Stromwandler mit zwei Sekundärwicklungen auf einem Kern
V	Spannungsmeßgerät, anzeigend Voltmeter
A / sinφ	Blindstrommeßgerät, anzeigend Amperemeter für Blindstrom

19

⟶ (W P_{max})	Höchstbelastungsanzeiger
(var)	Blindleistungsmeßgerät, anzeigend
(cos φ)	Leistungsfaktormeßgerät, anzeigend
(φ)	Phasenwickelmeßgerät, anzeigend
(Hz)	Frequenzmeßgerät, anzeigend
[h]	Betriebsstundenzähler
[Ah]	Amperestundenzähler
[Wh]	Wattstundenzähler Elektrizitätszähler
[→ / Wh]	Wattstundenzähler, der nur die in eine Richtung fließende Energie zählt

[⊢→ / Wh]	Wattstundenzähler, der nur die von der Sammelschiene abgegebene Energie zählt
[⊢← / Wh]	Wattstundenzähler, der nur die zur Sammelschiene fließende Energie zählt
[←→ / Wh]	Wattstundenzähler, der die von und zur Sammelschiene fließende Energie zählt
[/ Wh]	Mehrtarif-Wattstundenzähler Zweitarifzähler dargestellt
[Wh / $P>$]	Wattstundenzähler, der nur zählt, wenn ein vorgegebener Wert überschritten wird
[Wh] →	Wattstundenzähler mit Übertragungseinrichtung
→ [Wh]	Wattstundenzähler, fernbetätigt
→ [Wh]	Wattstundenzähler mit Drucker, fernbetätigt
[Wh / P_{max}]	Wattstundenzähler mit Maximumanzeiger Maximumzähler

20

Tabelle 1.2 Gerätedarstellung durch Zusammensetzen von Schaltzeichen

Antriebsglied	Zwischenglied	Schaltglied	Schaltbild	Kurzzeichen	Gerätebezeichnung
Handbetätigung	Einrastung / Wirkverbindung				handbetätigter Ausschalter 3polig
Nockenbetätigung	Selbsttätiger Rückgang nach erfolgter Betätigung	Öffner Schließer		—	Schalter mit Nockenantrieb und selbsttätigem Rückgang
E-Magnetantrieb anzugsverzögert	Wirkverbindung	Wechsler		—	elektromagnetisches Zeitrelais mit Wechsler einschaltverzögert

> *Schaltgeräte werden in der Ruhestellung, also im unerregten Zustand, gezeichnet.*

Abweichungen von dieser Regel müssen durch Pfeilzeichen (Bild 1.66) kenntlich gemacht werden. Für umfangreiche Aufzeichnungen, die der Übersicht dienen, wie z. B. in Übersichtsschaltplänen und Installationsplänen, kommen anstatt der aufwendigen Schaltbilder vereinfachte Darstellungen, sogenannte Schaltkurzzeichen, zur Anwendung.

Schaltbilder bzw. Schaltkurzzeichen von weiteren gebräuchlichen Geräten werden im nachfolgenden Abschnitt Schaltgeräte mit aufgezeigt. Auf die normgerechte Darstellung der Schaltpläne wird in Abschnitt 1.4 gesondert eingegangen.

1.2   Schaltgeräte

Geräte, in denen Strompfade verbunden, unterbrochen bzw. getrennt werden, lassen sich unter dem Sammelbegriff «Schaltgeräte» zusammenfassen. Zu den Schaltgeräten gehören außer den Schaltern auch Anlasser, Steckvorrichtungen und Sicherungen. Zur Verhütung von Schäden und Unfällen müssen alle Schaltgeräte, die sowohl für die Funktion als auch für die Sicherheit einer elektrischen Anlage von größter Bedeutung sind, den Anforderungen nach *DIN VDE 0660* genügen.

Danach müssen Schaltgeräte den betriebsmäßig auftretenden Strömen und mechanischen Beanspruchungen gewachsen sein, ohne Schaden zu nehmen und ohne die Sicherheit zu gefährden.

1.2.1 Schaltkontakte

Zu den störanfälligsten Bauteilen der Schaltgeräte zählen die Kontakte. Die gebräuchlichsten Kontaktarten sind Druckkontakte nach Bild 1.1, wie sie z. B. bei Drucktastern und Mikroschaltern verwendet werden. Auch reibende Kontakte, wie z. B. Walzenschaltkontakte und Messerkontakte, sind gebräuchlich. Eine besondere Art des Kontaktes ist der Quecksilberschaltkontakt nach Bild 1.2.

Bild 1.1
Schaltkontakt
(Druckkontakt)

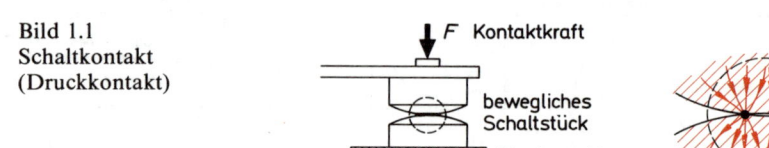
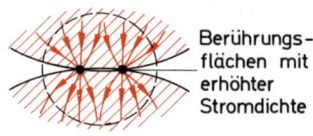

Bild 1.2
Quecksilberschaltkontakt

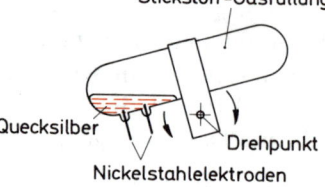

Die festen und beweglichen Kontaktstücke unterliegen während des Schaltvorganges mehr oder weniger starken Funken- oder Lichtbogenbeanspruchungen, die Veränderungen auf der Kontaktoberfläche zur Folge haben. Auch bei geschlossenen Kontakten kann bereits durch den Betriebsstrom infolge einer hohen Stromdichte in der Übergangsstelle eine merkliche Erwärmung auftreten. Bei dem Druckkontakt in Bild 1.1 ist ersichtlich, daß die Berührungsflächen nicht plan aufeinanderliegen. Der Stromübergang erfolgt, bedingt durch die Oberflächenrauhigkeit und Unebenheit der Kontakte, nur an wenigen Stellen.

Die Erwärmung ist abhängig von der Größe des Übergangswiderstandes, und sie nimmt quadratisch mit ansteigendem Strom zu. Es ist also ein kleiner Übergangswiderstand anzustreben.

Der *Übergangswiderstand* wird aus dem Engewiderstand und dem Fremdwiderstand gebildet.

Der *Engewiderstand* entsteht an der Stelle der Querschnittseinengung infolge kleiner Berührungsflächen zwischen den Kontakten. Durch glatte Kontaktoberflächen, vorgeschriebenen Kontaktdruck, entsprechende Härte und gute Leitfähigkeit des Kontaktwerkstoffes läßt sich der Engewiderstand positiv beeinflussen.

Der *Fremdwiderstand* wird durch Fremdstoffe oder Verunreinigungen und durch Oxidschichten mit schlechter Leitfähigkeit an der Kontaktoberfläche gebildet.

22

Durch das Ölen von Kontakten wird der Fremdwiderstand vergrößert. Den größten Schutz gegen Verunreinigungen bieten Schutzrohrkontakte, die in einem Glasrohr gasdicht eingeschmolzen sind (Reedrelais- und Quecksilberschaltkontakte).

Außer einem kleinen Übergangswiderstand im kalten wie auch warmen Betriebszustand werden an Schaltkontakte weitere Anforderungen gestellt, wie z. B.:
gute Wärmeleitfähigkeit zwecks besserer Kühlung,
geringe Neigung zum Verschweißen sowie zur Werkstoffwanderung,
hohe mechanische Verschleißfestigkeit und
chemische Beständigkeit.
Diese Eigenschaften erhält man vor allem durch entsprechende Kontaktwerkstoffe.

Kontaktwerkstoffe

Für Steuerstromkreise kommen hauptsächlich Kontakte mit Überzügen aus *Feinsilber* (Ag, lat. Argentum) oder Silberbronzen in Frage, da Silber und Silberoxide elektrisch und thermisch relativ gut leiten.

Silber-Kadmium-Legierungen verringern die Neigung zum «Kleben» der Kontakte, werden aber aus Gründen der Umweltverträglichkeit nicht mehr verwendet. Statt dessen finden **Silber-Nickel-** und **Silber-Zinn-**Legierungen zunehmend Verwendung.

Silber-Palladium erhöht die chemische Beständigkeit.

Wolfram-Kontakte sind sehr abbrandfest, sie werden bei großen Schalthäufigkeiten z. B. an Reglern eingesetzt.

Kupferkontakte finden in der Starkstromtechnik Verwendung. Auf der Kontaktoberfläche bilden sich Kupferoxide. Da sich diese schlecht leitenden Oxidschichten bei kleinen Kontaktdrücken besonders nachteilig bemerkbar machen, ist die Anwendung von Kupferkontakten auf Schaltgeräte größerer Leistung begrenzt, z. B. bei Walzenschaltern.

Goldlegierungen (Au-Legierungen) mit Ag, Cu, Ni, Co, Pt oder Pd finden bei kleinsten Spannungen und geringsten Kontaktdrücken Verwendung.

Für Starkstromkontakte höherer Belastbarkeit (> 200A) wird außer den vorgenannten Werkstofflegierungen zunehmend mit **Silber-Kohlenstoff**-Verbindungen gearbeitet.

Quecksilber-Schaltkontakt

Die Prinzipdarstellung dieses Kontaktes ist in Bild 1.2 aufgeführt. Im Gegensatz zum herkömmlichen Schaltkontakt benötigt der Quecksilber-Schaltkontakt keine zusätzliche Kontaktkraft. Die in eine Glasröhre eingeschmolzenen Elektroden werden in der Einschaltlage durch das flüssige Quecksilber gebrückt. Bei Verwendung von Schutzgas kann ein Verzundern und eine Oxidation stark herabgemindert werden, so daß eine Lebensdauer von mehreren Millionen Schaltspielen ohne Wartung erreicht wird.

Funken- und Lichtbogenentstehung

Das Öffnen und Schließen eines unter Spannung stehenden Stromkreises kann einen Abreiß- bzw. Schließfunken zur Folge haben. Je nach Größe des Stromes, der Spannung und der Induktivität des zu schaltenden Stromkreises ist die Funkenbildung weniger oder stärker ausgeprägt. Die stärkste Form der Funkenbildung ist der Lichtbogen, der aufgrund seiner hohen Temperatur Kontaktmaterial zum Verdampfen bringen kann. Die Entstehung des Lichtbogens beginnt damit, daß mit geringer werdender Kontaktkraft der Engewiderstand und damit die Stromdichte bis unmittelbar vor der Kontaktöffnung ansteigt.

Der Spannungsfall am Kontakt nimmt ebenfalls mit steigendem Übergangswiderstand zu. Die im Stromkreis vorhandene Selbstinduktion ist bestrebt, den Stromfluß aufrechtzuerhalten. Während der Kontaktöffnung steigt die Stromdichte an der Kontaktstelle derart an, daß eine starke Materialerwärmung eintritt. Austretende Elektronen ionisieren die kurze Luftstrecke zwischen den Schaltstücken, die damit elektrisch leitend wird. Es kann ein Funke überschlagen. Bei ausreichender Energiezufuhr wird der Stromfluß über die ionisierte Luftstrecke aufrechterhalten. Dadurch weitet sich der Funke zum Lichtbogen aus.

Bei Gleichstrom ist die Funken- oder Lichtbogenbildung stärker ausgeprägt als bei Wechselstrom, da der Gleichstrom nicht periodisch durch Null geht. Im Nulldurchgang ist die Lichtbogenstrecke entionisiert, also nichtleitend. Um die Lichtbogenwirkung zeitlich zu begrenzen, sind Schaltkontakte möglichst kurzzeitig, also sprunghaft mit hoher Geschwindigkeit, zu öffnen oder zu schließen.

Beim Schließvorgang treten häufig Prellerscheinungen auf. Das heißt, nach dem Schließen federn die beweglichen Schaltstücke mehrfach zurück, so daß wiederum Lichtbögen entstehen können. Durch federnd nachgebende Konstruktionen und gleichmäßige Kräfteverteilungen werden Prellungen gedämpft, bzw. es wird die Prelldauer verkürzt (Bild 1.40c).

Bei verschiedenen handbetätigten Schaltgeräten mit schleichenden Schaltbewegungen, wie z. B. beim älteren Walzenschalter ohne ausgeprägte Einrastung der Schaltstellung, ist es ratsam, zügig durchzuschalten, um schleichende Kontaktgebungen zu verhindern. In messenden Schaltgeräten mit schleichenden Schaltbewegungen, wie z. B. in Wächtern, Begrenzern, Reglern usw., werden vielfach Momentschalter verwendet, deren Kontakte sprunghaft umschalten.

Funkenlöschung

Das Schalten von Gleichstrom bewirkt im verstärkten Maße Abreißfunken und damit einen größeren Kontaktabbrand gegenüber Wechselstrom.

Bei Schaltgeräten in Gleichstromkreisen mit kleiner Leistung läßt sich die Funkenbildung am Schaltkontakt und damit auch die Funkstörung dadurch vermindern, daß man eine Reihenschaltung aus einem Kondensator C und einem Widerstand R parallel zum Schaltkontakt legt (Bild 1.3).

Im geschlossenen Zustand des Schaltkontaktes sind der Kondensator und der Widerstand kurzgeschlossen und entladen. Mit dem Öffnen der Kontaktstelle beginnt die Kondensatoraufladung.

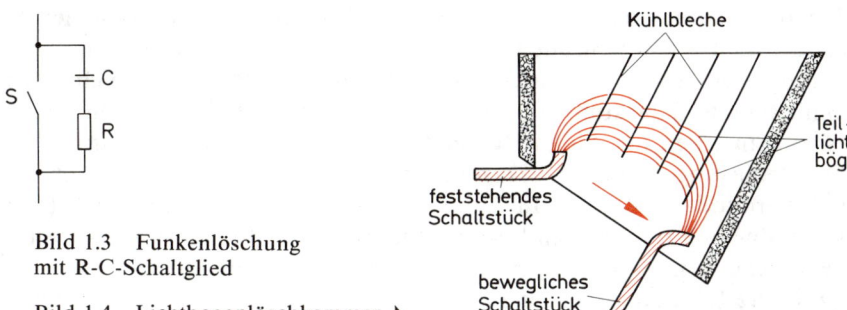

Kühlbleche

Teil-
licht-
bögen

feststehendes
Schaltstück

bewegliches
Schaltstück

Bild 1.3 Funkenlöschung
mit R-C-Schaltglied

Bild 1.4 Lichtbogenlöschkammer ▶

Der Ladestrom, der zum Kondensator fließt, klingt ab, und die Spannung am Kondensator und am Schaltkontakt nimmt zu. Bevor die Spannung den Überschlagsspannungswert überschreitet, ist der Schaltkontakt so weit geöffnet, daß ein Funke nicht mehr entstehen kann.

Im geöffneten Zustand des Schaltkontaktes ist der Kondensator bis zum anstehenden Spannungswert aufgeladen. Beim Schließvorgang begrenzt der Widerstand *R* den Entladestrom und vermindert somit einen Schließfunken.

Lichtbogenlöschung
Schaltgeräte mit größerem Schaltvermögen sind so konstruiert, daß entstehende Lichtbögen schnell zum Erlöschen gebracht werden. Die Löschung erfolgt in sogenannten *Entionisierungskammern,* die zur Kühlung und zur Teilung der Lichtbögen Kühlbleche enthalten (Bild 1.4). Diese *Lichtbogenkammern* verhindern außerdem Querschlüsse, d. h. Überschläge in die Nachbarschaltzone.

Bild 1.5 Prinzipdarstellung eines
Blasmagneten

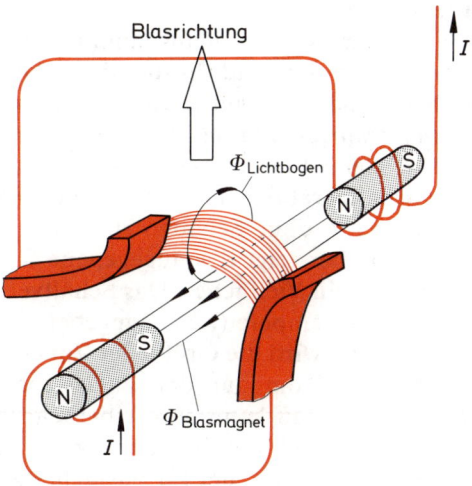

Blasrichtung

I

$\Phi_{\text{Lichtbogen}}$

$\Phi_{\text{Blasmagnet}}$

I

25

Um die Lichtbogenstrecke zu vergrößern und um sie damit schneller zum Abreißen zu bringen, können auch sogenannte *Blasmagneten* verwendet werden. Der Lichtbogen besteht aus ionisiertem Gas, das auch als Plasma bezeichnet wird. Es ist stromleitend und hat somit ein eigenes Magnetfeld. Der Lichtbogen wird durch das Zusammenwirken der Magnetfelder abgedrängt. Man spricht dann von magnetischer Beblasung (Bild 1.5). Das Verbrennen der Schaltkontaktflächen wird dadurch vermindert, daß der Lichtbogen zu den hörnerförmigen Kontaktverlängerungen abwandert. Die Lichtbogenlöschung mit Hilfe von Blasmagneten wird oft in Verbindung mit Lichtbogenlöschkammern angewendet. Der Lichtbogen wird dann in die Löschkammer hineingedrückt.

Bei den hier nicht aufgeführten Hochspannungsschaltgeräten sind andere, aufwendige Konstruktionen zur Lichtbogenlöschung notwendig. Grundsätzlich unterscheidet man bei Schaltgeräten über 1 000 V Lichtbogenlöschungen durch Gasströmungen (Hartgasschalter, Druckgasschalter) und Flüssigkeitsströmungen (Ölströmungsschalter, Expansionsschalter). Erklärungen siehe Band «Elektro-Installationstechnik», Mittelspannungs-Schaltgeräte.

1.2.2 Nenndaten von Schaltgeräten

Die Schaltgeräte werden den der Praxis entsprechenden Erfordernissen angepaßt. Falsch angewendete, zu schwach ausgelegte oder zu stark überdimensionierte Schaltgeräte sind unzweckmäßig und haben damit höhere Kosten zur Folge. Für die verschiedenartigsten Anwendungsfälle stehen entsprechende Schaltgeräte zur Auswahl bereit.

Die spezielle Auswahl von Schaltgeräten geschieht nach folgenden wichtigen Gesichtspunkten und Größen:

Nennstrom: Der Nennstrom ist der Strom, der unter Betriebsbedingungen ständig fließen darf.

Nennspannung: Die Nennspannung ist die Spannung, an der das Schaltgerät betrieben werden darf und für die die Isolation bemessen ist.

Schaltvermögen: Kennzeichnende Größen eines Schaltgerätes sind das *Nenn-Einschaltvermögen* und das *Nenn-Ausschaltvermögen*.

Das Nenn-Einschalt- oder -Ausschaltvermögen gibt an, welchen größten Strom das Schaltgerät bei einer bestimmten Spannung und einem bestimmten Leistungsfaktor cos φ ohne Schaden zu nehmen beherrscht. Ist der Schalter strombegrenzend, so übersteigt das angegebene Schaltvermögen den tatsächlich geschalteten Strom um ein Vielfaches. Das Schaltvermögen wird entweder direkt in Ampere (A) oder in Kiloampere (kA) angegeben.

Eventuell wird die Größe der Vorsicherung genannt, die einen unzulässig hohen Kurzschlußstrom auf den zulässigen Wert begrenzt. Auch bei geschlossenen Schaltkontakten kann eine Überbeanspruchung des Schaltgerätes auftreten, wie z. B. im Kurzschlußfall, wenn eine zu groß ausgewählte Vorsicherung einen Abschaltstrom zuläßt, der für das Schaltgerät zu groß ist.

26

Überschreitet ein auftretender Kurzschluß bzw. Abschaltstrom das Schaltvermögen des Schaltgerätes, so können die Schaltkontakte verbrennen bzw. verschweißen. Der Lichtbogen und die auftretenden Stromkräfte können das Schaltgerät im Extremfall zerstören.

Werden Schaltgeräte ausgewechselt oder nachträglich eingebaut, so ist im Zweifelsfall festzustellen, wie hoch der zu erwartende Kurzschlußstrom an der Einbaustelle werden kann. Liegen mehrere Schaltgeräte an einer gemeinsamen Sicherung (Gruppensicherung), so darf der zulässige Höchstwert der Vorsicherung das Schaltvermögen des kleinsten Schalters nicht überschreiten. Je nach Sicherungsart läßt sich aus einer zugehörigen Kennlinie der Abschaltstrom ermitteln (Abschnitt 1.2.9). Bei Gleichstrom ist das Schaltvermögen, bezogen auf Wechselstrom, wesentlich geringer.

Lebensdauer: Die Lebensdauer wird bei Schaltgeräten in *Schaltspielen* angegeben. Ein Schaltspiel ist das einmalige Ein- und Ausschalten. Außerdem kann die Lebensdauer in Klassen angegeben werden (Tabelle 1.3).

Tabelle 1.3
Geräteklassen

Geräteklasse	Lebensdauer in Schaltspielen	Geräte-Beispiel
A_1	$1 \cdot 10^3$	Trenner, große Motor- und große Leistungsschalter
A_3	$3 \cdot 10^3$	
B_1	$1 \cdot 10^4$	kleine Motor- und kleine Leistungsschalter
B_3	$3 \cdot 10^4$	
C_1	$1 \cdot 10^5$	große Schütze, Steuerschalter
C_3	$3 \cdot 10^5$	
D_1	$1 \cdot 10^6$	Luftschütze, Steuerschalter für aussetzenden Betrieb
D_3	$3 \cdot 10^6$	
E_1	$1 \cdot 10^7$	Luftschütze für aussetzenden Betrieb

Schalthäufigkeit: Hierunter versteht man die zugelassenen Schaltspiele je Stunde. Sie werden angegeben in S/h.

Schaltbedingungen: Als Schaltbedingungen gelten die Bedingungen, unter denen das Schaltgerät angewendet wird. Die Schaltbedingungen haben einen wesentlichen Einfluß auf die Lebensdauer des Schaltgerätes. Man unterscheidet bei Wechselstrom (AC) nachstehende Gebrauchskategorien:

28

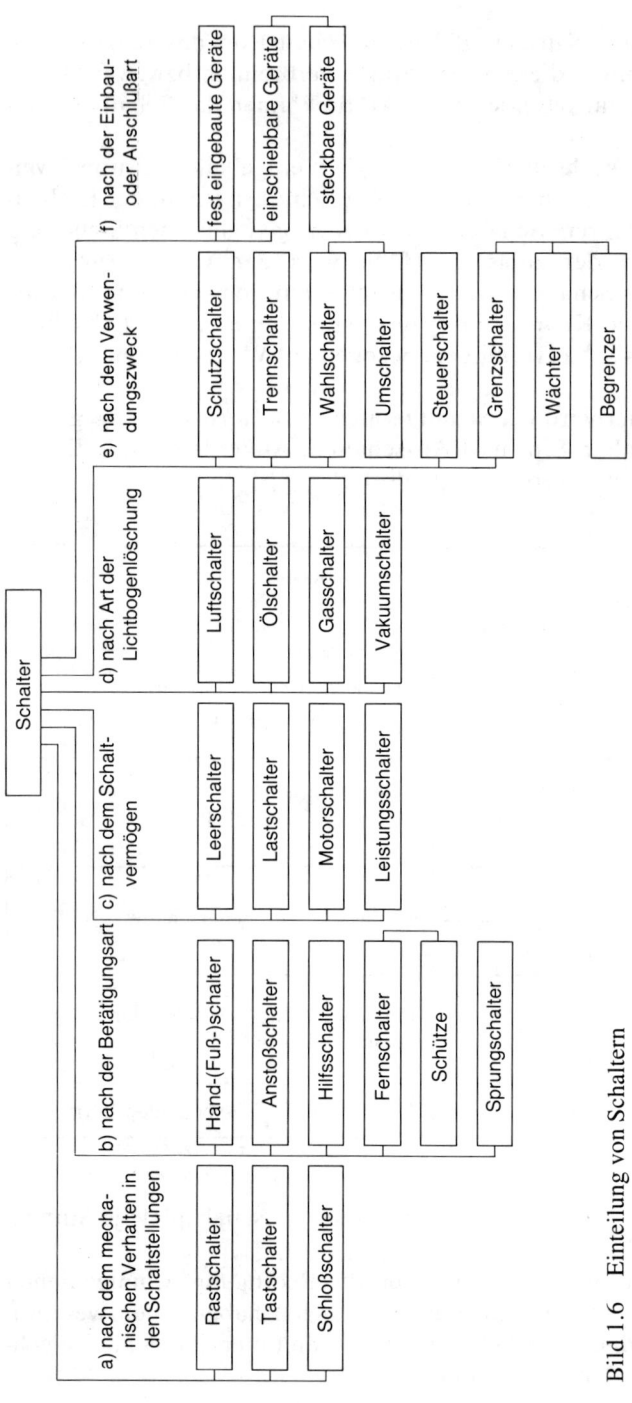

Bild 1.6   Einteilung von Schaltern

a) *Leichte Schaltbedingungen*

z. B. das Ein- und Ausschalten von Wärmegeräten, kompensierten Leuchtstofflampen und Hilfsstromkreisen. *Gebrauchskategorie AC 1*
Hilfsschütze entsprechen der Gebrauchskategorie AC 11

b) *Normale Schaltbedingungen*

z. B. das Schalten von Induktionsmotoren mit Anlaßvorrichtungen. *Gebrauchskategorie AC 2*

c) *Schwere Schaltbedingungen*

z. B. das Ein- und Ausschalten von Kurzschlußläufermotoren mit Tippen und Gegenstrombremsen. Unter Tippen versteht man fortlaufendes, impulsartig wiederholendes Eintasten, wie es z. B. beim Einrichten von Arbeitsmaschinen vorkommt. *Gebrauchskategorie AC 3*

d) *Extreme Schaltbedingungen*

z. B. ausschließlich Tippbetrieb und Gegenstrombremsen. Aus- und Einschaltungen mit Ruhezeiten entfallen. *Gebrauchskategorie AC 4*

Die Gebrauchskategorien für Gleichstrom (DC) sind ähnlich denen für Wechselstrom.

Schutzarten nach DIN VDE 0470: Gemeint ist hier der Schutz gegen das Eindringen von Fremdkörpern und Feuchtigkeit. Dieses Thema wird im Buch «Elektro-Installationstechnik» ausführlich behandelt.

Einschaltdauer: Sie wird in % angegeben, z. B. ED 40 %, und gibt an, wieviel % des gesamten Zyklus das Betriebsmittel eingeschaltet sein darf. Wenn nicht anders angegeben, beträgt die Zyklusdauer 10 min. ED 40 % bedeutet also: Das Betriebsmittel darf 4 min eingeschaltet und muß dann zum Abkühlen 6 min ausgeschaltet sein.

1.2.3 Schalter und deren Einteilung

Aus Bild 1.6 ist die Einteilung von Schaltern nach DIN VDE 0660 zu ersehen. Wegen der technischen Bedeutung soll nachstehend vorrangig die Unterscheidung nach dem Schaltvermögen behandelt werden. Im Anschluß werden dann Schalter in unbestimmter Reihenfolge in der Einteilung nach dem Verwendungszweck als Auswahl für den Elektromeister behandelt.

1.2.3.1 Schalter in der Einteilung nach dem Schaltvermögen

Leerschalter

Leerschalter sind zum Schalten von Spannungen bzw. zum annähernd *stromlosen Schalten* von Strompfaden geeignet.

Anwendung z. B. als Sicherungs-Leertrenner (siehe Bild 1.7), die vor z. B. Lastschaltern angeordnet werden. Sie sind konstruktiv als Hebelschalter mit Doppel-Messerkontakten ausgelegt, haben eine hohe thermische und dynamische Kurz-

Bild 1.7
Sicherungsleertrenner

Bild 1.8
Leistungsschalter

schlußfestigkeit und sind zum Fortleiten großer Nennströme verwendbar. Zum Schalten von Nennströmen sind Leerschalter nicht zu benutzen. Kurzschaltzeichen siehe Bilder 1.9a und b.

Lastschalter
Die meisten gebräuchlichen Schaltgeräte, wie Licht- und Geräteschalter oder Schütze, haben das Schaltvermögen von Lastschaltern. Mit Lastschaltern können Ströme bis ca. zum *doppelten Nennstrom* geschaltet werden.

Anwendung z. B. als FI- in Verteilungen oder als Hebelschalter für Steuerungszwecke (Kurzschaltzeichen siehe Bilder 1.9a und b.)

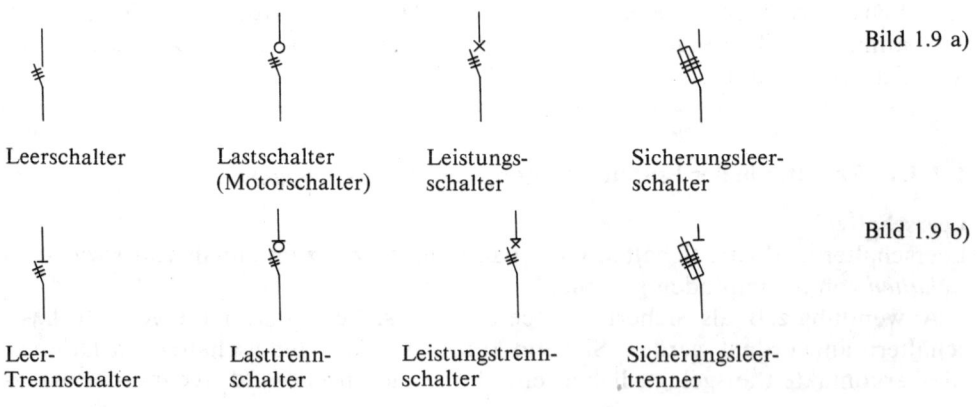

Bild 1.9 a)

| Leerschalter | Lastschalter (Motorschalter) | Leistungs-schalter | Sicherungsleer-schalter |

Bild 1.9 b)

| Leer-Trennschalter | Lasttrenn-schalter | Leistungstrenn-schalter | Sicherungsleer-trenner |

30

Motorschalter
Dort, wo erhöhte Anlaufströme zu erwarten sind, z. B. bei Stromkreisen mit Synchronmaschinen, werden Motorschalter verwendet.

Motorschalter sind in der Lage, Anlaufströme vom *3- bis 8fachen Motornennstrom* bei einem cos φ von rd. 0,4 zu schalten.

Anwendbar als Y△-Schalter, Wendeschalter oder allgemein als Steuerschalter (Bild 1.10). Kurzschaltzeichen eines Motorschalters siehe Bild 1.9a.

Leistungsschalter
Leistungsschalter können *Kurzschlußströme* ein- und ausschalten. Anwendung z. B. als Motorschutzleistungsschalter, zum Schalten großer Kurzschlußläufermotoren und Kondensatoren (Bild 1.8). Leistungsschalter können auch aus Schützen mit thermischen und magnetischen Auslösern zusammengestellt werden. Kurzschaltzeichen siehe Bilder 1.9a und b.

Schaltbilder
Bild 1.9a zeigt die Kurzschaltzeichen. Für Motorschalter gibt es nach DIN kein eigenes Schaltzeichen. Es wird das Zeichen des Lastschalters verwendet. Schalter, die als Trennschalter zugelassen sind, d. h., wenn sie sichtbare Kontaktstrecken oder eine Schaltstellungsanzeige haben, erhalten im Symbol zusätzlich einen Querstrich (Bild 1.9b).

1.2.3.2 Schalter in der Einteilung nach dem Verwendungszweck

Steuerschalter
Steuerschalter dienen hauptsächlich dem direkten handbetätigten Schalten von Haupt- und Hilfsstromkreisen. Das Schaltvermögen entspricht dem der Motor-

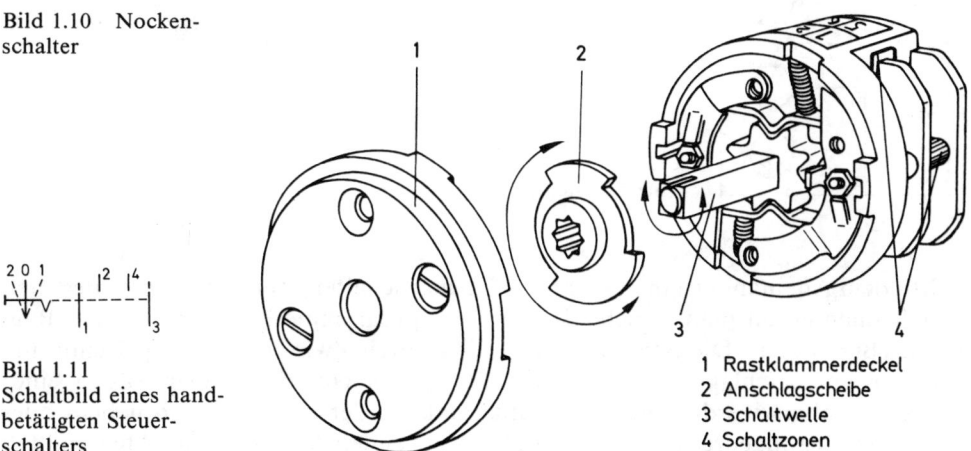

Bild 1.10 Nocken-
schalter

Bild 1.11
Schaltbild eines hand-
betätigten Steuer-
schalters

1 Rastklammerdeckel
2 Anschlagscheibe
3 Schaltwelle
4 Schaltzonen

schalter. Steuerschalter kommen in der Praxis vielfach als Nocken- und Walzenschalter vor. Sie werden überwiegend als Rastschalter ausgeführt.

Rastschalter sind Schaltgeräte, die nach dem Betätigen in der neuen Schaltstellung verbleiben. Sie gehen nicht selbsttätig durch Schwerkraft oder Federkraft in die Ausgangsstellung zurück. Jeder Schaltvorgang bedingt eine erneute Betätigung. In Bild 1.10 ist ein Steuerschalter dargestellt. Das dazugehörige Schaltbild ist aus Bild 1.11 ersichtlich.

Nockenschalter

Bei einem Nockenschalter werden die Schaltkontakte durch eine Schaltwalze mit aus Isolierstoff bestehenden Nocken betätigt (siehe Bild 1.10). Die beweglichen Schaltstücke werden in der Einschaltstellung durch eine Federkraft verstärkt auf die festen Schaltstücke gedrückt. Durch Betätigen des Antriebs wird die Nockenscheibe bis zur nächsten Einrastung gedreht. Damit werden die beweglichen Schaltstücke abgehoben, und die Stromwege sind unterbrochen. Es kommen hauptsächlich Druckkontakte zur Anwendung, die einem relativ geringen Verschleiß unterliegen. Da sie mit Silberüberzügen versehen sind, lassen sich mit ihnen hohe Schalthäufigkeiten erzielen.

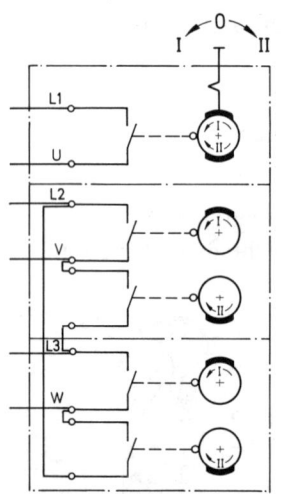

Bild 1.12a
Nockenwende-
schalter,
Prinzipdarstellung

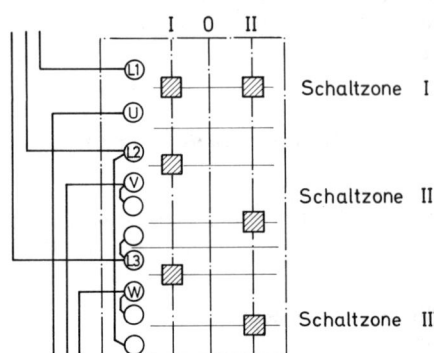

Bild 1.12b
Nockenwendeschalter, Schaltbild

Mit dem Aneinanderreihen mehrerer Nockenschaltereinheiten in verschiedenen Schaltzonen erhält man verschiedenste Schaltprogramme bei relativ kleiner Baugröße (Bild 1.12a). Die Schaltzonen werden durch Zwischenwände getrennt, um Lichtbogenüberschläge zu vermeiden. Für die zeichnerische Darstellung eines Nockenschalters werden die Anschlußkontakte jeder Schaltzone so neben- oder untereinander angeordnet, daß nur die zu brückenden Anschlußkontakte unmittel-

32

bar nebeneinanderliegen (siehe Bild 1.12b). Wird also in einer Einschaltung innerhalb einer Schaltzone die Verbindung zwischen einem Kontaktpaar hergestellt, so ist dieses durch ein nebenstehendes Nockensymbol zu kennzeichnen. Schaltverbindungen zwischen verschiedenen Schaltzonen werden durch Schaltbrücken hergestellt, die an den äußeren Anschlußkontakten anzulegen sind. Leitende Verbindungen innerhalb der Schaltwalze sind nicht möglich.

Einhebelbefehlsgeräte (Meisterschalter)

Einhebelbefehlsgeräte (auch unter dem Begriff Meisterschalter bekannt) sind Steuerschalter mit vielseitigem Schaltprogrammm. Sie finden Verwendung für Steuerungen z. B. in Kran- und Förderanlagen, in Hütten- und Walzwerken.

Das Äußere eines Einhebelbefehlsgerätes ist aus Bild 1.13 ersichtlich. Der Aufbau entspricht im Prinzip dem Aufbau des Nockenschalters. Einhebelbefehlsgeräte sind sehr leichtgängig und meistens von Hand über ein Handrad, einen Hebel oder über eine Seilscheibe mit Rückstellfeder zu bedienen. Mit dem Schalthebel können durch Schwenken und Drehen in verschiedenen Richtungen unterschiedliche Schaltvorgänge von Hilfs- und Hauptstromkreisen vorgenommen werden.

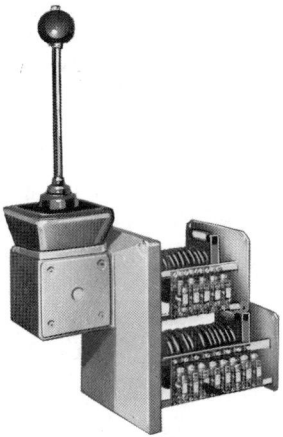

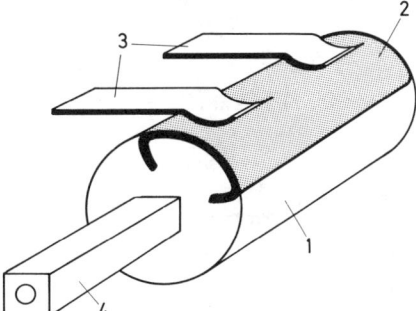

1 Schaltwalze
2 Walzenschaltstück
3 Federkontakt
4 Schaltwelle

Bild 1.13   Einhebelbefehlsgerät
(Meisterschalter)

Bild 1.14   Walzenschalterzone

Walzenschalter

Bei dem Walzenschalter werden die Verbindungen durch leitende Schaltstücke auf der Walze hergestellt. In der Ausschaltstellung können die Federkontakte an den Isolierstoffteilen der Schaltwalze anliegen. Durch Drehung der Welle bis zur Einrastung in der Einschaltstellung nach Bild 1.14 werden die auf der Walze angeordneten Schaltstücke unter die Federkontakte gebracht. Damit ist eine leitende Verbindung hergestellt. Die Schaltstellungen werden durch gesonderte Einrastvorrichtungen arretiert.

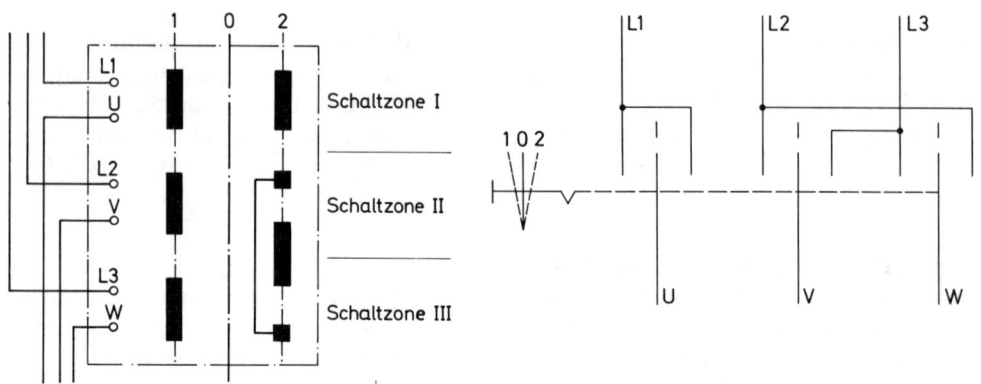

Bild 1.15   Walzenwendeschalter

Bild 1.16   Schaltbild des Wendeschalters

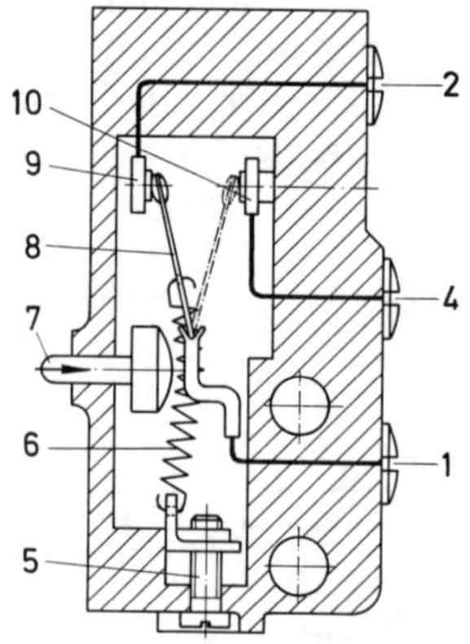

1 gemeinsamer Anschluß
2 Zuleitung zum Öffner
4 Zuleitung zum Schließer
5 Justiereinrichtung für
    Kontaktdruck, Betätigungs-
    kraft, Differenzhub
6 Stahl-Schraubenfeder
7 Schalttaste
8 Kontaktwippe
9 Öffner
10 Schließer

Bild 1.17a
Mikroschalter, Sprungkontakt

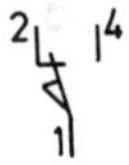

Bild 1.17b
Mikroschalter
als Grenzschalter,
Schaltzeichen

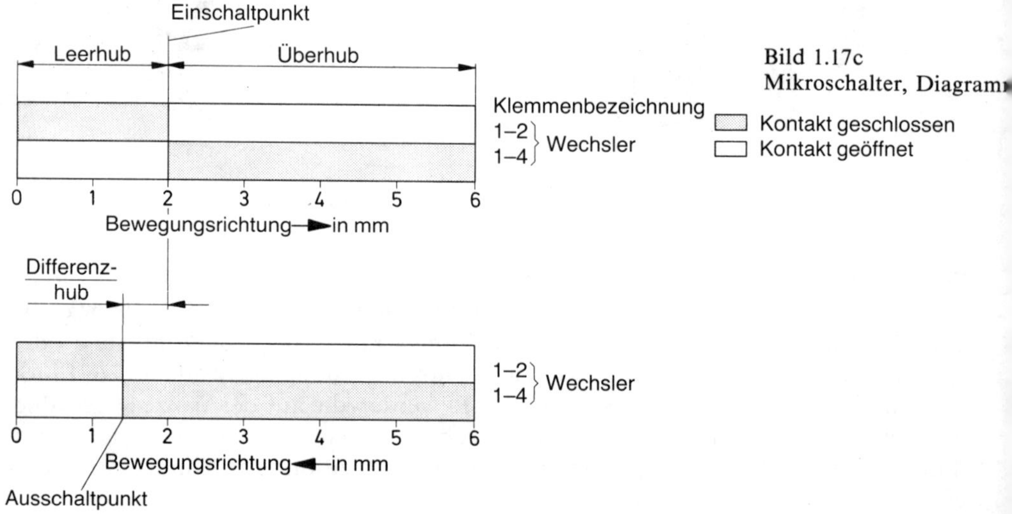

Einschaltpunkt

Leerhub   Überhub

Klemmenbezeichnung
1–2 } Wechsler
1–4

Bild 1.17c
Mikroschalter, Diagramm

▨ Kontakt geschlossen
☐ Kontakt geöffnet

0   1   2   3   4   5   6
Bewegungsrichtung ► in mm

Differenz-
hub

1–2 } Wechsler
1–4

0   1   2   3   4   5   6
Bewegungsrichtung ◄ in mm

Ausschaltpunkt

34

Aufgrund der Kontaktreibung und der daraus resultierenden Kontaktabnutzung ist die Schalthäufigkeit geringer als bei Nockenschaltern.

Für die zeichnerische Darstellung von Schaltungsfunktionen bei Walzenschaltern werden die auf der Walze befindlichen Schaltsegmente als Abwicklung neben den symbolisch durch Buchstaben gekennzeichneten Federkontakten aufgeführt (Bild 1.15).

Aus Bild 1.15 erkennt man, daß in der Schaltstellung 1 die Anschlüsse L 1, L 2, L 3 über die Schaltsegmente sinngemäß mit U, V, W verbunden werden. In der Schaltstellung 2 wird Anschluß L 2 über eine Schaltbrücke in der Walze mit dem Anschluß W verbunden und entsprechend L 3 mit V.

Unabhängig von der Konstruktion der Nocken- oder Walzenschalter lassen sich die Schaltfunktionen durch Schaltbilder darstellen. Dabei sind alle Schaltverbindungen durch die Schaltglieder, wie Schließer und Öffner, aufzuzeichnen, wie es aus Bild 1.16 ersichtlich ist. Diese Darstellung entspricht auch der eines Schalters mit Messerkontakten.

Momentschalter (Mikroschalter)

Momentschalter besitzen schnellschaltende Sprungkontakte. Aufgrund kurzer Schaltzeiten werden trotz kleiner Abmaße relativ große Schaltleistungen erzielt. Kleine Momentschalter oder Mikroschalter zeichnen sich außerdem durch relativ kleine Schalthübe aus, und die erforderlichen Antriebskräfte sind gering. Eine Prinzipdarstellung des Sprungkontaktes und das zugehörige Schaltzeichen sind in den Bildern 1.17a und b aufgeführt.

Der Schaltweg des Sprungkontaktes sowie die Schließungs- und Öffnungszeiten sind weitestgehend von außen unbeeinflußbar, und sie können nicht, wie zum Beispiel bei einem Druckknopftaster, verlangsamt oder beschleunigt werden.

Die Schaltwege für eine Ein- und für eine Rückschaltung sind in Bild 1.17c wiedergegeben.

Aus dem Schaltwegdiagramm erkennt man, daß der Einschaltpunkt und der Ausschaltpunkt an zwei verschiedenen Stellen liegen. Zwischen beiden Schaltpunkten liegt der sogenannte Differenzhub. Mit einer relativ kleinen Antriebskraft F wird die Feder mit dem Stößel so weit durchgedrückt, daß die Kontaktbrücke über den Totpunkt hinaus in die neue Schaltstellung hineinspringt.

Beim Zurückgehen des Stößels erfolgt ein Umschalten der Kontaktbrücke erst dann, wenn die Feder den zweiten Totpunkt überschritten hat. Mikroschaltkontakte lassen sich in Verbindung mit entsprechenden Konstruktionsteilen als Tastschalter oder als Rastschalter verwenden. Anwendungsmöglichkeiten ergeben sich als Weg-, Druck- und Temperaturbegrenzer sowie als Programmschalter usw.

Die bei schleichenden, unsicheren Schaltbewegungen entstehenden Lichtbögen und Kontaktverzunderungen lassen sich durch Sprungkontakte sehr vorteilhaft vermindern. Dieses gilt besonders für das Schalten von Gleichstrompfaden.

Durch das sprunghaft schnelle Öffnen der Schaltstücke wird eine Wiederzündung in der Lichtbogenstrecke erschwert und somit der Kontaktabbrand vermindert.

Bild 1.18a
Druckknopftaster

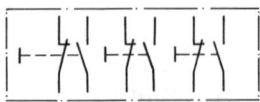

Bild 1.18b
Druckknopftaster,
Schaltzeichen

Bild 1.19a
Fußtaster

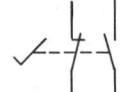

Bild 1.19b
Fußtaster, Schaltzeichen

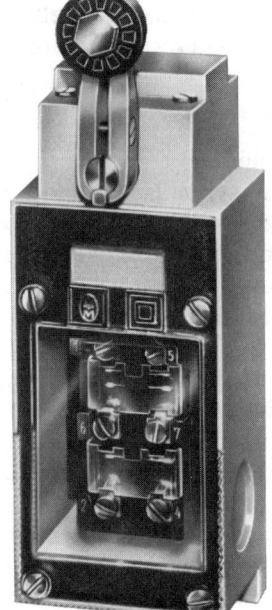

Bild 1.20a
Endtaster

Bild 1.20b
Endtaster, Schaltzeichen

Bild 1.21
Kontaktelement eines Drucktasters

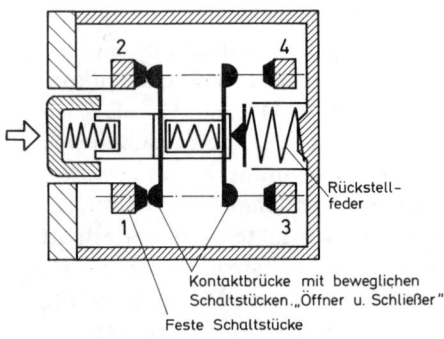

Rückstell-
feder

Kontaktbrücke mit beweglichen
Schaltstücken „Öffner u. Schließer"
Feste Schaltstücke

36

Tastschalter

Unter Tastschalter versteht man Schaltgeräte mit Rückzugskräften. Nach erfolgter Betätigung geht der Schalter automatisch durch eine Rückstellfeder in die Ausgangslage zurück. Weitere typische Beispiele für Befehlsschalter sind außer dem Drucktaster der Schwenktaster, der Grenz- oder Endtaster sowie noch die Wächterarten, z. B. Druck-, Temperatur-, Drehzahlwächter usw. Einige Beispiele mit den entsprechenden Schaltzeichen sind aus den Bildern 1.18a bis 1.20b ersichtlich.

Druckknopftaster

Als Schaltglieder werden überwiegend Druckkontakte mit Überzügen aus verschleißfesten Silberlegierungen verwendet, wodurch eine große Lebensdauer erzielt wird. Eine Prinzipdarstellung des Drucktasters ist aus Bild 1.21 zu ersehen. Damit Eintaster bei ungewollten, großflächigen Berührungen nicht betätigt werden, sind die Druckknöpfe mit der Gehäuseoberfläche ebenbündig ausgeführt.

Schaltfolge

Um ein zufälliges Schalten bei leichtem Berühren des Tastknopfes zu vermeiden, wird beim Hineintasten die erste Feder vorgespannt, ohne das die Kontaktbrücken betätigt werden. Nach diesem Vorhub wird der Öffner mit den Klemmenbezeichnungen 1 und 2 angehoben, aber der Schließer bleibt noch geöffnet. Durch weiteres Hineindrücken des Tasters wird die Rückstellfeder weiter gespannt. Nach dem Schließen des Schließers mit den Klemmenbezeichnungen 3 und 4 wird der Tastknopf bis zum Anschlag hineingedrückt. Damit entsteht ein Überhub, womit die Federkraft verstärkt und der erforderliche Kontaktdruck erzielt wird. Beim Loslassen des Tastknopfes wird zunächst der Schließer wieder geöffnet, und dann wird der Öffner geschlossen.

Tasteranordnung und Farben für Druckknöpfe

Durch das Unterbringen mehrerer Kontaktelemente in einem gemeinsamen Gehäuse ergeben sich Tastertafeln für verschiedenste Anwendungsfälle. Einige Beispiele sind in den Bildern 1.22a bis c aufgeführt. Zum leichten Auffinden der Taster, vor allem des Austasters im Störungs- oder Notfall, ist die Kennzeichnung von Aus- und Eintastern nach DIN VDE 0113 auszuführen.

Bild 1.22a bis c   Tasterkennzeichnung und Anordnung

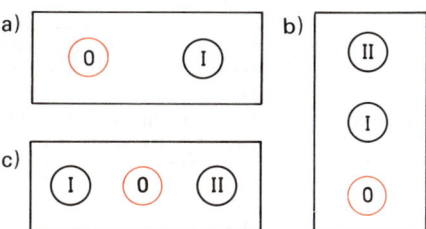

37

Tabelle 1.4 Farben für Drucktaster und ihre Bedeutung nach DIN VDE 0113

Farbe (siehe Anmerkung[1])	Bedeutung der Farbe	Typische Anwendungsbereiche
Rot	Handeln im Gefahrenfall	□ Not-Aus □ Brandbekämpfung
	Halt oder Aus	□ Alles stillsetzen □ Alles stillsetzen (Stoppen) eines oder mehrerer Motoren □ Stillsetzen eines Teiles der Maschine □ Zyklusstillsetzen (wenn die Bedienungsperson den Drucktaster während eines Zyklus betätigt, hält die Maschine, nachdem der laufende Zyklus beendet ist) □ Ausschalten eines Schaltgerätes □ Rückstellung kombiniert mit Halt-Funktion
Gelb	Eingriff	Eingriff zur Beseitigung anormaler Bedingungen oder zur Verhinderung unerwünschter Änderungen, beispielsweise: □ Rücklauf von Maschineneinheiten zum Ausgangspunkt des Zyklus, falls dieser noch nicht abgeschlossen war. Das Betätigen des gelben Drucktasters kann andere, vorher gewählte Funktionen außer Kraft setzen.
weiß grau schwarz oder grün	Start (siehe Anmerkung [2]) oder Ein	□ Alles starten □ Anlauf eines oder mehrerer Motoren □ Anlauf eines Teiles der Maschine □ Starten von Hilfsfunktionen □ Einschalten eines Schaltgerätes □ Steuerstromkreis an Spannung legen
Blau	zwingende Handlung	□ Ausschalten eines Schaltgerätes □ Rückstellung kombiniert mit Halt-Funktion
Schwarz Grau Weiß	Keiner besonderen Bedeutung zugeordnet	Darf für jede Funktion angewendet sein mit Ausnahme der Drucktaste mit alleiniger Halt- oder Aus-Funktion. Beispiele: □ Schwarz: Tippbetrieb, Tippen beim Einrichten □ Weiß: Steuern von Hilfsfunktionen, die nicht direkt mit dem Arbeitszyklus zusammenhängen

Anmerkung 1 = Es wird empfohlen, keine anderen Farben, wie beispielsweise Orange oder Braun, zu verwenden, um eine klare Unterscheidung zwischen den verschiedenen Farben sicherzustellen.

Anmerkung 2 = Werden Grün und Schwarz für Start oder Ein verwendet, wird empfohlen, Grün für vorbereitende Funktionen anzuwenden und Schwarz für die Ausführung.

38

Der Aus-Druckknopf soll rot und mit 0 gekennzeichnet sein. Die Anordnung ist normalerweise auf der linken Seite, wie in Bild 1.22a, oder unten, wie in Bild 1.22b, dargestellt. Bei Wendeschaltungen wird der Aus-Druckknopf in der Mitte zwischen den beiden Ein-Druckknöpfen angeordnet, wie es Bild 1.22c zeigt.

Für Einschaltknöpfe soll möglichst die Farbe Grün verwendet werden; Schwarz, Weiß oder Grau sind auch zugelassen. Tabelle 1.4 gibt eine genaue Übersicht. Gegebenenfalls werden Symbole, z. B. I oder II, angewendet.

Not-Aus-Taster
Als Not-Aus-Taster werden *rote Pilztaster* ohne Aufdruck und ohne Leuchtmelder vor einem gelben Kontrastuntergrund vorgeschrieben. Die Handhabe muß vom Standplatz des Bedienenden aus schnell und ohne Schwierigkeiten möglich sein. Anstelle der Bezeichnung «Not-Aus-Taster» wird immer mehr die Bezeichnung **«Gefahrenschalter»** verwendet, weil mit diesem Schalter nicht immer ausgeschaltet, sondern oft auch z. B. eine Gegenbewegungsrichtung eingeschaltet wird.

Positionsschalter (Grenztaster oder Endtaster)
Grenztaster sind wegeabhängige Befehlsschalter mit Rückzugskraft. Sie werden hauptsächlich als Begrenzer in Hilfsstromkreisen, gelegentlich auch in Hauptstrompfaden, eingesetzt.

Begrenzer haben die Aufgabe, Strompfade ein- oder auszuschalten, sobald der Grenzwert der zu überwachenden Größe erreicht ist. Als Beispiel sei die Schützsteuerung für ein Garagentor genannt. Sobald das Garagentor seine Grenzposition erreicht hat, wird durch den Grenztaster der Steuerstrom des jeweiligen Hauptschützes für «Schließen» oder «Öffnen» unterbrochen, so daß der Antriebsmotor durch das Schütz abgeschaltet wird.

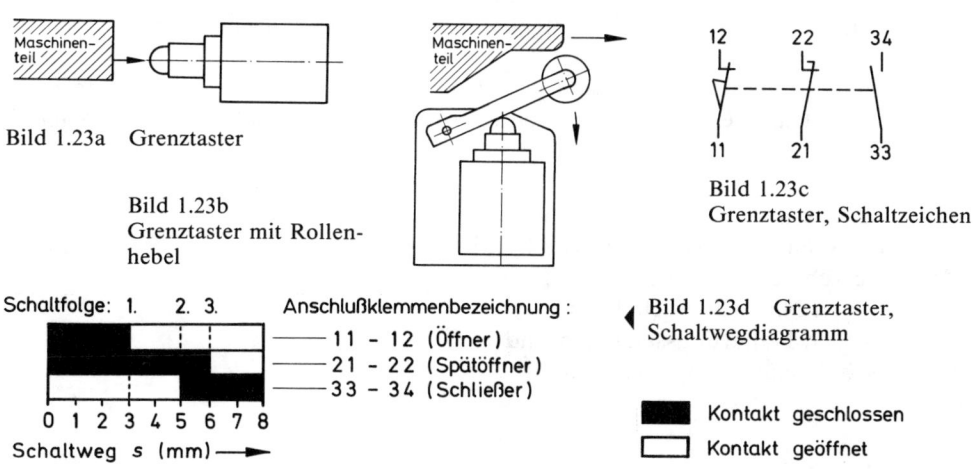

Bild 1.23a   Grenztaster

Bild 1.23b
Grenztaster mit Rollenhebel

Bild 1.23c
Grenztaster, Schaltzeichen

◀ Bild 1.23d   Grenztaster, Schaltwegdiagramm

Schaltfolge: 1. 2. 3.   Anschlußklemmenbezeichnung :
——— 11 – 12 (Öffner)
——— 21 – 22 (Spätöffner)
——— 33 – 34 (Schließer)
0 1 2 3 4 5 6 7 8
Schaltweg s (mm) ⟶

■ Kontakt geschlossen
☐ Kontakt geöffnet

Weitere Anwendung der Positionsschalter sind möglich bei Verriegelungen zur Sicherung gegen Wiedereinschaltungen oder zur Einleitung von weiteren Schaltvorgängen, wie zum Beispiel Übergang von Langsam- auf Schnellvorschub oder Einschaltung anderer Arbeitsgänge an Drehmaschinen und Automaten. Neben einfachen Wegbegrenzungen kann man Positionsschalter benutzen, um mehrere Schaltvorgänge während eines Bewegungsablaufes durchzuführen, und zwar nicht nur in Längsrichtung, sondern auch bei Drehbewegungen. Wegabhängige Endtaster sind in den Bildern 1.23a und b aufgeführt. Das zugehörige Schaltzeichen ist aus Bild 1.23c ersichtlich. Positionsschalter sind so anzuordnen, daß sie beim Überfahren nicht beschädigt werden und daß sie gegen unbeabsichtigtes Betätigen geschützt sind. Je nach gegebenem Anwendungsfall können verschiedene Arten von Positionsschaltern eingesetzt werden, z. B. mit oder ohne Rollenhebel (Bilder 1.23a und b) oder berührungslose Positionsschalter mit magnetischer Beeinflussung eines Mikroschaltkontaktes.

Um allen praktischen Anwendungsfällen gerecht zu werden, sind die Kontaktsätze im Normalfall als Schließer und Öffner vorhanden, und für den Spezialfall gibt es verschiedenste Kontaktzusammenstellungen. Die Schließ- und Öffnungszustände der Kontakte sind zum besseren Überblick im Schaltwegdiagramm aufgeführt.

Schaltwegdiagramm

Aus dem Diagramm Bild 1.23d ist sofort zu ersehen, daß sich der Spätöffner und der Schließer in der Einschaltung überschneiden. In der Ruhestellung bei $s = 0$ sind der Öffner sowie der Spätöffner geschlossen, und der Schließer ist geöffnet.

Wird der Stößel bis zum Anschlag bei $s = 8$ mm eingetastet, so wird laut Diagramm folgende Kontaktbewegung durchgeführt:
1. Kontakt 11 – 12 öffnet bei $s = 3$ mm
2. Kontakt 33 – 34 schließt bei $s = 5$ mm und
3. Kontakt 21 – 22 öffnet bei $s = 6$ mm.

Bei der Zurückführung wird die umgekehrte Schaltfolge durchlaufen.

Sicherheitspositionsschalter müssen gemäß DIN VDE 0113 zwangsöffnende Kontakte haben, d. h., die Kontakte müssen vom Betätigungsstößel zwangsweise geöffnet werden.

Näherungsschalter

Näherungsschalter werden auch als berührungslose Positionsschalter bezeichnet. Man unterscheidet zwischen
□ induktiven Näherungsschaltern,
□ kapazitiven Näherungsschaltern und
□ Ultraschall-Näherungsschaltern.

Induktive Näherungsschalter können verwendet werden, wenn sich annähernde elektrisch leitfähige oder magnetische Werkstoffe erfaßt werden sollen. Das Funktionsprinzip zeigt Bild 1.24.

Der Betätiger ist das sich nähernde Teil, der Oszillator erzeugt ein hochfrequentes Wechselfeld, das in Keulenform an der aktiven Fläche des Schalters austritt. Durch Eintauchen eines Metallteiles in dieses Wechselfeld wird dem Oszillator Energie entzogen, die Amplitude sinkt ab, und die nachfolgende Kippstufe löst den Schaltvorgang aus. Ein Verstärker verstärkt das Nutzsignal.

Bild 1.24
Funktionsprinzip eines
induktiven Näherungsschalters

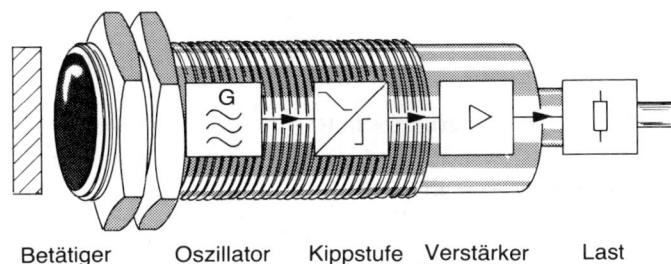

Betätiger   Oszillator   Kippstufe   Verstärker   Last

Auswahlkriterien
Für die Auswahl von induktiven Näherungsschaltern sind eine Reihe von Kriterien zu beachten. Die wichtigsten werden nachstehend aufgezeigt.
a) Umgebungsbedingungen
   Die Umgebung entscheidet über die Materialart, aus der der Schalter selbst besteht. Im Handel sind Schalter aus vernickeltem Messing, V2A-Stahl, Nirosta-Stahl, Kunststoff und Aluminium-Druckguß erhältlich.
b) Betriebsspannung
c) Laststrom
d) Schaltabstand
   Es ist der Abstand, bei dem ein sich der aktiven Fläche näherndes Schaltelement einen Signalwechsel bewirkt. Der Abstand liegt je nach Typ und Hersteller zwischen 0,5 mm und 40 mm.
e) Einbauart
   Es gibt Schalter für bündigen und für nichtbündigen Einbau. Bei Bauarten für bündigen Einbau (Bild 1.25a) kann der Schalter direkt von Metall umgeben sein.
   Bei Bauarten für nichtbündigen Einbau muß die aktive Fläche des Näherungsschalters von einer Freizone oder nichtbedämpfendem Material umgeben sein (Bild 1.25b).
f) Schaltfrequenz
   Sie gibt die Anzahl der Schaltungen je Sekunde an.
g) Anschlußart
   Es gibt Näherungsschalter mit vergossener ölfester Leitung, mit Steckverbindern oder Schraubanschluß.

41

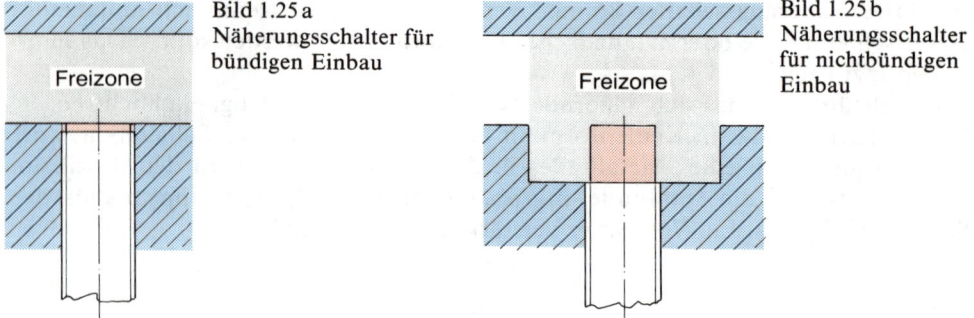

Bild 1.25 a
Näherungsschalter für
bündigen Einbau

Bild 1.25 b
Näherungsschalter
für nichtbündigen
Einbau

Kapazitive Näherungsschalter können verwendet werden, wenn elektrisch leitende und nichtleitende Werkstoffe in festem, pulverförmigem oder flüssigem Zustand erfaßt werden sollen.

Aufbau und Funktion

Die aktive Fläche besteht aus zwei konzentrisch angeordneten metallischen Elektroden, die man sich als «ausgeklappten» Kondensator vorstellen kann. Der Kondensator ist Bestandteil eines Oszillators. Nähert sich ein Objekt der aktiven Fläche des Schalters, verändert sich durch Änderung des Dielektrikums die Kapazität des Kondensators. Diese Änderung wird dann in einen Schaltbefehl umgesetzt.

Auswahlkriterien

Die Kriterien sind ähnlich denen des induktiven Näherungsschalters. Der Schaltabstand ist jedoch stark von der Dielektrizitätskonstanten des sich nähernden Materials abhängig.

Stärkere Verschmutzung ist zu vermeiden, da hierdurch der Schaltabstand beeinflußt wird.

Ultraschall-Näherungsschalter

Ein Ultraschallsensor sendet und empfängt Ultraschallimpulse auf ein schallreflektierendes Objekt: So entstehen Echos, die der Sensor empfängt und in elektrische Signale umwandelt. Der Vorgang des Sendens und Empfangens wird ständig wiederholt und überwacht. Gut reflektierende Gegenstände werden in größerem Abstand als schlechtreflektierende Stoffe erfaßt.

Bei der **Auswahl** sind insbesondere die Schaltabstände maßgebend, wobei auch Wände zu berücksichtigen sind.

Programmgeber

Programmgeber sind im allgemeinen motorangetriebene Schalter (Bild 1.26a), mit denen parallele oder nacheinanderfolgende Funktionsabläufe in kontinuierlicher Weise durchgeführt werden können.

Programmgeber werden in der nachstehend beschriebenen Ausführung überwiegend im Werkzeugmaschinensektor, in Waschautomaten, bei Lichtreklamen usw. eingesetzt. In spezieller Ausführung werden Programmgeber als Schaltuhren zum Freigeben von Nieder- und Hochtarifen an Elektrizitätszählern verwandt.

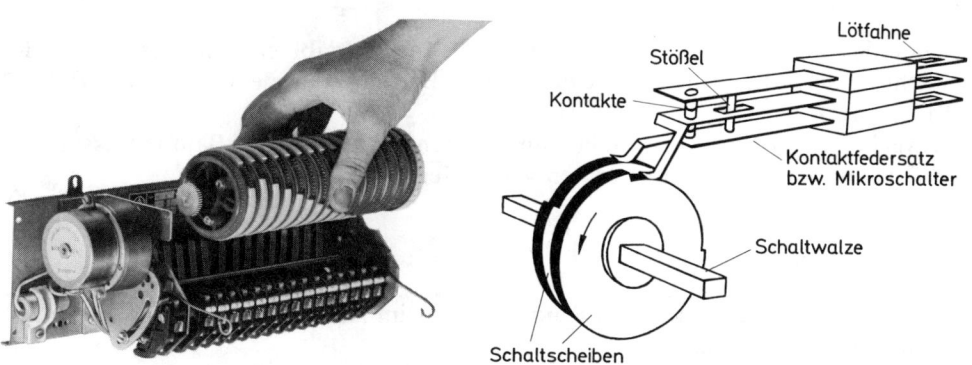

Bild 1.26a   Programmgeber, Abbildung   Bild 1.26b   Programmgeber, Prinzipdarstellung

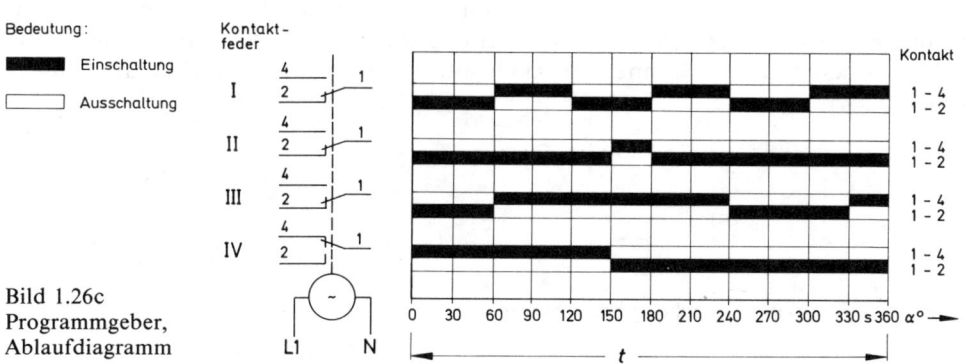

Bild 1.26c
Programmgeber,
Ablaufdiagramm

Als Motorantrieb dient ein Synchronmotor, damit der Zeitablauf infolge unerwünschter Spannungsschwankungen unbeeinflußt bleibt. Die Schaltwalze wird über ein Getriebe mit starker Untersetzung betätigt. Die Umlaufzeit ist über das Vorgelege variierbar und kann bis zu einigen Stunden andauern. Durch die auf der Schaltwalze angeordneten verdrehbaren Schaltscheiben mit Nocken aus verschleißfestem Kunststoff werden die Kontakte betätigt (Bild 1.26b).

43

Es werden häufig offenliegende Sprungkontakte oder Mikroschalter verwendet, um schleichende Kontaktgaben und Schaltpunktwanderungen zu vermeiden.

Zur Darstellung des Schaltprogramms wird ein Ablaufdiagramm nach Bild 1.26c gezeichnet.

Programmsteuerungen lassen sich je nach Art und Umfang außer durch motorangetriebene Geber auch mit magnetisch angetriebenen Schaltwerken, sogenannten Schrittschaltwerken, durchführen.

1.2.4   Meldeleuchten

Außer der farblichen Kennzeichnung von Tastern gibt es eine Festlegung der Leuchtmelderfarben zur Anzeige bestimmter Betriebszutände nach DIN VDE 0113 (Tabelle 1.5).

Zweckmäßigerweise verwendet man Lampen mit Steck- oder Bajonettfassungen, um Ausfälle durch Selbstlockern zu vermeiden.

1.2.5   Relais

Im Folgenden sollen häufig verwendete Relais im Aufbau und in ihrer Wirkungsweise erläutert werden.

Unter «Relais» versteht man allgemein ein Schaltgerät, das ein Eingangssignal umsetzt in ein oder mehrere Ausgangssignale. Während bei Schützen beim Schalten zwei Kontaktunterbrechungen wirksam werden (Bild 1.27a), werden bei Relais in der Regel nur eine Kontaktunterbrechung mit kleinem Kontaktabstand (Bild 1.27b) wirksam. Somit können sie auch nur geringere Stromstärken als Schütze schalten.

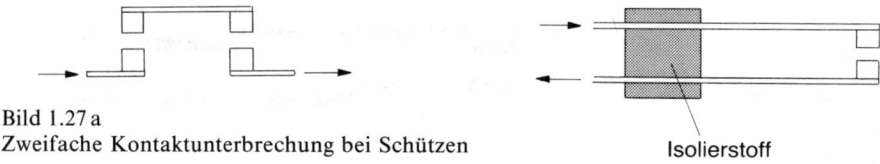

Bild 1.27 a
Zweifache Kontaktunterbrechung bei Schützen

Isolierstoff

Bild 1.27 b
Einfache Kontaktunterbrechung bei Relais

1.2.5.1   Zeitrelais

Zeitrelais sind Schaltgeräte, mit denen zeitverzögerte Ein- und Ausschaltvorgänge überwiegend in Hilfstromkreisen von Relais- und Schützsteuerungen durchgeführt werden.

Zur Erweiterung von handbetätigten Schützsteuerungen lassen sich z. B. mit Hilfe von Zeitrelais automatische Anlaßschaltungen für Drehstrommotoren erstel-

Tabelle 1.5 Farben für Leuchtmelder und ihre Bedeutung nach DIN VDE 0113

Farbe	Bedeutung der Farbe	Erklärung	Typische Anwendung
Rot	Gefahr oder Alarm	Warnung vor möglicher Gefahr oder einem Zustand, der ein sofortiges Eingreifen erfordert	▫ Druckausfall im Schmiersystem ▫ Temperatur außerhalb vorgegebener (sicherer) Grenzen ▫ Befehl, die Maschine sofort zu stoppen (beispielsweise wegen Überlast) ▫ Wesentliche Teile der Ausrüstung gestoppt durch Ansprechen einer Schutzeinrichtung ▫ Gefahr durch zugängliche aktive oder sich bewegende Teile
Gelb	Vorsicht, anormaler Zustand	Veränderung oder bevorstehende Änderung der Bedingungen	▫ Temperatur (oder Druck) abweichend vom Normalpegel ▫ Überlast, deren Dauer nur innerhalb beschränkter Zeit zulässig ist
Grün	Sicherheit, normaler Zustand	Anzeige eines sicheren Betriebszustandes oder Freigabe des weiteren Betriebsablaufes	▫ Kühlflüssigkeit läuft ▫ automatische Kesselsteuerung eingeschaltet ▫ Maschine fertig zum Start: alle notwendigen Hilfseinrichtungen funktionieren, die Einheiten befinden sich in der Ausgangsstellung, und der hydraulische Druck oder die Ausgangsanpassung eines Motorgenerators liegen innerhalb des vorgegebenen Bereiches ▫ Zyklus beendet und Maschine bereit zu neuem Start
Blau	Zwingende Handlung	Aufforderung zu bestimmter Handlung	▫ Sollwert eingeben ▫ Zusatzpumpe einschalten ▫ Schott schließen
Weiß	Keine spezielle Bedeutung zugeordnet (neutral) (allgemeine Information)	Beliebige Bedeutung: darf angewendet werden, wenn bezüglich der Anwendung der 3 Farben Rot, Gelb und Grün Zweifel bestehen, z. B. als Bestätigung	▫ Hauptschalter in Ein-Stellung ▫ Wahl der Geschwindigkeit oder der Drehrichtung ▫ Nicht zum Arbeitszyklus gehörende Hilfseinrichtungen sind in Betrieb

Zweckmäßigerweise verwendet man Lampen mit Steck- oder Bajonettfassungen, um Ausfälle durch Selbstlockern zu vermeiden.

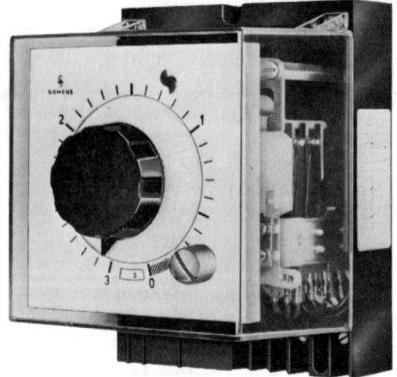

Bild 1.28a Zeitrelais, Abbildung

2
4
1

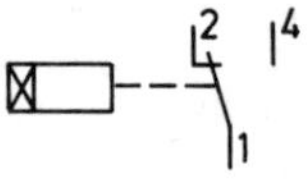

Bild 1.28b Zeitrelais, Schaltbild (einschaltverzögert)

2
4
1

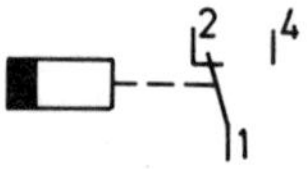

Bild 1.28c Zeitrelais, Schaltbild (ausschaltverzögert)

A1 15 B1
Z1 Z2 X1
SCHIELE ERS
timetron
300s
Time sector
Time value
Function - AV
R1
U/T
3A11
B2 Y1
18 16 A2

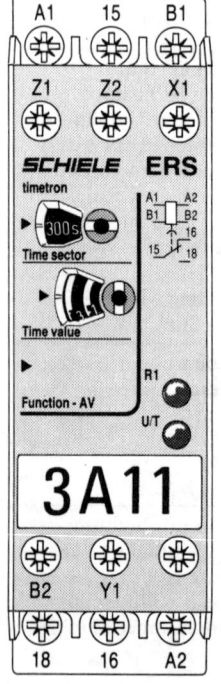

Bild 1.29 Elektronisches Zeitrelais

Versorgungs-
spannung
Arbeitskontakt Schließer
Öffner
t
t

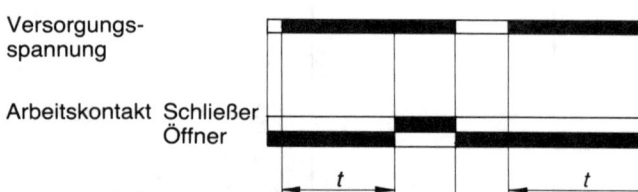

Bild 1.30 Ansprechverzögerung
t = eingestellte Verzögerungszeit

Versorgungs-
spannung
Steuerkontakt
Arbeitskontakt
Schließer
Öffner
t
t

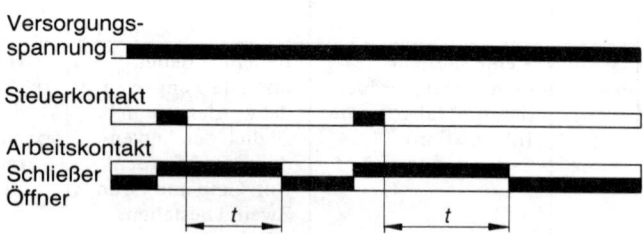

Bild 1.31 Rückfallverzögerung
t = eingestellte Verzögerungszeit

len. Als Beispiele seien die automatische Stern-Dreieck-Schaltung, die Anlaßschaltung für einen Drehstrom-Schleifringläufermotor und die Kusa-Schaltung genannt (siehe Bilder 1.89, 1.86 und 1.88).

Die Ansicht eines mit einem Synchronmotor angetriebenen Zeitrelais zeigt Bild 1.28a, und die zugehörigen Schaltbilder geben die Bilder 1.28b und 1.28c wieder. Außer den motorischen Antriebssystemen sind elektromagnetische und elektrothermische Antriebe gebräuchlich. In der Praxis haben sich elektronische Zeitrelais durchgesetzt (Bild 1.29).

Bei **mechanisch arbeitenden Zeitrelais** wird der Verzögerungsmechanismus durch Uhrwerke, Pneumatik oder Thermik betätigt.

Bei **elektronisch arbeitenden Zeitrelais** ergibt sich die Verzögerungszeit durch Aufladen eines Elektrolytkondensators über einen einstellbaren Widerstand mit nachfolgender elektronischer Schaltung (z. B. Unijunktion-Kreis), die das Ausgangsrelais schaltet. Moderne Multifunktionsrelais (Motorfunktionsrelais) arbeiten auch schon mit integrierten Schaltkreisen in IC-Technik.

Zeitrelais werden mit einem oder mehreren Wechslern, aber auch mit getrennten Öffnern und Schließern hergestellt.

Für bestimmte Anwendungsfälle gibt es Zeitrelais, die neben den verzögert schaltenden Kontakten einen Sofortschaltkontakt oder Selbsthaltekontakt besitzen. Derartige Zeitrelais stellen im Prinzip eine Kombination aus Hilfsschütz und dem Zeitrelais dar. Außer der Unterscheidung nach der Antriebsart wird nach dem Abschaltverhalten unterschieden.

Ansprechverzögerte Relais

Mit dem Einschalten des Antriebs wird der Verzögerungsmechanismus in Betrieb gesetzt. Nach dem Ablauf der Verzögerungszeit werden die Schaltkontakte betätigt und so lange in der Einschaltstellung gehalten, bis sie durch Ausschalten des Antriebs wieder in Ruhestellung zurückgehen.

Das Schaltwegdiagramm (Bild 1.30) zeigt den Ablauf. Die wählbaren Einstellbereiche liegen zwischen 0,05 s bis 300 h.

Rückfallverzögerte Relais

Durch das Einschalten des Antriebs werden die Schaltkontakte betätigt, und gleichzeitig kann ein Federkraftspeicher aufgezogen werden. Wird der Antrieb ausgeschaltet, so bewirkt die Federkraft den Verzögerungsvorgang. Bei elektronischen Zeitrelais wird der Verzögerungsvorgang elektronisch erzeugt. Dazu ist oft eine getrennte Versorgungsspannung, die immer anliegt, erforderlich. Der Zeitablauf wird dann durch einen Steuerkontakt gestartet.

Das Schaltwegdiagramm (Bild 1.31) zeigt den Ablauf.

Blinkrelais

Blinkrelais sind eine Abwandlung von Zeitrelais. Sie betätigen ihren Kontakt nach dem Anlegen der Versorgungsspannung in der Regel im symmetrischen Impuls-

Pause-Verhältnis, d.h. in einem Blinktakt mit einem Ein- und Ausverhältnis von 1:1. Die Impulszeiten sind in der Regel einstellbar.

Wischrelais

Wischrelais sind Zeitrelais, die bei der Kontaktbetätigung nur einen kurzzeitigen Impuls abgeben, d.h., der Kontakt schließt oder öffnet nur kurzzeitig. Man unterscheidet einschaltwischende und ausschaltwischende Relais.

Beim einschaltwischenden Relais wischt der Kontakt beim Einschalten, beim ausschaltwischenden Relais beim Ausschalten. Es gibt auch Relais, die beim Ein- und Ausschalten wischen. Die Wischzeit ist wiederum einstellbar.

Multifunktionsrelais

Multifunktionsrelais vereinen mehrere oder alle Zeitfunktionen verschiedener Relais. Sie sind zwar erheblich teurer in der Anschaffung, vereinfachen aber die Lagerhaltung und verringern somit auch deren Kosten. Multifunktionsrelais sind teilweise auch für verschiedene Versorgungsspannungen ausgelegt, so daß mit einem Relais wirklich alle Zeitfunktionen und Einsatzbedingungen abgedeckt werden

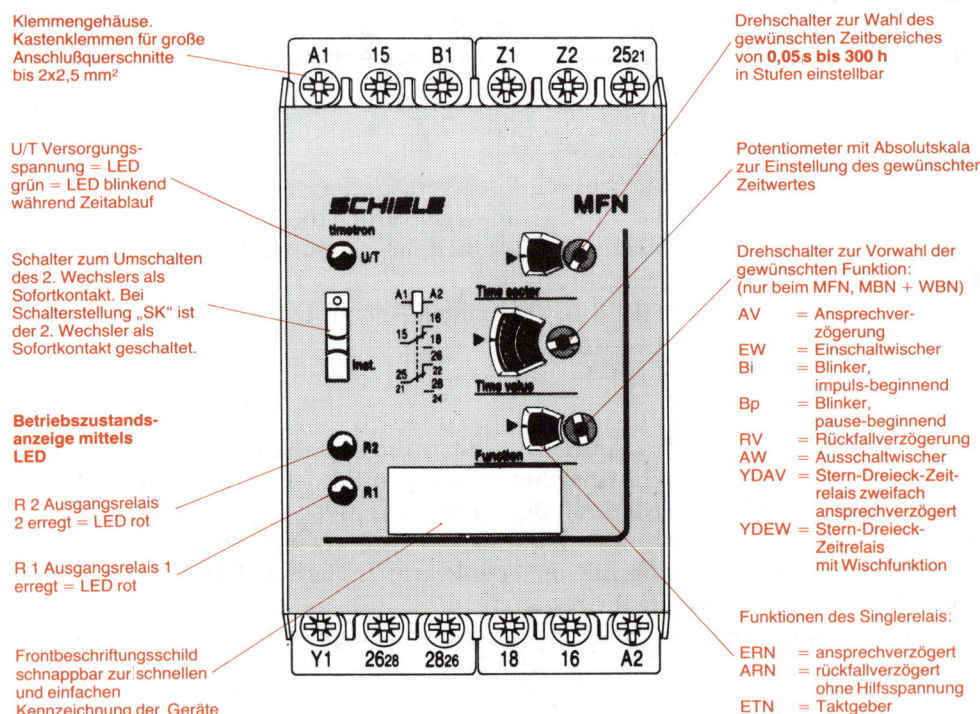

Bild 1.32   Multifunktionsrelais

48

können. Bild 1.32 zeigt ein Multifunktionsrelais mit all seinen Möglichkeiten der Einstellung.

Stern-Dreieck-Zeitrelais
Sie besitzen zwei getrennte Zeitkreise. Ein Zeitkreis ist fest eingestellt auf ca. 50 ms für die Umschaltzeit des Stern- auf das Dreieckschütz. Dies wird bei größeren Leistungen notwendig, weil eine bestimmte Zeit zur Lichtbogenlöschung beim Sternschütz erforderlich ist. Die zweite Zeit ist variabel einstellbar und bestimmt die Zeit des Sternbetriebes.

1.2.5.2 Stromstoßschalter (Stromstoßrelais)

Stromstoßschalter sind <u>mechanisch verklinkt</u>e, elektromagnetisch betätigte Schalter, die nach einem impulsartigen Ein- oder Ausschaltbefehl in der neuen Schaltstellung verbleiben. Man verwendet sie häufig als Fernschalter für Beleuchtungen in der Hausinstallation. Schaltgerät und Schaltbild sind durch die Bilder 1.33a und b dargestellt.

Bild 1.33a   Stromstoßschalter

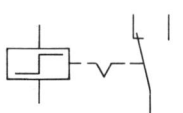

Bild 1.33b   Stromstoßschalter-
Schaltzeichen

Zum Schalten <u>größerer Leistungen werden baulich größere Relais</u> mit Quecksilberschaltröhren verwendet. Bei diesen Geräten ist auf eine den Herstellerangaben entsprechende Einbaulage zu achten. Die kleinen Stromstoßschalter, auch Installationsfernschalter genannt, haben Metallkontakte. Sie werden als Aus-, Wechsel-, Serien- und Gruppenschalter angeboten. Die Steuerspannungen betragen 6 V, 8 V, 24 V und 220 V.
   Die Strombelastbarkeit je Kontakt beträgt bei 230 V ~ etwa 10 A.

49

1.2.5.3 Stromrelais (Stromwächter)

Stromrelais sind nicht mit Stromstoßrelais oder Stromstoßschaltern zu verwechseln. Stromrelais haben <u>keine Verklinkung</u>, sie schalten nach einer Befehlsgabe, z. B. durch einen kurzzeitig fließenden Strom, sofort wieder in die Ruhestellung zurück. Derartige Relais kommen als <u>Lastabwurfschalter</u> für Speichergeräte, Durchlauferhitzer, Motoren usw. zur Anwendung. Das Schaltbild zeigt Bild 1.34.

Zur Überwachung von Strömen werden <u>Stromwächter</u> angeboten mit einstellbaren Ansprechwerten. Die Strombereiche liegen zwischen <u>2 mA bis 15 A</u>. Über Stromwandler sind auch größere Ströme kontrollierbar. Je nach Ausführung wird «Überstrom» oder beides gemeldet. Die einstellbaren Ansprechwerte liegen je nach Hersteller zwischen 5 und 50%, bezogen auf den Strombereichsendwert.

Oft können Verriegelungsaufgaben innerhalb von Schützsteuerungen mit Hilfe von Stromrelais vereinfacht gelöst werden.

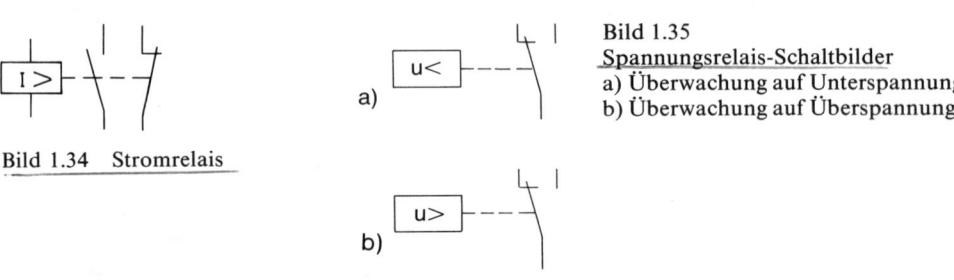

Bild 1.35
Spannungsrelais-Schaltbilder
a) Überwachung auf Unterspannung
b) Überwachung auf Überspannung

Bild 1.34 Stromrelais

Spannungsrelais (Spannungswächter)

Mit Spannungsrelais werden Wechselspannungsnetze auf Unter- bzw. Überspannung überwacht. Einige Geräte erfüllen auch beide Funktionen. Die Einstellbereiche liegen je nach Hersteller zwischen 50% und 130%, bezogen auf die zu überwachende Netzspannung. Das Schaltsymbol zeigt Bild 1.35. <u>Kurzzeitige</u> Spannungseinbrüche führen <u>nicht zur</u> Abschaltung.

Phasenüberwachungsrelais (Phasenwächter)

Sie überwachen die Phasenfolge und das Vorhandensein der Phase. Hiermit werden elektromotorische Antriebe gegen einen Anlauf in falscher Richtung und gegen Betrieb auf zwei Phasen geschützt.

Isolationsüberwachungsrelais (Isolationswächter)

Sie überwachen den Isolationswiderstand in ungeerdeten ein- oder dreiphasigen Netzen und melden einen Isolationsfehler. Der Ansprechisolationswiderstand ist einstellbar (Bild 1.36). Sie sind anzuwenden, wenn als Schutzmaßnahme gemäß DIN VDE 0100 Teil 410 «Schutz durch Meldung» angewendet werden soll (siehe auch Buch «Elektro-Installationstechnik»).

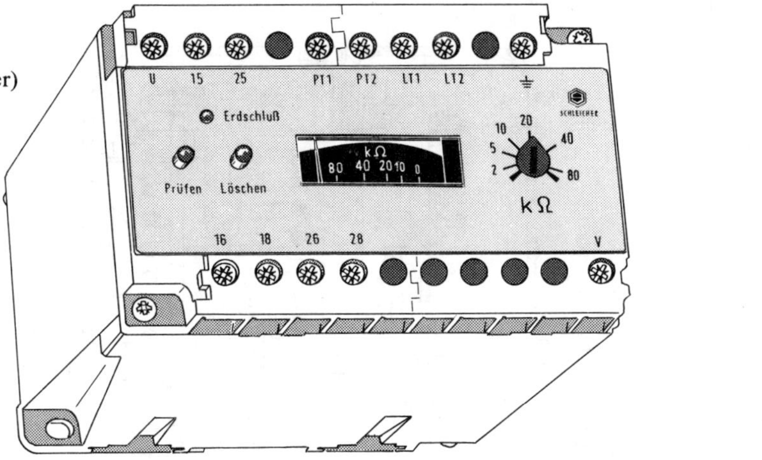

Bild 1.36
Isolationswächter (Bild: Schleicher)

1.2.6 Wächter und Begrenzer

Wächter sind Grenzwertschalter mit einem oberen und einem unteren Schaltpunkt.
Bei dem Überschreiten des oberen Grenzwertes oder bei dem Unterschreiten des
unteren Grenzwertes kann ein Hauptstromkreis oder ein Hilfsstrompfad geöffnet
oder geschlossen werden. Als Schaltkontakt werden meistens Momentschalter eingesetzt. Wächter sind durch das Vorhandensein von zwei Schaltpunkten in der
Lage, z. B. Drücke, Temperaturen, Drehzahlen oder andere Größen innerhalb des
begrenzten Bereiches zu überwachen.
Begrenzer sind Grenzwertschalter mit nur einem Schaltpunkt. Sie dienen nicht zum
betriebsmäßigen Schalten und Steuern von Stromkreisen, sondern sie werden vorwiegend als Schutzeinrichtung dort eingesetzt, wo eine Überschreitung eines maximal zulässigen Wertes verhindert werden muß. Die Wiedereinschaltung nach einer
Auslösung kann gegebenenfalls von Hand erfolgen.

1.2.6.1 Druckwächter

Druckwächter sind druckabhängige Befehlsschalter. Das Konstruktionsprinzip
eines derartigen Schalters ist in Bild 1.37 dargestellt. Das Schaltzeichen ist aus Bild
1.37b ersichtlich.
   Der Schaltkontakt kommt mit dem zu überwachenden Medium, wie z. B. Luft,
Wasser, Öl usw., nicht direkt in Berührung. Durch Druckänderung wird eine Mem-
brane oder ein Faltenbalg zur Auslenkung gebracht, wodurch der Druck auf den
Schaltstößel übertragen wird. Da relativ kleine Hübe auftreten, werden die Schaltglieder als Moment- oder Sprungkontakte ausgeführt. Je nach dem Schaltvermögen können Wächter sowohl zum Schalten von Hilfsstromkreisen wie auch zum
Schalten von Hauptstromkreisen Verwendung finden. Die Schaltpunkte des oberen und unteren Grenzwertes lassen sich in vorgegebenen Grenzen durch Verstellen des Federdruckes variieren.

51

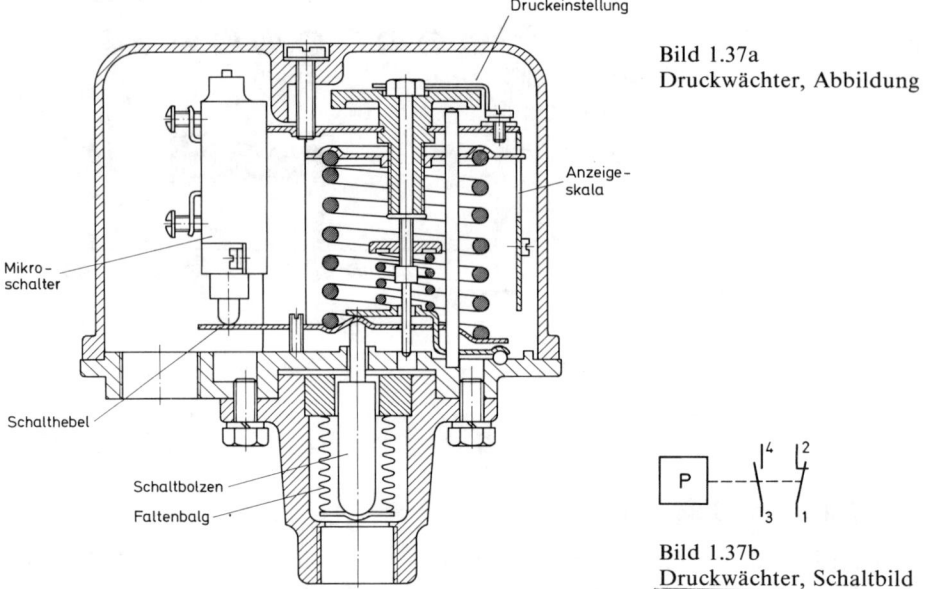

Druckeinstellung

Bild 1.37a
Druckwächter, Abbildung

Anzeige-
skala

Mikro-
schalter

Schalthebel

Schaltbolzen

Faltenbalg

P

Bild 1.37b
Druckwächter, Schaltbild

1.2.6.2 Temperaturwächter

Die Erfassung von Temperaturschwankungen der Luft erfolgt in der gebräuchlichsten Weise durch Thermo-Bimetallstreifen (Bild 1.38a). Zwei Metalle (Bimetall) mit unterschiedlichen Ausdehnungskoeffizienten sind fest aufeinandergebracht. Die bei Temperaturschwankungen auftretenden unterschiedlichen Längenänderungen der Metalle bewirken eine Auslenkung und Kraftwirkung in Querrichtung, womit ein Schaltkontakt innerhalb eines Temperaturbereiches betätigt werden kann. In anderen Medien werden Temperaturunterschiede durch Längenausdehnung von Rohren gegenüber einem nicht dehnbaren Stab (Invarstab) erfaßt oder durch Ausdehnung von Flüssigkeitssäulen (Kontaktthermometer) gemessen und in Schaltbefehle umgewandelt. Da die von der Ausdehnung eines Gases oder einer Flüssigkeit herrührende Druckänderung der Temperatur angenähert proportional ist, können Temperaturwächter auch nach dem gleichen Prinzip wie Druckwächter arbeiten (Schaltzeichen siehe Bild 1.38b).

Sollwert-
steller

therm.
Rückfüh-
rung

Bimetall

Schaltkontakt

Bild 1.38a
Temperaturwächter,
Abbildung

Bild 1.38b
Temperaturwächter,
Schaltbild

52

1.2.6.3 Drehzahlwächter

Drehzahlwächter sind Befehlsschalter, die bei Erreichung eines Drehzahlgrenzwertes einen Schaltbefehl durchführen. Drehzahlwächter finden als Befehlsgeber zum Beispiel bei der <u>Gegenstrombremsung</u> von Motoren Verwendung. Mit Hilfe von Schützschaltungen kann man nach der Erteilung des Ausschaltbefehls den Motor automatisch gegenerregen und somit eine Gegenstrombremsung durchführen. Kurz vor dem Nulldurchgang der Drehzahl muß eine Abschaltung des Bremsschützes erfolgen, damit ein Hochlaufen des Motors in die Gegendrehrichtung verhindert wird. Drehzahl- oder Bremswächter werden von den Rotoren, deren Drehzahl zu überwachen ist, entweder direkt mechanisch oder elektrisch beeinflußt. Ansicht und Schaltzeichen siehe Bilder 1.39a und b. Im Ruhezustand, also bei Stillstand des Rotors, befinden sich die Schaltkontakte in dem gezeichneten Zustand.

Bild 1.39a
Drehzahlwächter,
Abbildung

Bild 1.39b
<u>Drehzahlwächter,</u>
Schaltbild

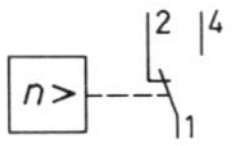

Die Schaltung eines Bremswächters ist aus Bild 1.94 zu ersehen.

Drehzahlwächter bzw. Überwachungsrelais werden häufig zur Sollwertüberwachung eingesetzt. Die zu überwachende Drehzahl wird innerhalb eines Bereiches eingestellt.

1.2.7 Schütze

Schütze sind unverklinkte, fremdbetätigte Schalter mit elektromagnetischem Antrieb. Man unterscheidet zwischen Haupt- und Hilfsschützen.

Hauptschütze werden zum betriebsmäßigen Schalten von Hauptstromkreisen für Gleich- und Wechselstromverbraucher sowie zum Steuern von Motoren, Kondensatoren, Heiz- und Lichtstromkreisen verwendet.

Hilfsschütze dienen zum Schalten von Hilfsstromkreisen. Dazu gehören z.B. Steuerstrompfade für Hauptschütze oder Meldegeräte. Das Schaltvermögen der Hilfsschütze ist begrenzt, sie sind daher nicht zum Schalten von stärker belasteten Hauptstromkreisen geeignet.

53

Bild 1.40a
Luftschütz

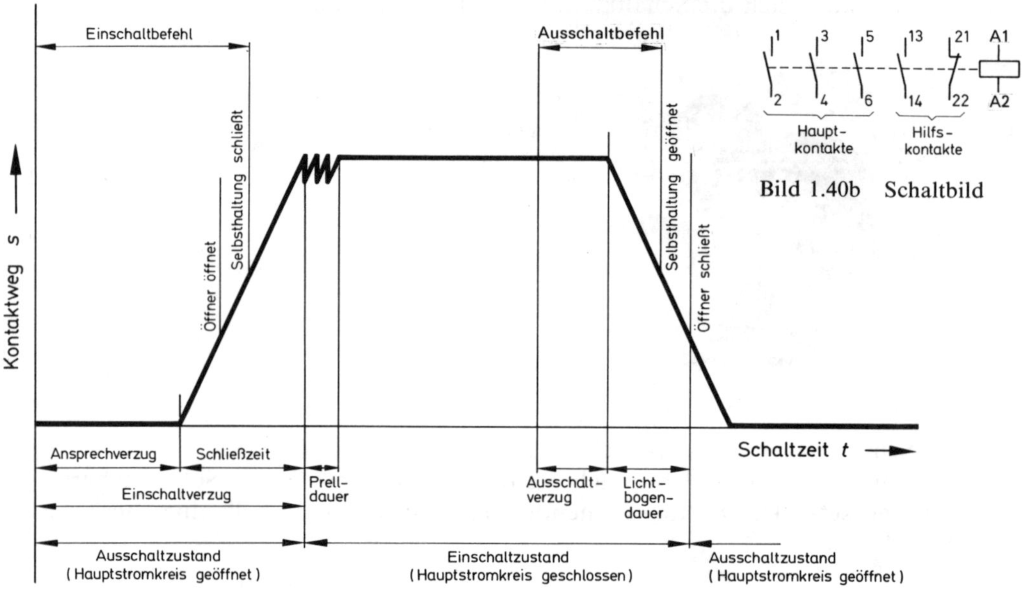

Bild 1.40c Schaltvorgang

Einschaltbefehl

Ausschaltbefehl

Kontaktweg s

Öffner öffnet

Selbsthaltung schließt

Selbsthaltung geöffnet

Öffner schließt

Schaltzeit t

Ansprechverzug | Schließzeit

Einschaltverzug

Prell-
dauer

Ausschalt-
verzug

Licht-
bogen-
dauer

Ausschaltzustand
(Hauptstromkreis geöffnet)

Einschaltzustand
(Hauptstromkreis geschlossen)

Ausschaltzustand
(Hauptstromkreis geöffnet)

Bild 1.40b   Schaltbild

1 3 5   13 21   A1
2 4 6   14 22   A2

Haupt-
kontakte

Hilfs-
kontakte

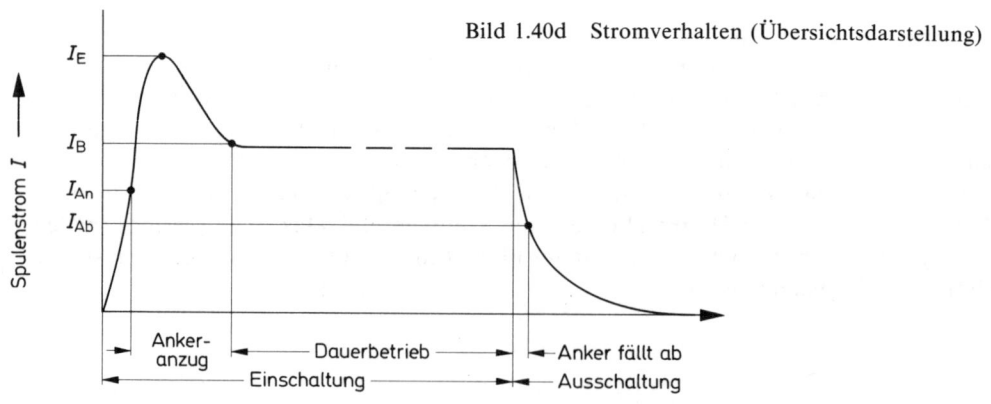

Bild 1.40d   Stromverhalten (Übersichtsdarstellung)

I_E

I_B

I_{An}

I_{Ab}

Spulenstrom I

Anker-
anzug

Dauerbetrieb

Anker fällt ab

Einschaltung

Ausschaltung

I_E Einschaltstrom, I_B Betriebsstrom, I_{An} Anzugsstrom, I_{Ab} Abfallstrom

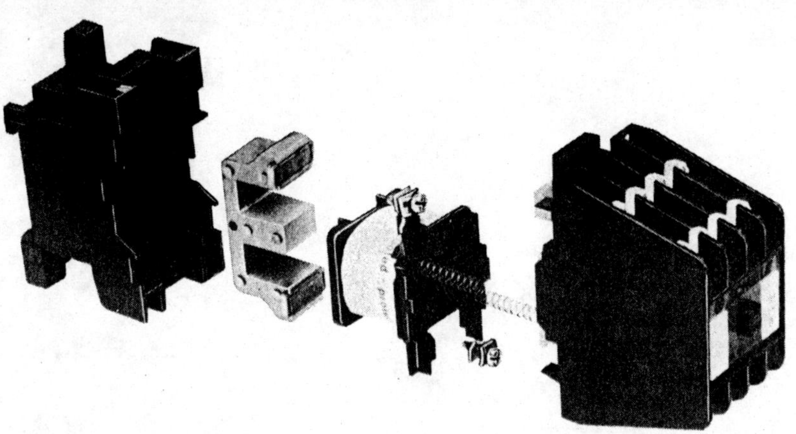

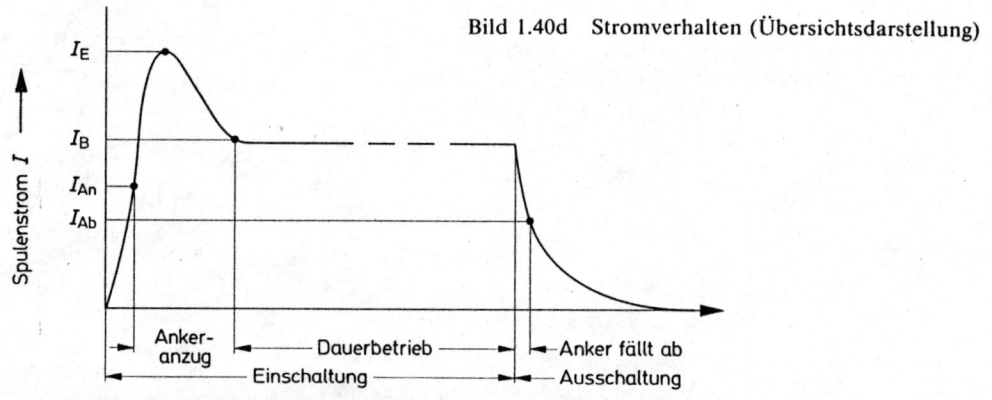

Bild 1.40a
Luftschütz

1
3
5
13
21
A1
2
4
6
14
22
A2
Haupt-
kontakte
Hilfs-
kontakte

Bild 1.40b Schaltbild

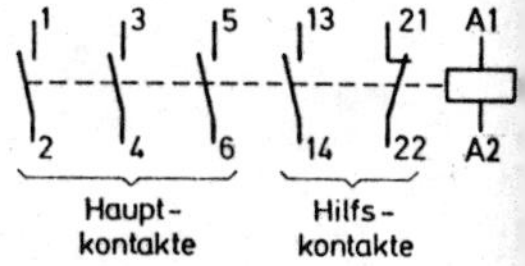

Einschaltbefehl
Ausschaltbefehl
Kontaktweg s
Öffner öffnet
Selbsthaltung schließt
Selbsthaltung geöffnet
Öffner schließt
Schaltzeit t
Ansprechverzug
Schließzeit
Einschaltverzug
Prell-
dauer
Ausschalt-
verzug
Licht-
bogen-
dauer
Ausschaltzustand
(Hauptstromkreis geöffnet)
Einschaltzustand
(Hauptstromkreis geschlossen)
Ausschaltzustand
(Hauptstromkreis geöffnet)

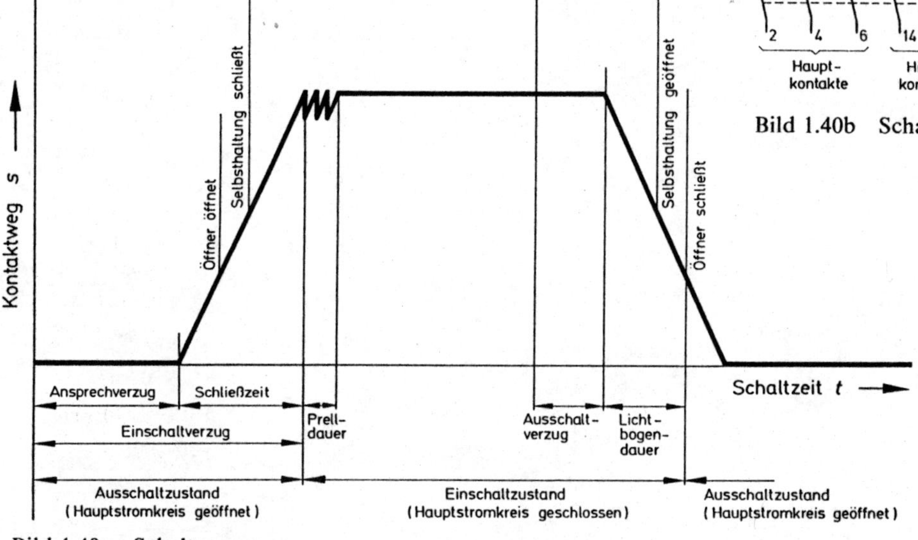

Bild 1.40c Schaltvorgang

Bild 1.40d Stromverhalten (Übersichtsdarstellung)

I_E
I_B
I_{An}
I_{Ab}
Spulenstrom I
Anker-
anzug
Dauerbetrieb
Anker fällt ab
Einschaltung
Ausschaltung

I_E Einschaltstrom, I_B Betriebsstrom, I_{An} Anzugsstrom, I_{Ab} Abfallstrom

1.2.7.1 Aufbau und Wirkungsweise

Außer der in Bild 1.40a dargestellten, üblichen Kernmagnetausführung gibt es Klappanker- und Kniehebelausführungen.

Bei Wechselstromschützen bestehen der Magnetkern und der Anker aus lamellierten Blechpaketen. Hierdurch werden die Wirbelstromverluste verringert.

Wechselstromschütze benötigen im Luftspalt des Blechpaketes sogenannte Spaltpolwindungen (Kurzschlußwindungen) zur Vermeidung von Brumm- und Klappergeräuschen.

Durch jede Spaltpolwindung wird ein phasenverschobener Magnetfluß erzeugt, so daß das resultierende Magnetfeld keinen Nulldurchgang aufweist. Aus diesem Grunde kann die Zugkraft des Ankers nicht zu «Null» werden. Da der Anker also ständig angezogen bleibt und sich nicht bei jedem Nulldurchgang löst, treten Klappergeräusche nicht in Erscheinung. Außerdem dienen die Spaltpolwindungen dem Abbau des Restmagnetismus nach dem Abschalten.

Die beweglichen Schaltstücke des Schützes befinden sich auf einem isolierten Schaltstückträger, der vom Anker des Elektromagneten bewegt wird. Sind alle beweglichen Bauteile und Schaltkontakte von Luft umgeben und nicht von einer isolierenden Flüssigkeit, so spricht man von Luftschützen. Das vollständige Schaltbild eines Schützes mit Hauptkontakten, Schließern und Öffnern, der Schützspule und entsprechenden Klemmbezeichnungen ist durch Bild 1.40b wiedergegeben. Zur Erregung der Schützspule ist ein Steuerstromkreis zu schließen. Dieses kann durch handbetätigte Befehlsschalter oder automatisch durch Programmgeber, Wächter usw. erfolgen. Mit dem Anziehen des Ankers werden die Hauptkontakte betätigt, so daß ein Hauptstromkreis geschlossen werden kann. Die gemeinsam betätigten Schließer und Öffner dienen zum Schalten von Hilfsströmen, z. B. zur Schützselbsthaltung, für Meldeeinrichtungen oder für Verriegelungszwecke. So können mit relativ kleinen Steuerleistungen einerseits große Schaltleistungen der Verbraucher geschaltet werden, andererseits ist es möglich, mit geringem Leitungsaufwand Fernschaltungen vorzunehmen.

Sobald die Schützspule beim Ausschalten des Steuerkreises wieder stromlos wird, gehen Anker und Schaltglieder durch Federkraft bzw. durch eigene Schwerkraft in die Ausgangs- oder Ruhestellung zurück. Der Ein- und Ausschaltvorgang eines Schützes mit Angabe der Verzugszeiten ist in Bild 1.40c grafisch dargestellt.

Bei der Erregung der Schützspule zieht der Anker mit dem Erreichen des Anzugsstromes I_{An} (Bild 1.40d) schlagartig an.

Mit der hierdurch bedingten Verringerung des magnetischen Widerstandes ergibt sich eine Vergrößerung des induktiven Widerstandes der Schützspule. Damit wird der Einschaltstrom I_E auf den Wert des Betriebsstromes I_B verringert. Entsprechend verhalten sich die Leistungen.

> Die Einschaltleistung des Schützes ist größer als die Halteleistung.

55

Die verschiedenen Leistungsdaten werden auf dem Leistungsschild des Schützes in VA angegeben.

Mit dem Ausschalten der Schützspule bricht das Magnetfeld zusammen, so daß der Anker mit dem Erreichen des Abfallstromwertes in die Ausgangslage zurückfällt. Der Abfallstromwert liegt unterhalb des Anzugsstromwertes.

1.2.7.2 Lebensdauer

Die Lebensdauer eines Luftschützes (bzw. die der Schaltstücke) wird gemessen nach der Gesamtzahl der Schaltspiele (Abschnitt 1.2.2) bei bestimmter, der Gebrauchskategorie (Abschnitt 1.2.2) entsprechender Belastung. Je nach den Schaltbedingungen wird die Schaltstücklebensdauer in der Größenordnung von mehreren Millionen Schaltspielen garantiert.

Zehn Millionen Schaltspiele entsprechen etwa einer Lebensdauer von 10 Jahren, wenn bei täglich 8stündigem Betrieb eine durchschnittliche *Schalthäufigkeit* (Abschnitt 1.2.2) von 400 *Schaltungen je Stunde* vorliegt.

Für Luftschütze werden bei leichten Schaltbedingungen Schalthäufigkeiten von 3 000 s/h angegeben. Dabei wird die Nennlebensdauer von über 10 Millionen Schaltspielen garantiert. Genaue Angaben über die Lebensdauer erhält man aus Tabellen der Schaltgerätehersteller, worin die Lebensdauer der Schaltstücke in Abhängigkeit vom Laststrom aufgetragen ist.

1.2.7.3 Ölschütze

In Betrieben der chemischen Industrie, an Orten mit aggressiven Atmosphären, in feuchten Räumen mit älteren elektrischen Anlagen, findet man Ölschütze. Schaltstücke, Schützspule und beweglicher Schaltteil sind vom Öl umgeben. Die Gefahr der Korrosion und Verschmutzung durch äußere Einflüsse ist daher sehr gering.

Anstelle von Ölschützen werden heute bevorzugt Luftschütze verwendet. Durch geeignete Kapselungen lassen sich Luftschütze universell sowohl in feuchten, staubigen als auch in anderen Raumarten einsetzen.

1.2.7.4 Remanenzschütze

Remanenzschütze werden mit Gleichstrom betrieben und als Haupt- und Hilfsschütze hergestellt. Ihre Funktion entspricht der Arbeitsweise von Haftrelais. Nach erfolgter Einschaltung verbleibt der Anker auch bei Spannungsausfall auf unbegrenzte Zeit in der Arbeitsstellung am Kern haften. Der Remanenzmagnetismus hält den Anker so lange fest, bis ein Gegenstromimpuls die Remanenz aufhebt und somit eine Rückstellung erfolgen kann.

Der Einsatz solcher Schütze ist dort vorteilhaft, wo nach einer Spannungsrückkehr in einer aus verschiedenen Arbeitsgängen bestehenden Steuerschaltung keine Unterbrechung oder Rückstellung des Funktionsablaufes erfolgen darf und wo der Ablauf selbsttätig weitergeführt werden soll.

1.2.7.5 Elektronik-Schütze

Das Elektronik-Schütz ist ein Schaltgerät für Drehstromleistungen bis etwa 15 kW, das sich wie ein übliches elektromagnetisches Schütz anschließen und erregen läßt und den Lastkreis kontaktlos über Triac steuert.

Der Triac sowie die erforderlichen Ansteuerungsbauelemente, wie z. B. Dioden, Transistoren, Kondensatoren, Widerstände und Transformator, sind zu einem Kompaktgerät zusammengestellt. Gegenüber mechanischen Schützen ergeben sich folgende Vorteile: keine Kontaktabnutzung, konstante und sehr kurze Schaltzeit und kleine Steuerleistung.

1.2.8 Steckvorrichtungen

Steckvorrichtungen haben die Aufgabe, Leitungsverbindungen zwischen ortsveränderlichen Betriebsmitteln untereinander und stationären Anlagen sicher herzustellen.

Die dafür erforderlichen Betriebsmittel sind: Stecker, Steckdose, Kupplung und Gerätestecker.

Steckdosen in Verbindung mit Lampenfassungen und Mehrfachsteckdosen mit starr angebautem Stecker sind unzulässig. Zur Befestigungsfläche hin offene Steckdosen müssen bei Anbringung auf brennbaren Bau- und Werkstoffen ausreichend feuersicher getrennt sein.

Steckdosen-, Kupplungs- und Gerätesteckerkontakte müssen gegen direkte Berührung im Sinne von DIN VDE 0100 gesichert sein. Nicht oder unvollständig eingesteckte Steckerstifte dürfen keine Spannung führen. Die Schutzarten sind zu beachten. Daher ist es wichtig, nur genormte Steckvorrichtungen einzusetzen und beim Anschluß solcher Betriebsmittel entsprechend den VDE-Bestimmungen zu verfahren.

Bei der Auswahl von Steckvorrichtungen müssen folgende Besonderheiten hauptsächlich beachtet werden:

Stromart:	Gleich- oder Wechselstrom
Nennstromgröße:	10 A, 16 A, 25 A, 32 A, 63 A, 125 A, 200 A
Polzahl:	ein-, mehr- oder vielpolig
Nennspannung:	Kleinspannungen
	bzw. genormte Netzspannungen
Schutzarten nach	
VDE 0620 bzw.	wasserdicht, staubgeschützt usw.
DIN 40050:	

Arten

Für verschiedene Anwendungsfälle stehen unterschiedliche Steckvorrichtungssysteme zur Verfügung. Die in Deutschland gebräuchlisten Steckvorrichtungen sind nachstehend aufgeführt.

Außer Sondersteckvorrichtungen unterscheidet man 3 Arten:
a) Schuko-Steckvorrichtung   DIN 49 440 bis 443
b) Perilex-Steckvorrichtung   DIN 49 445 bis 448
c) Industrie-Steckvorrichtung   DIN 49 462 bis 463
   (CEE-Steckvorrichtung)

1.2.8.1 Schutzkontakt(Schuko)-Steckvorrichtung

Dieses seit Jahren bewährte System wird allgemein angewendet für Einphasen-Wechselstrom im Haushalt, Gewerbe und in der Industrie (Bild 1.42).

$$\begin{aligned}
\text{Nennspannung:} \quad U_N &= 250\,\text{V}\\
\text{Nennstrom:} \quad I_N &= 16\,\text{A} \sim \text{bzw. } 10\,\text{A} \underline{\quad}
\end{aligned}$$

Die betriebsstromführenden Leiter L 1 und N sind gegeneinander polverwechselbar. Die betriebsstromfreie Schutzleiterverbindung PE ist polunverwechselbar.

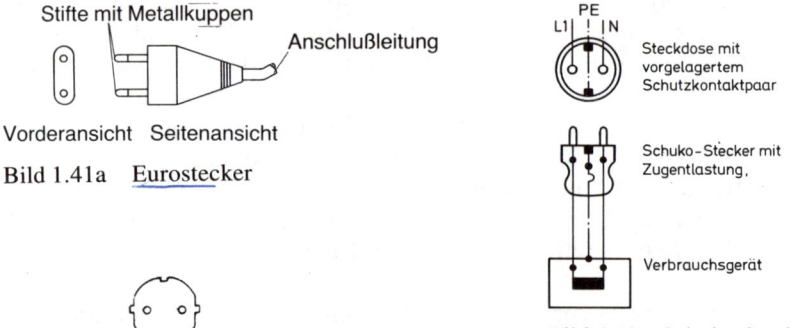

Stifte mit Metallkuppen

Anschlußleitung

Vorderansicht   Seitenansicht

Bild 1.41a   Eurostecker

Bild 1.41b   *Konturenstecker*

PE
L1 N
Steckdose mit
vorgelagertem
Schutzkontaktpaar

Schuko-Stecker mit
Zugentlastung,

Verbrauchsgerät

Bild 1.42   Schuko-Steckvorrichtung

Beim Einstecken des Steckers in die Gegensteckvorrichtung wird zuerst die Schutzleiterverbindung hergestellt, bevor die betriebsstromführenden Steckverbindungen den Stromkreis schließen, und beim Abziehen des Steckers wird die Schutzleiterverbindung als letzte aufgehoben.

Für schutzisolierte Verbraucher bis 2,5 A findet heute im allgemeinen der Eurostecker (Bild 1.41a) Verwendung. Er hat keinen Schutzkontakt, paßt aber in jede Schutzkontaktsteckdose. Bei größeren Strömen wird der Konturenstecker (Bild 1.41b) angewendet.

1.2.8.2 Perilex-Steckvorrichtung

Anwendbar für Drehstromanlagen in Wohnungen, Büros, Geschäftshäusern, Laboratorien usw. (Bild 1.43), d.h. in Anlagen geringer mechanischer Beanspruchung.

Nennspannung: U_N = 400 V
Nennstrom: I_N = 16 A, 25 A

Dieses polunverwechselbare Stecksystem hat sich in der Praxis bewährt, und es soll das alte ovale Steckvorrichtungssystem mit ablösen.

Die ovalen, dreipoligen Steckvorrichtungen dürfen nicht mehr verwendet werden, Vier- bzw. fünfpolige ovale Kragensteckvorrichtungen sollten bis zum Jahr 1980 abgeschafft worden sein.

Anlaß zu diesen Maßnahmen gaben die sich häufenden Gefahrenzustände mit derartigen Steckvorrichtungen, deren Schutzkontakte und Polunverwechselbarkeitseinrichtungen Mängel aufwiesen.

Bild 1.43   Perilex-Steckvorrichtung

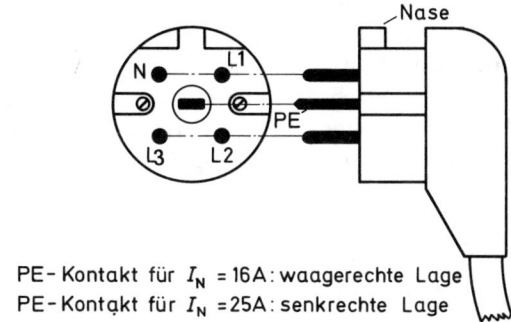

PE-Kontakt für I_N = 16 A: waagerechte Lage
PE-Kontakt für I_N = 25 A: senkrechte Lage

1.2.8.3 Industrie-Steckvorrichtungen nach VDE 0623 (CEE-Steckvorrichtung)

Dieses System ist allgemein anwendbar für verschiedene Spannungen in Industrie, Gewerbe, Landwirtschaft, Baustellen usw. (ist für Neuanlagen seit dem 1.1.1975 vorgeschrieben, Bild 1.44).

Nennspannung: U_N = 25 bis 750 V
Nennstrom: I_N = 16, 32, 63, 125 und 200 A

Da dieses System einheitlich für Spannungen bis 750 V ausgelegt ist, sind die Gehäuseabmaße im Verhältnis zu anderen Steckvorrichtungen kleinerer Spannung beachtlich groß. Das System ist polunverwechselbar durch die Paßnut und durch

59

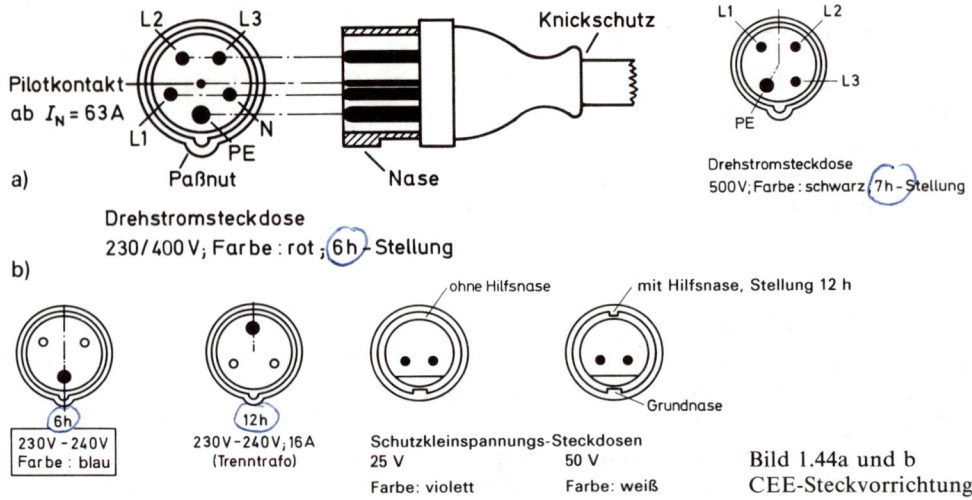

a)

Pilotkontakt ab $I_N = 63\,A$ — L2 — L3 — Knickschutz — Paßnut — Nase — L1 — PE

Drehstromsteckdose
230/400 V; Farbe : rot ; 6h - Stellung

b)

Drehstromsteckdose
500V; Farbe : schwarz, 7h - Stellung

L1 — L2 — L3 — PE

ohne Hilfsnase — mit Hilfsnase, Stellung 12 h

Grundnase

6h	12h
230V – 240V Farbe : blau	230V – 240V; 16A (Trenntrafo)

Schutzkleinspannungs-Steckdosen
25 V   50 V
Farbe: violett   Farbe: weiß

Bild 1.44a und b
CEE-Steckvorrichtung

verschiedene Kontaktdurchmesser. Zwischen Steckvorrichtungen gleicher Größe, aber unterschiedlichen Spannungen, besteht ebenfalls die Möglichkeit der Unverwechselbarkeit. Dieses wird erreicht durch Verdrehen des Einsatzes im Uhrzeigersinn (Bild 1.44). Die äußere Unterscheidung ist durch verschiedene Farbgebungen möglich. Durch Angabe der Uhrzeigerstellungen wird die Lage der Schutzkontaktbuchse, bezogen auf die Unverwechselbarkeitsnut, dargestellt. Die Blickrichtung ist auf die Steckdose bezogen.

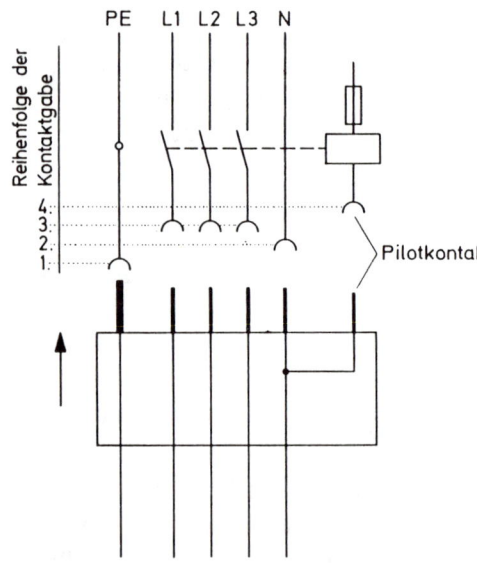

Reihenfolge der Kontaktgabe

4: 3: 2: 1:

PE L1 L2 L3 N

Pilotkontakt

Bild 1.44c   Industrie-Steckvorrichtung mit Pilotkontakt

60

Schalten mit Steckvorrichtungen

Das Schalten von Strömen mit Steckvorrichtungen für Spannungen bis 250 V ~ bzw. 400 V 3/N ist in Hausinstallationen bis 25 A zulässig. Für Industriesteckvorrichtungen bis 750 V liegt die Begrenzung, lt. DIN VDE 0623, bei maximal 32 A. Bei größeren Nennstromstärken dürfen sie nur dann zum Schalten benutzt werden, wenn sie die nötige Schaltleistung haben und mit einem Sternsymbol gekennzeichnet sind, oder es müssen besondere Abschaltmöglichkeiten vorhanden sein, wie z. B. durch einen Pilotkontakt.

Der Pilotkontakt kann für Steuerungszwecke benutzt werden. Er ist kürzer als die übrigen Kontakte und somit nacheilend. Es besteht hierdurch die Möglichkeit, ein Schütz, das innerhalb der Steckdose eingebaut ist, anzusteuern, um den Laststromkreis zu betätigen.

Nachdem beim Zusammenstecken der Vorrichtung alle Hauptsteckkontakte geschlossen sind oder bevor beim Ziehen des Steckers diese Kontakte wieder öffnen, wird der Laststrom durch das Schütz (Bild 1.44c) und nicht durch Steckkontakte geschaltet.

Verlängerungsleitungen müssen bis 32 A einschließlich für Drehstromverbraucher 5polig hergestellt werden.

Sonderausführungen

Für besondere Anforderungen werden Steckvorrichtungen verschiedener Ausführungen angeboten, die hier nicht näher beschrieben werden sollen. Das Angebot geht von einpoligen bis zu vielpoligen Steckvorrichtungen unterschiedlicher Leistungsgrößen und Bauarten, vorwiegend für Kleinspannungs- und Hochfrequenztechnik. Für den Netzanschluß ortsveränderlicher elektrischer Betriebsmittel sollen nur genormte Steckvorrichtungen Verwendung finden.

1.2.9 Schutzeinrichtungen

Unter Schutzeinrichtungen sind in diesem Zusammenhang Niederspannungs-Schaltgeräte zu verstehen, die in der Lage sind, Betriebsmittel einer Schaltanlage, wie z. B. Geräte, elektrische Maschinen und Leitungen, gegen Kurzschlußauswirkungen bzw. gegen thermische Dauerüberlastungen und mögliche Brandfolgen zu schützen. Die dafür gebräuchlichsten Geräte sind Schmelzsicherungen und Schutzschalter mit thermischen und magnetischen Auslösern.

Übersicht
Schmelzsicherungen (DIN VDE 0636):
        D-System (Diazed-Sicherungen)
        DO-System (Neozed-Sicherungen)
        Geräteschutz-Sicherungssystem (DIN VDE 0820)
        NH-System (Niederspannungs-Hochleistungssicherungen)

Schutzschalter (DIN VDE 0660)

        LS-Schalter (Leitungsschutzschalter)
        MS-Schalter (Motorschutzschalter)
        Leistungsschalter
        Bimetallrelais
        Motorvollschutz

Fehlerstrom- und Fehlerspannungsschutzschalter sollen das Bestehenbleiben zu hoher Berührungsspannungen verhindern und sind daher im Thema Schutzmaßnahmen beschrieben (siehe Band «Elektro-Installationstechnik»).

1.2.9.1 D- und DO-System

Diese beiden Schmelzsicherungssysteme sind im Aufbau und in der Funktion gleichartig. Die Unterscheidung liegt in der Baugröße und im zulässigen Nennspannungsbereich. Das Schaltvermögen liegt bei 50 kA.

Diazed-System (diametral gestuftes, zweiteiliges Sicherungssystem mit Edisongewinde)

        Nennspannung: 500 V; Nennstrom bis 100 A
        in besonderen Fällen
        Nennspannung: 660 V ~, 600 V —; Nennstrom bis 63 A

Neozed-System (neo ist gleichbedeutend mit neu)

        Nennspannung: bis 400 V ~, 250 V —
        Nennstrom: bis 100 A

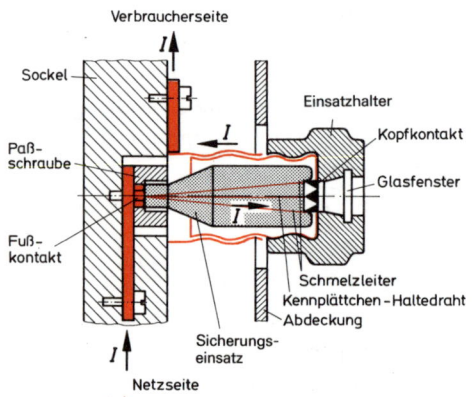

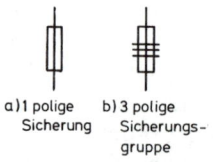

a) 1 polige   b) 3 polige
Sicherung   Sicherungs-
             gruppe

Bild 1.45b   Schaltzeichen der
Schmelzsicherung

Bild 1.45a   Schmelzsicherung

62

Aufbau und Wirkungsweise
Der Aufbau der Schmelzsicherung ist aus Bild 1.45a ersichtlich. Der Schmelzeinsatz ist als zylindrischer Porzellanhohlkörper gefertigt, der mit feinem Quarzsand zur Lichtbogenlöschung und zum Temperaturausgleich gefüllt ist. Ein oder mehrere Schmelzleiter aus Silber, Kupfer oder deren Legierungen verbinden Kopf- und Fußkontakt miteinander. Parallel zum Schmelzleiter ist ein Haltedraht gespannt, der über eine Feder ein farbiges Kennplättchen festhält. Das Kennplättchen dient zur Unterbrechungsmeldung und zur Kontrolle der Sicherungsgröße. Mit dem Durchschmelzen von Schmelzleiter und Haltedraht wird das Kennplättchen abgestoßen und fängt sich am Schutzglas der Schraubkappe. Wird der Schmelzeinsatz zerlegt, so kann man bei einem vollkommen abgebrannten Schmelzleiter auf eine Kurzschlußabschaltung schließen, bei einer Überlastabschaltung wird der Schmelzleiter nur unterbrochen.

Sicherungseinsätze
Für den Überlastschutz von Kabeln und Leitungen durch LS-Sicherungen ist jedem Leiterquerschnitt eine maximale Sicherungsgröße zugeordnet (vgl. DIN VDE 0100, Teil 430).
Die Sicherungsgrößen sind nach Nennströmen gestuft und nach DIN VDE 0636 genormt (Tabelle 1.7).
Um zu verhindern, daß irrtümlich oder fahrlässig Schmelzeinsätze zu großer Nennströme verwendet werden, sind die Fußkontakte der Patronen und die Paßschrauben entsprechend der Nennströme mit unterschiedlichen Durchmessern versehen. Die entsprechenden Paßschrauben verhindern das Einsetzen von zu großen Sicherungspatronen.

Paßeinsätze dürfen nicht willkürlich durch solche höherer Nennstrombereiche ersetzt werden.

Tabelle 1.6

Baugrößen von Sicherungen der Typen D und DO			
Größe	Nennstrom in A	Gewindegröße	Anschlußquerschnitt in mm²
D-System:			
D II	25	E 27	1,5 bis 10
D III	63	E 33	2,5 bis 25
D IVH	100	R 1¼″	10 bis 50
DO-System:			
DO 1	16	E 14	1,5 bis 4
DO 2	63	E 18	1,5 bis 25
DO 3	100	M 30 × 2	10 bis 50

Sockel	Sicherungspatrone und Paßeinsatz		Tabelle 1.7
Nennstrom in A	Nennstrom in A	Kennfarbe	
	2	rosa	
	4	braun	
	6	grün	
25	10	rot	
	16	grau	
	20	blau	
	25	gelb	
	35	schwarz	
63	50	weiß	
	63	Kupfer	
100	80	Silber	
	100	rot	

Tabelle 1.7
Sicherungsgrößen

Die genormten Baugrößen in Abhängigkeit von Nennstrom, Gewindegröße und Anschlußquerschnitt zeigt Tabelle 1.6.

Der Größenunterschied beider Systeme bzw. die Platzeinsparung bei der Verwendung von Neozed-Systemen ergibt sich anschaulich aus den Bildern 1.46 a und b, in denen Leitungsschutzschalter als Bezugsgröße aufgeführt sind.

Abschaltverhalten

Selbsttätige Abschaltungen der Sicherungen können einerseits durch kurzzeitige, hohe Ströme, wie z. B. bei Kurzschlüssen, und andererseits durch thermische Dauerüberlastungen hervorgerufen werden.

Aus der Strom-Zeit-Darstellung nach Bild 1.47, in der eine Kurzschlußabschaltung aufgezeigt ist, ersieht man, daß der steil ansteigende Kurzschlußstrom inner-

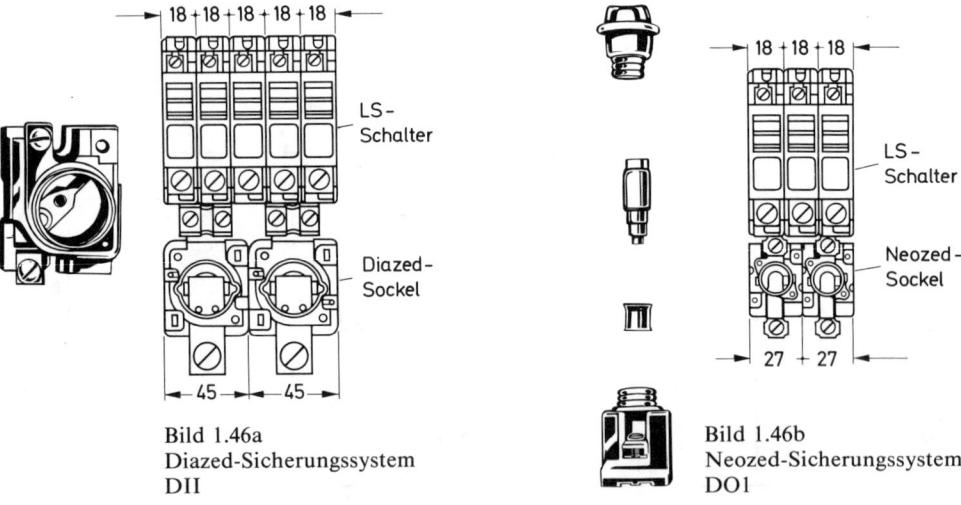

Bild 1.46a
Diazed-Sicherungssystem
DII

Bild 1.46b
Neozed-Sicherungssystem
DO1

64

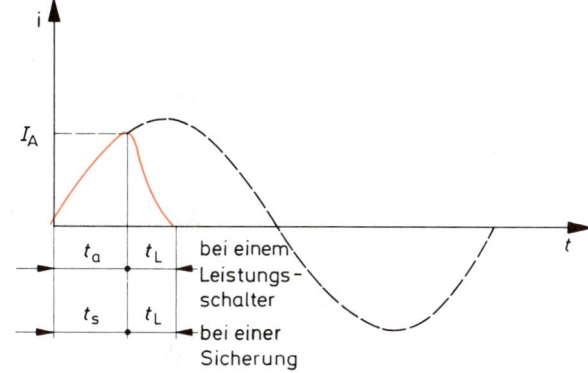

Bild 1.47 Schematische Darstellung einer strombegrenzten Wechselstromausschaltung
t_a Auslösezeit
t_s Schmelzzeit
t_L Lichtbogendauer

halb kurzer Zeit abgeschaltet werden kann und seinen Höchstwert bei weitem nicht erreicht.

Eine Abschaltung erfolgt nicht bei einer Belastung in der Größe des Sicherungsnennstromes, sondern bei einem höheren Strom. Dieser wird als Abschaltstrom I_A bezeichnet.

Aus den Strom-Zeit-Kennlinien nach Bild 1.48 sind die Abschaltströme in Abhängigkeit von der Abschaltzeit zu ersehen.

Der Grenzstrom der Sicherung, d. h. der Strom, der die Sicherung bei sehr langer Belastungsdauer gerade noch zum Auslösen bringt, kann nur mit erheblicher Toleranz angegeben werden.

Für die Überprüfung von Schmelzzeiten wird die Sicherung mit einem *kleinen und großen Prüfstrom* belastet. Mit dem kleinen Prüfstrom darf gemäß DIN VDE 0636 innerhalb einer Stunde keine Abschaltung erfolgen. Und mit dem großen Prüfstrom muß es innerhalb einer Stunde zur Abschaltung kommen. Das Durchschmelzen ist bei einem zeitlich andauernden 1,2fachen Nennstrom nicht gewährleistet. Insofern sind Schmelzsicherungen nicht geeignet, elektrische Maschinen und andere gegen Überlastung empfindliche Bauteile gegen eine thermische Überbeanspruchung zu schützen. Dafür kommen stromabhängige, thermische Relais oder Bimetallrelais zur Anwendung, die auf den Nennstrom des Verbrauchers einstellbar sind.

Das Strom-Zeit-Verhalten von Sicherungen läßt sich durch Auswahl und Konstruktion des Schmelzleitermaterials variieren.

Somit lassen sich z. B. durch Schmelzlotaufträge bei Sicherungen relativ hohe Anlaufströme von Kurzschlußläufermotoren überbrücken, ohne daß die Sicherung während des Anlaufs anspricht.

Für den Bergbau kommen Schmelzeinsätze zur Anwendung, die bei Anzugströmen von Motoren bis zum 4fachen Nennstrom ein träges Verhalten haben, die aber kleine Kurzschlußströme über $4 \cdot I_N$ überflink abschalten. Diese Einsätze tragen die Aufschrift *«Bergbau»* bzw. «gB» und einen roten Ring, um Verwechslungen zu vermeiden.

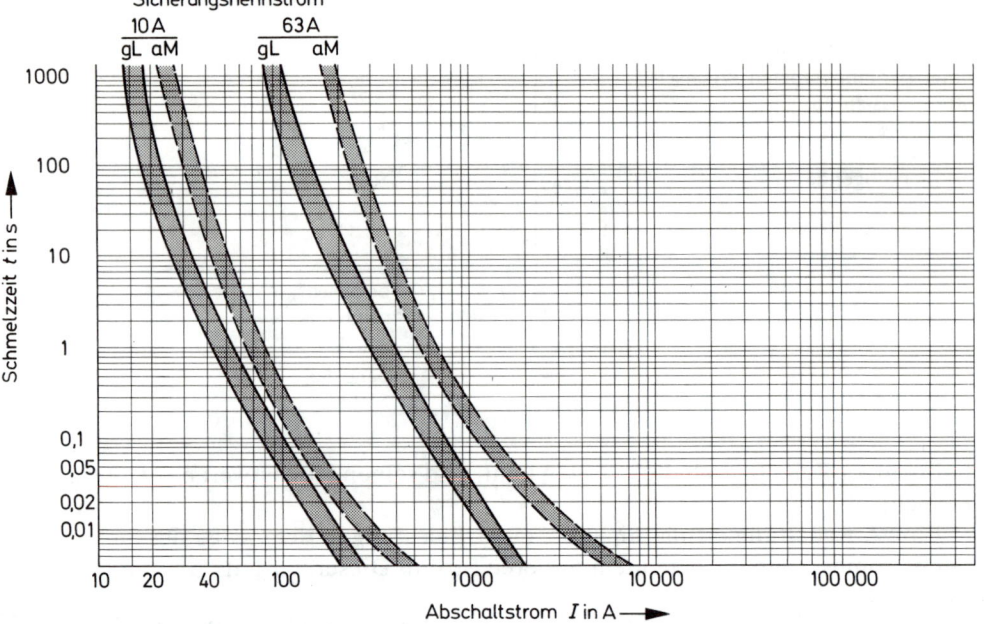

Bild 1.48a Strom-Zeit-Kennlinien von Schmelzsicherungen
gL = Ganzbereichs-Kabel- und Leitungsschutz
aM = Teilbereichs-Schaltgeräteschutz

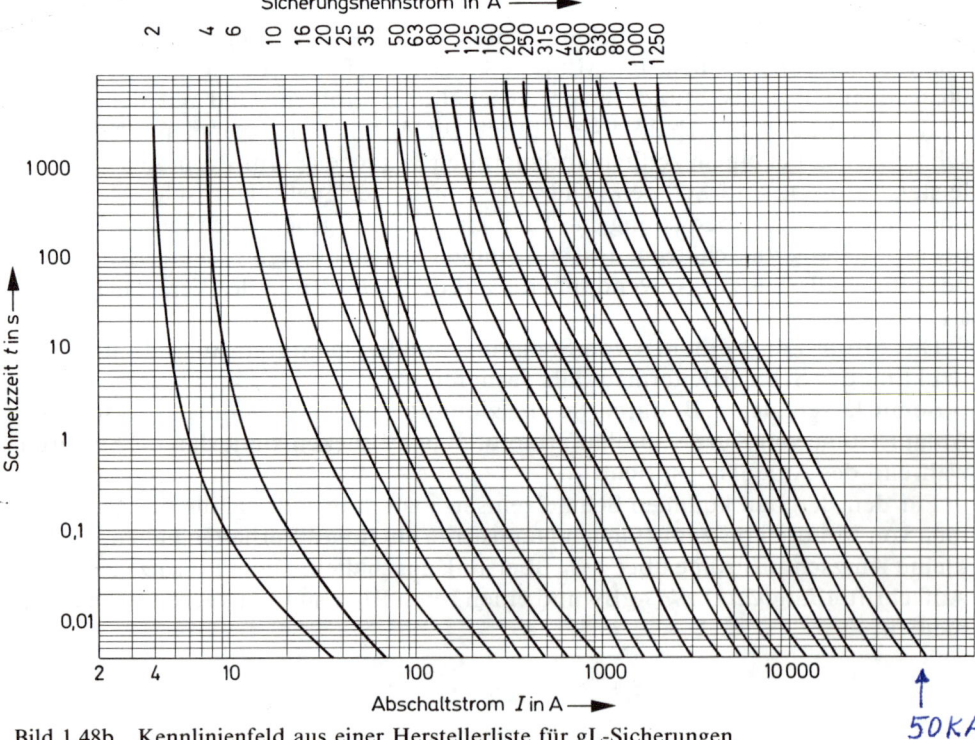

Bild 1.48b Kennlinienfeld aus einer Herstellerliste für gL-Sicherungen

Zum Schutz von Silizium- und Germaniumgleichrichtern sind Silized-Schmelzeinsätze geeignet. Sie sind den Gleichrichterkennlinien angepaßt und zeigen einen überflinken Verlauf der Strom-Zeit-Kennlinie. Als Unterscheidungsmerkmal tragen diese Einsätze die Aufschrift *«Silized»* bzw. «aR» und einen gelben Ring.

Gruppierung nach Funktionsmerkmalen und Anwendungsbereichen
Unter Funktionsmerkmalen wird das Strom-Zeit-Verhalten der Sicherungen verstanden, das den Sicherungskennlinien zu entnehmen ist.

Es gibt Sicherungen, die Ströme vom kleinsten Prüfstrom bis zum Nennausschaltvermögen abschalten können.

Beispiel
Eine 10-A-D-Sicherung muß zwischen 15 A und 50 kA sicher abschalten. Diese Sicherungen gehören zur *Funktionsklasse g.* Andere Sicherungen schalten erst ab einem bestimmten Vielfachen des Nennstromes sicher ab. Diese Sicherungen gehören zur *Funktionsklasse a.* Beim Wievielfachen des Nennstromes die Abschaltung erfolgt, ist abhängig von der Art der Sicherung. Eine weitere Unterscheidung erfolgt nach der Art der zu schützenden Objekte. Folgende Schutzobjekte sind festgelegt:

L   Kabel- und Leitungsschutz
M   Schaltgeräteschutz
R   Halbleiterschutz
B   Bergbauanlagenschutz

Aus der Kombination der Funktionsklassen und der Schutzobjekte ergeben sich dann Sicherungsbezeichnungen mit 2 Buchstaben, die als Betriebsklassen bezeichnet werden.

Folgende Kombinationen sind möglich:

gL	Ganzbereichs-Kabel- und Leitungsschutz	Kennzeichnung: schwarz
aM	Teilbereichs-Schaltgeräteschutz	Kennzeichnung: grün
aR	Teilbereichs-Halbleiterschutz	Kennzeichnung: gelb
gR	Ganzbereichs-Halbleiterschutz	
gB	Ganzbereichs-Bergbauanlagenschutz	

Zur Absicherung von Leitungen und Kabeln werden also gL-Sicherungen verwendet.

Sicherungsselektivität
Unter Selektivität versteht man allgemein die Staffelung von Sicherungen. In Reihe liegende Sicherungen sind so abzustufen, daß im Kurzschluß- oder Überlastungsfall das Schutzorgan abschaltet, das dem Fehlerort am nächsten liegt.

Dieses erreicht man durch die Abstufung der Sicherungen um eine oder mehrere Nennstromgrößen.

1.2.9.2 Geräteschutz-Sicherungssystem (DIN VDE 0820)

Gerätesicherungen oder Feinsicherungen bestehen aus einem zylindrischen Schmelzeinsatz (meistens aus Glas). Der Nennstrombereich geht ab 1 mA gestuft bis 10 A. Man verwendet sie zum direkten Einbau und zum Schutz gegen Kurzschluß und Überlastung von Geräten.

Die Abmaße betragen: Durchmesser rd. 5 mm, Länge je nach Nennstrombereich bis rd. 30 mm mit Kopf- und Fußkontakt. Die Sicherung wird von einem Sicherungshalter und der Verschraubung gehalten. Aufgrund der kleinen Abmaße ist das Schaltvermögen begrenzt. Man unterscheidet nach dem Schaltvermögen fünf Gruppen, die in der Tabelle 1.8 aufgeführt sind.

Gruppe	Ausschaltvermögen in A
B	50
C	80
D	300
E	1 000
G	1 500

Tabelle 1.8 Feinsicherungsgruppen

Die zulässige Nennspannung beträgt $U_\sim$ = 250 V.

Es gibt superflinke FF, flinke F, mittelträge M, träge T und superträge TT Gerätesicherungen. Der 1,5fache Nennstrom kann die Sicherung nach etwa einer Stunde zum Abschalten bringen. Bei einer Kurzschlußschaltung variieren die Abschaltzeiten von FF < 30 ms bis TT > 300 ms.

Die Bezeichnung der Schmelzeinsätze F 2,5/250 D bedeutet also: flinke G-Sicherung, Nennstrom 2,5 A, Nennspannung bis 250 V mit einem Schaltvermögen von rd. 300 A.

Tabelle 1.9 NH-Sicherungsgrößen Typ gL

Größe	Nennstrombereich in A	Gesamtlänge in mm	Anschlußquerschnitt in mm²
00	von 6 gestuft bis 100	78	16 bis 50
0	von 6 gestuft bis 160	125	35 bis 95
1	von 80 gestuft bis 250	135	70 bis 150
2	von 125 gestuft bis 400	150	150 bis 300
3	von 315 gestuft bis 630	150	2 × (40 × 5)
4	von 500 gestuft bis 1250	200	2 × (60 × 5)
4a	von 500 gestuft bis 1250	200	2 × (80 × 5)

1.2.9.3 Niederspannungs-Hochleistungssicherungen (NH-Sicherungen) nach DIN VDE 0636

Das Schaltvermögen der NH-Sicherungen liegt mit ca. 100 kA weit über dem geforderten Mindestwert von 50 kA. Man verwendet sie für Nennströme in der Größenordnung von 6 A bis 1250 A und für Nennspannungen bis $U_N = 500$ V $\sim$ bzw. ungenormt bis 1 000 V $\backsim$. Die nach sieben verschiedenen Nennstrombereichen unterteilten Sicherungsgrößen sind in Tabelle 1.9 aufgeführt.

Aufbau und Besonderheiten

Auf dem Sicherungshalter oder dem Unterteil mit den Leitungsanschlüssen (Bild 1.49c) sitzt, durch Steckverbindungen gehalten, der auswechselbare Schmelzeinsatz. Dieser Einsatz wird nur in Verbindung mit einem geschlossenen Steatit- oder Gießharzkörper verwendet (Bild 1.49a). Ein serienmäßig eingebauter Unterbrechungsmelder kann zum Überwachen des Betriebszustandes zusätzlich mit einem Schaltzustandsgeber kombiniert werden. Als Schmelzleiter dienen gitterartig ausgestanzte Kupferbänder mit Zinn- oder Silberbrücken zur Beeinflussung der Abschaltcharakteristik. Als Löschmittel wird Quarzsand verwendet.

Bild 1.49a
NH-Sicherung

Bild 1.49b
NH-Sicherungsgriff
mit Unterarm-
schutz, Helm und
Gesichtsschutz

Bild 1.49c
NH-Sicherung,
Unterteil

Das Auswechseln einzelner im Unterteil (Bild 1.49c) steckender Patronen kann mit Isoliergriffen (Bild 1.49b) im unbelasteten Zustand auch unter Spannung erfolgen. Bei der Ausführung als Sicherungstrenner werden meistens drei Patronen, die gemeinsam in einem Griffeinsatz angeordnet sind, geschaltet. Bei Sicherungstrennern ist das Herausschalten der Patronen so vorzunehmen, daß der obere Kontakt zuerst

69

geöffnet wird. Hierdurch soll verhindert werden, daß ein evtl. vorhandener Lichtbogen in den Trenner «hineinläuft» und diesen überbrückt. Beim Ziehen von NH-Sicherungen mit Sicherungsgriff werden beide Messerkontakte gleichzeitig und zügig herausgezogen, damit möglichst schnell ein großer Kontaktabstand entsteht. Griffsicherungen dürfen nur von Fachkräften mit Helm und Gesichtsschutz (Bild 1.49b) ausgewechselt werden.

Die üblichen Schmelzeinsätze haben eine gL-Charakteristik.

Bei Verwendung von NH-Sicherungspatronen eines einheitlichen Fabrikates erhält man in Maschen- und Strahlennetzen ein gutes Selektivverhalten bei üblichen Sicherungsabstufungen um 2 Nennstromgrößen. Das heißt, es wird die dem Kurzschluß am nächsten liegende schwächere Sicherung zeitlich vor der nächstgrößeren ansprechen. Die Strom-Zeit-Kennlinien von NH-Sicherungen sind die gleichen wie bei Diazed- und Neozed-Sicherungen (Abschnitt 1.2.9.1).

Für das Abschaltverhalten und für die Gruppierung nach Funktionsmerkmalen sowie Anwendungsbereichen gilt gleiches wie bei den D- und DO-Sicherungen (Abschnitt 1.2.9.1).

1.2.9.4 Leitungsschutzschalter nach DIN VDE 0641 bzw. 0660

Leitungsschutzschalter sind sogenannte Sicherungsautomaten mit elektromagnetischen und elektrothermischen Auslösern. Sie dienen als Schutzeinrichtungen für Leitungen und Geräte bei Überlast und Kurzschluß. Man verwendet sie anstelle von Schmelzsicherungen mit dem Vorteil einer größeren Betriebssicherheit.

Nach VDE dürfen Leitungsschutzschalter auch als betriebsmäßige Schalter verwendet werden.

Eine unzulässige Ergänzung (Flicken) von Schmelzleitern ist hier nicht möglich. Leitungen können im Überlastgebiet besser ausgenutzt werden als mit Schmelzsicherungen.

Leitungsschutzschalter werden in ein- oder mehrpoliger Ausführung bis zu Nennströmen von 63 A angeboten.

Aufbau und Wirkungsweise
Der **Aufbau** von Leitungsschutzschaltern ist Bild 1.50 zu entnehmen.
Mit dem Einschalten des Schutzschalters wird eine Speicherfeder gespannt, die bei einer Handauslösung oder im Fehlerfall automatisch ein schnelles Öffnen der Schaltstücke und damit des Stromkreises bewirkt. Die automatische Auslösung erfolgt bei einer thermischen Überlastung durch Bimetalle und im Kurzschlußfall durch magnetische Auslöser. Bimetallauslöser und Magnetauslöser können im Fehlerfall unabhängig voneinander die Verklinkung im Schaltschloß aufheben.

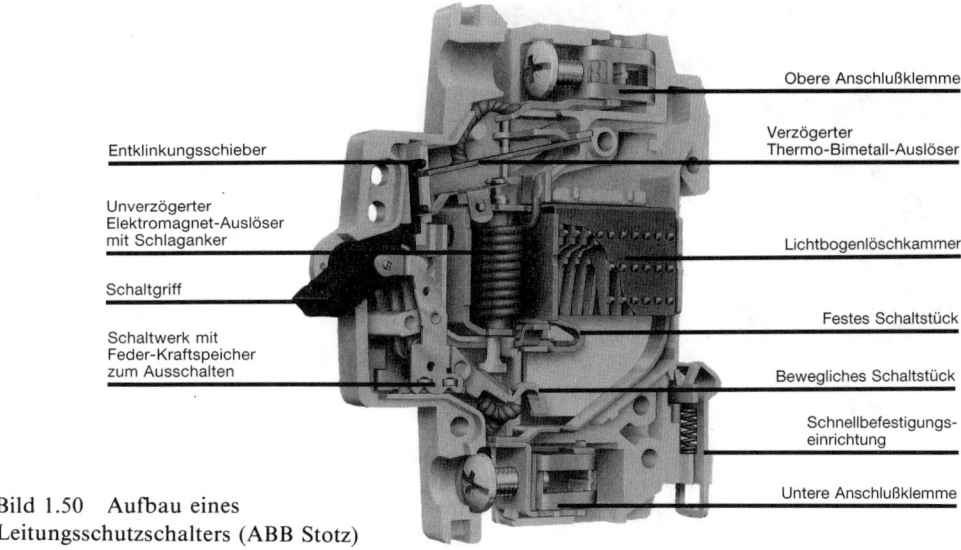

Entlinkungsschieber

Unverzögerter
Elektromagnet-Auslöser
mit Schlaganker

Schaltgriff

Schaltwerk mit
Feder-Kraftspeicher
zum Ausschalten

Obere Anschlußklemme

Verzögerter
Thermo-Bimetall-Auslöser

Lichtbogenlöschkammer

Festes Schaltstück

Bewegliches Schaltstück

Schnellbefestigungs-
einrichtung

Untere Anschlußklemme

Bild 1.50 Aufbau eines
Leitungsschutzschalters (ABB Stotz)

Freiauslösung

Aus Sicherheitsgründen wird nach DIN VDE 0660 bei Schutzschaltern ein Schalt-schloß mit Freiauslösung gefordert.

Durch die Freiauslösung wird ein Auslösevorgang ermöglicht, auch wenn der Schalterantrieb z. B. von Hand in der Einschaltstellung festgehalten wird.

Schaltvermögen

Das Schaltvermögen, das auf dem Leistungsschild (Bild 1.51a und als Vergröße-rung in Bild 1.51b) der Leitungsschutzschalter angegeben wird, beträgt entspre-chend DIN VDE 0641 3 000 A bis 15 000 A. In Deutschland wird von den EVU ein Schaltvermögen von mindestens 6 000 A gefordert. Um sicherzustellen, daß das Schaltvermögen nicht überschritten wird und daß keine Zerstörung, sondern ein-wandfreie Abschaltung erfolgt, sind die Schutzschalter nach den Herstelleranga-ben mit Schmelzsicherungen zwischen 63 A und 100 A vorzusichern (Back-up-Schutz). Nur bei speziellen Leitungsschutzschaltern mit hoher Schaltgeschwindig-keit und großer Strombegrenzung kann auf eine Vorsicherung ganz verzichtet wer-den.

Strombegrenzungsklassen

LS-Schalter werden in die Strombegrenzungsklassen 1, 2 und 3 eingeteilt. Die Un-terschiede bestehen in der Abschaltgeschwindigkeit und der Strombegrenzung. Beim LS-Schalter der Klasse 3 ist die Abschaltzeit kürzer als beim LS-Schalter der Klasse 2. Da die Wärmeentwicklung von $I^2 \cdot t$ abhängig ist, muß der Schalter bei längerer Abschaltzeit kontaktmäßig stärker ausgeführt sein.

In Deutschland ist die Strombegrenzungsklasse 3 vorgeschrieben.

71

ABB S 261
B 16

∼230/400

SK
STOTZ

DVE 6000 3

Bild 1.51b   Leistungsschild
eines Leitungsschutzschalters
Typ B

Bild 1.51a   Leitungsschutzschalter mit
Leistungsschild

Bild 1.51c   Schaltbild

Schaltkurzzeichen – siehe Bild 1.51c.

Strom-Zeit-Verhalten
Je nach Verwendungszweck werden Leitungsschutzschalter mit unterschiedlichem
Abschaltverhalten (Auslösecharakteristik) benötigt. Den Bildern 1.52a und 1.52b
sind die verschiedenen Auslösecharakteristiken anhand der Kennlinien zu entneh-
men.
Leitungsschutzschalter **Typ L**
Für diesen Leitungsschutzschalter wurde Ende 1989 die Produktion eingestellt. Er
wird uns jedoch noch über Jahre hinweg in den elektrischen Anlagen begegnen.
Der Ansprechbereich des magnetischen Auslösers liegt zwischen $3,36 \cdot I_n$ und $4,9 \cdot I_n$. Der thermische Auslöser spricht zwischen $1,3 \cdot I_n$ und $1,9 \cdot I_n$ an.
   Anwendungsbereich: Schutz von Leitungen in Beleuchtungs- und Steckdosen-
                      stromkreisen sowie für alle Wärmeerzeuger.

Leitungsschutzschalter **Typ G**
Der Leitungsschutzschalter Typ G ist im Überstrombereich empfindlicher und im
Kurzschlußstrombereich träger als der Schalter Typ L. Der Ansprechbereich des
magnetischen Auslösers liegt zwischen $7 \cdot I_n$ und $10 \cdot I_n$ und der des Überstromaus-
lösers zwischen $1,05 \cdot I_n$ und $1,35 \cdot I_n$.
   Anwendungsbereich: Schutz von Leitungen für Motorstromkreise.

72

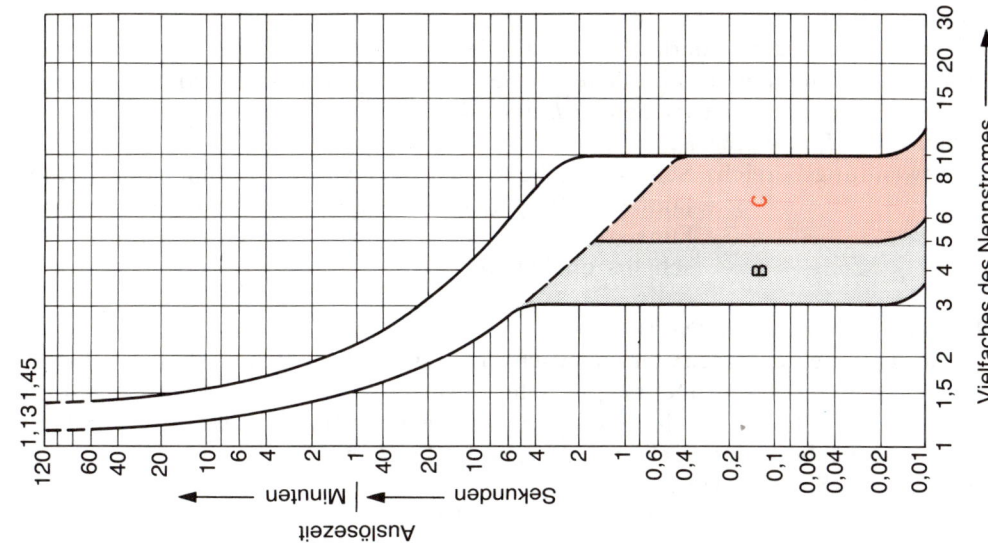

Bild 1.52b   Auslösecharakteristiken der Leitungsschutzschaltertypen B und C (ABB Stotz)

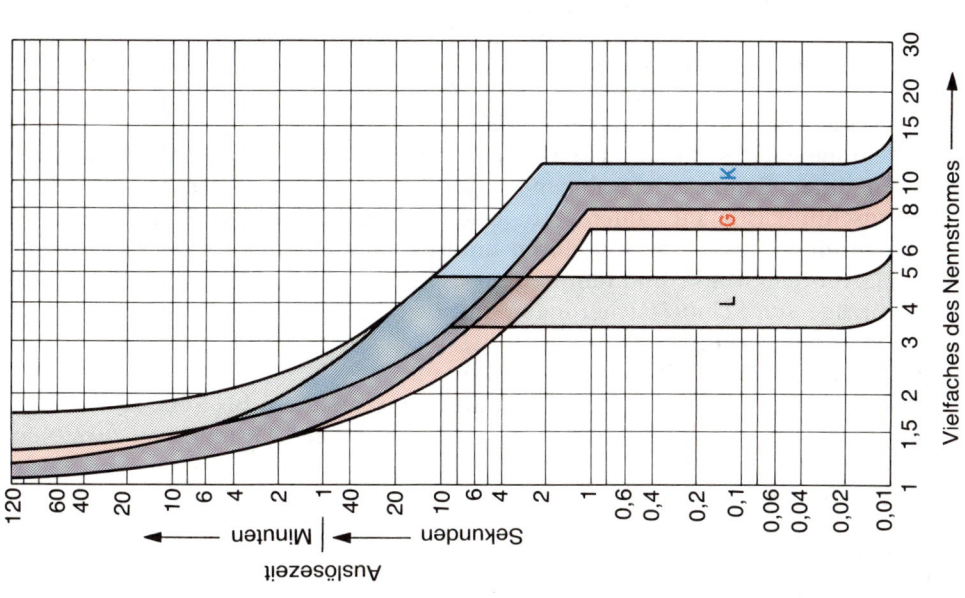

Bild 1.52a   Auslösecharakteristiken der
Leitungsschutzschaltertypen L, G und K

73

Leitungsschutzschalter **Typ K**

Dieser Schalter ist im Überlastbereich ähnlich dem Schalter Typ G, im Kurzschlußstrombereich noch unempfindlicher als der Typ G. Der Ansprechstrom des magnetischen Auslösers liegt zwischen $8 \cdot I_n$ und $14 \cdot I_n$ und der thermische Auslöser zwischen $1,05 \cdot I_n$ und $1,2 \cdot I_n$.

Anwendungsbereich: Schutz von Leitungen in Stromkreisen mit hoher Glühlampenleistung und für Transformatoren, die zur Dekkung der Magnetisierungsverluste einen hohen Einschaltstrom haben.

Leitungsschutzschalter **Typ B**

Dieser Leitungsschutzschalter entspricht internationaler Norm und gilt als Ersatz für den Schalter Typ L. Der magnetische Auslöser ist mit einem Ansprechbereich zwischen $3 \cdot I_n$ und $5 \cdot I_n$, ähnlich dem entsprechenden Bereich des Typs L und mit dem Ansprechbereich zwischen $1,13 \cdot I_n$ und $1,45 \cdot I_n$ empfindlicher im Überlastbereich als der Schalter Typ L.

Anwendungsbereich: Wie beim Schalter Typ L.

Leitungsschutzschalter **Typ C**

Der Leitungsschutzschalter Typ C wird den Typ G ersetzen. Der thermische Auslöser ist gleich dem des Typs B, der magnetische Auslöser ist mit einem Ansprechbereich zwischen $5 \cdot I_n$ und $10 \cdot I_n$ ähnlich dem Magnetschalter des Typs G.

Anwendungsbereich: Wie beim Schalter Typ G.

Leitungsschutzschalter besonderer Ausführung

Da Leitungsschutzschalter in der Regel ein begrenztes Schaltvermögen haben, müssen ihnen Schmelzsicherungen vorgeschaltet werden. Dies erfolgt z.B. im Hausanschlußkasten im Zähler-Verteilerschrank oft in Form von NH-Sicherungen, die nach einer Auslösung nur durch unterwiesene Personen gewechselt werden dürfen. Auf dem Markt sind nun Leitungsschutzschalter erhältlich, die die jeweiligen Vorzüge von Schmelzsicherungen und Leitungsschutzschaltern vereinen.

– Nennstromstärke: 25–100 A
– Kurzschlußgrenzschaltvermögen: 50 kA
– Selektivität zu nachgeschalteten Leitungsschutzschaltern bis 6 000 A
– Selektivität zu vorgeschalteten Sicherungen, wenn ein Abstand von zwei Nennstromstufen besteht
– vom Laien bedienbar

Änderungen im Aufbau

Als Ergänzung zu den sonst schon vorhandenen Thermo- und Magnetauslösern wurde ein weiterer thermischer Auslöser hinzugefügt. Dadurch besteht die Möglichkeit, ein Auslöseverhalten ähnlich einer Schmelzsicherung nachzubilden. Bild 1.53 zeigt einen Vergleich zwischen der Kennlinie einer Schmelzsicherung und der des Leitungsschutzschalters mit den drei Auslösebereichen.

74

Bild 1.53
Kennlinienvergleich zwischen einer
Schmelzsicherung und einem dreistufig
schaltenden Leitungsschutzschalter
1 Überlastauslösebereich
2 Verzögerter Auslösebereich
3 Kurzschlußschnellauslösebereich

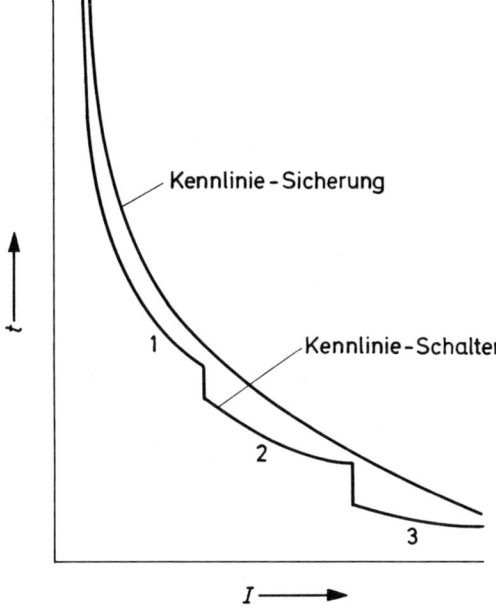

1.2.9.5 Motorschutzschalter

Motorschutzschalter werden sowohl als Schutzgerät wie auch als Schaltgerät für Motorenstromkreise verwendet. Der einfache Motorschutzschalter ist ein dreipoliger, handbetätigter Motorschalter mit thermisch verzögerten Auslösern. Gegebenenfalls sind zusätzlich magnetische Schnellauslöser und in Sonderfällen auch Hilfskontakte mit eingebaut. Motorschutzschalter werden in unterschiedlichen Größen für Nennströme gestuft bis rd. 100 A (200 A) hergestellt und je nach Bedarf für leichte Anlaufbedingungen (Trägheitsgrad T I) und für schwere Anlaufbedingungen (Trägheitsgrad T II) ausgerüstet. Die Schalthäufigkeit ist begrenzt, sie liegt für das Schalten von Motoren etwa bei 25 bis 50 Schaltungen je Stunde.

Das Konstruktionsprinzip und die Schaltbilder eines Motorschutzschalters mit thermischen und magnetischen Auslösern sind in den Bildern 1.54 a, b, d und e dargestellt. Die thermisch verzögerten Auslöser sind Bimetalle, die den Motor vor Überlastung, also vor einer zu großen Erwärmung, schützen. Durch Hubverstellung am Auslöser läßt sich an einer Skala der Nennstromwert des Motors genau einstellen.

Die magnetischen Auslöser übernehmen den Kurzschlußschutz.

Das Schaltschloß hat eine Freiauslösung sowie eine Schaltstellungsanzeige für den Ein- und Ausschaltzustand wie der vorher beschriebene Leitungsschutzschalter.

Die magnetischen Auslöser sind überwiegend fest auf den 8- bis 16fachen Nennstrom einjustiert. Durch die thermische Verzögerung der Bimetalle und durch die

75

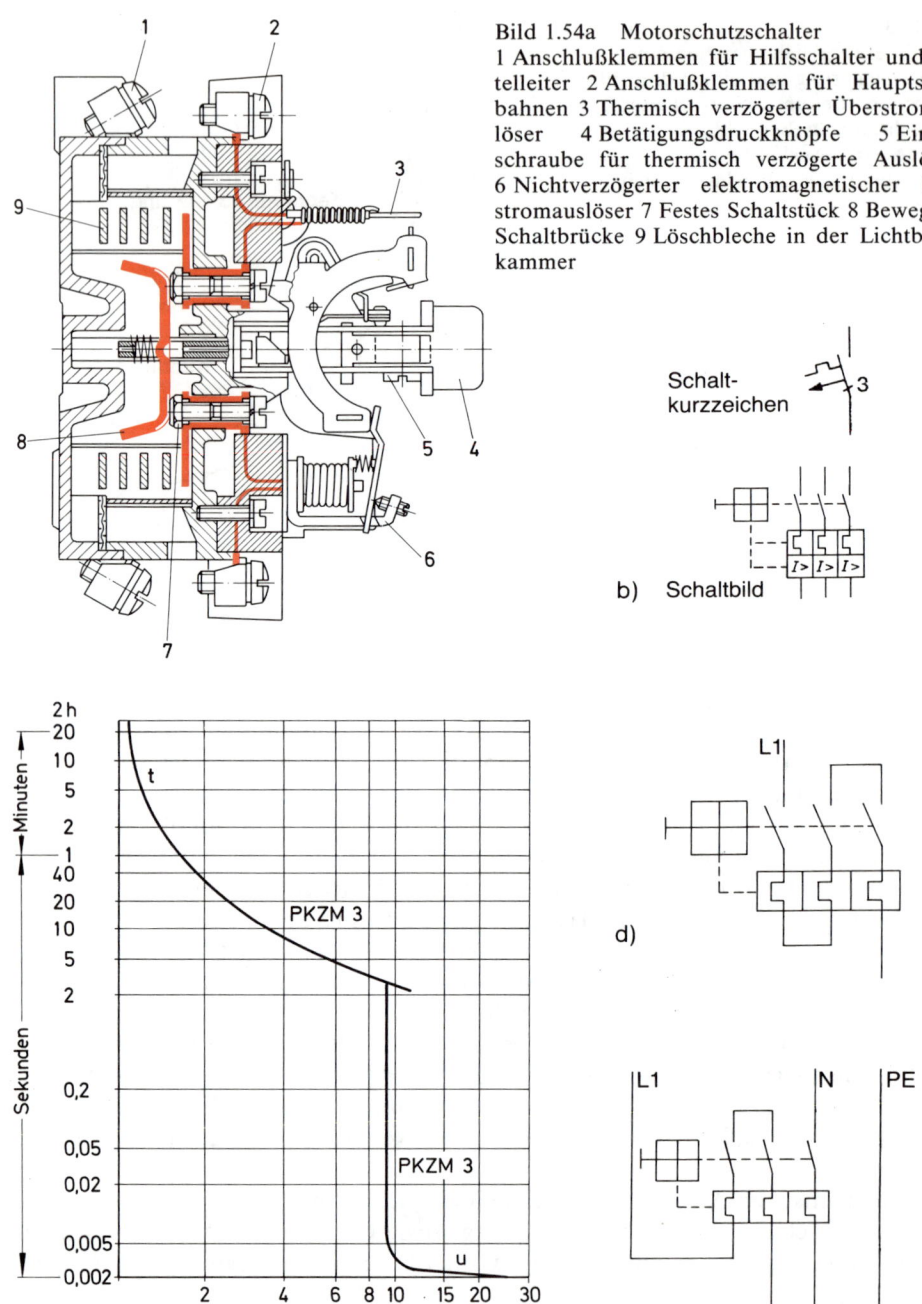

Bild 1.54a   Motorschutzschalter
1 Anschlußklemmen für Hilfsschalter und Mittelleiter 2 Anschlußklemmen für Hauptstrombahnen 3 Thermisch verzögerter Überstromauslöser 4 Betätigungsdruckknöpfe 5 Einstellschraube für thermisch verzögerte Auslösung 6 Nichtverzögerter elektromagnetischer Überstromauslöser 7 Festes Schaltstück 8 Bewegliche Schaltbrücke 9 Löschbleche in der Lichtbogenkammer

Schaltkurzzeichen

b)   Schaltbild

d)

e)

Bild 1.54c   Strom-Zeit-Kennlinie

relativ hohe magnetische Auslösereinstellung bewirken Einschaltströme von Motoren keine Abschaltung des Schutzschalters.

Die Strom-Zeit-Kennlinie eines Motorschutzschalters ist in Bild 1.54c dargestellt.

Beim Motorschutzschalter spricht die thermische Auslösung aus dem betriebswarmen Zustand heraus beim 1,2fachen Nennstrom innerhalb von 2 Stunden an.

Mit dem 1,5fachen Nennstrom erfolgt vom betriebswarmen Zustand aus eine Abschaltung innerhalb von 1 bis 2 Minuten.

Den 1,5fachen Nennstrom erhält man etwa bei Nennlast eines Drehstrommotors an zwei Außenleitern (Zweiphasenbetrieb).

Die *Überprüfung der Wirksamkeit eines Motorschutzschalters* im Betrieb, in dem der Störungsfall durch Herausdrehen einer Sicherung nachgebildet wird, erweist sich als unzulänglich. Abweichung vom Nennspannungswert und von der Nennbelastung können die Verhältnisse verfälschen. Die Ermittlung der Stromaufnahme durch Messung und der anschließende Vergleich mit der Abschaltkurve ist unerläßlich.

Schaltvermögen

Das Schaltvermögen der Motorschutzschalter ist begrenzt, vor allem bei solchen mit fehlender magnetischer Schnellauslösung. Motorschutzschalter benötigen daher unbedingt Vorsicherungen, deren Werte die Angaben der Gerätehersteller nicht übersteigen. Übersteigt der Kurzschlußstrom an der Einbaustelle eines Motorschutzschalters infolge einer zu großen Vorsicherung das Nennausschaltvermögen des Schalters, so wird ein vorhandener magnetischer Schnellauslöser zwar ansprechen, aber ein Lichtbogen zwischen den Schaltstücken könnte einen Schaden hervorrufen.

Bei Motorschutzschaltern mit kleineren Überstrom-Auslösebereichen (teilweise bis 25 A) *sind keine Vorsicherungen erforderlich, wenn sie am Anfang des Stromkreises montiert sind und somit auch für die Leitung den Überlastschutz und den Kurzschlußschutz übernehmen.* Der Kurzschlußstrom wird durch den relativ hohen Innenwiderstand begrenzt und kann somit direkt abgeschaltet werden. „ *eigensich?* "

Absicherung von Drehstrommotoren

Der alleinige Schutz von Motoren durch Schmelzsicherungen ist nicht möglich. Die Sicherungen müßten so groß gewählt werden, daß sie den hohen Anlaufstrom aushalten. Damit ist aber die Möglichkeit einer Dauerüberlastung der Motoren gegeben, weil Sicherungen den 1,5fachen Nennstromwert 1 bis 2 Stunden lang aushalten. Hierdurch kann es zur Zerstörung der Motorwicklung kommen.

Es ist zweckmäßig und häufig vorgeschrieben, zusätzlich zu den Schmelzsicherungen entsprechende Überstrom- oder Temperaturschutzorgane einzusetzen (siehe Abschnitte 1.2.9.7 und 1.2.9.8). Der allgemeine Kurzschlußschutz kann bei fehlendem Kurzschlußstromauslöser durch Leitungsschutzsicherungen erfolgen.

Kriterien zur Bemessung der Sicherungen

a) Durch die Sicherungen müssen alle Objekte (Leitungen, Schalter usw.) ausreichend gegen Kurzschlußauswirkungen geschützt sein.

b) Die erhöhten Anlaufströme der elektrischen Maschinen dürfen die Sicherungen nicht abschalten. Zu berücksichtigen sind Anlaufströme in der Größenordnung vom Achtfachen der Motorennennströme.

Die Auswahl der Sicherungen kann überschlägig nach dem Vielfachen des Motor-Nennstromes bestimmt werden. Für Kurzschlußläufermotoren gelten folgende Richtwerte:

Bei Leeranlauf und Stern-Dreieck-Anlauf	Sicherungsnennstrom = 1 Stufe höher als nach Motornennstrom erforderlich
Bei Nennlastanlauf	Sicherungsnennstrom = 2 Stufen höher als nach Motornennstrom erforderlich

1.2.9.6 Leistungsschalter

Unter Leistungsschalter versteht man Schaltgeräte mit großem Schaltvermögen. Zu erwartende Kurzschlußströme werden einwandfrei beherrscht bzw. abgeschaltet. Leistungsschalter vereinigen in einem Gerät mehrere Aufgaben, z. B.

> Kurzschlußschutz,
> Überlastschutz,
> Betriebsschalter und
> Trenn- bzw. Hauptschalter (Bild 1.55a und b).

Ein Leistungsschalter ist so auszuwählen, daß die am Einbauort zu erwartenden Einschalt- und Kurzschlußströme das Schaltvermögen des Schalters nicht übersteigen. Eine besondere Vorsicherung ist dann nicht erforderlich.

Für Niederspannungsanlagen werden Leistungsschalter innerhalb der Nennstromreihe von 16 A bis 4 000 A hergestellt.

Man verwendet sie zum Schalten größerer Ströme in Schaltanlagen, als Hauptschalter vor Schützsteuerungen, in sicherungslosen Verteilungen zum Schutz und zum Schalten von leistungsstarken Motoren und von Kondensatoren. Die Betätigung erfolgt unmittelbar durch Handantrieb oder bei Fernbedienung durch Magnet-, Motor- oder Druckluftantriebe.

Die bei der Abschaltung des Stromkreises entstehenden Lichtbögen werden in sogenannten Lichtbogenkammern oder Entionisierungskammern gelöscht (Bild 1.4). Die Lichtbogenkammern dürfen betriebsmäßig nicht entfernt werden. Es besteht sonst die Gefahr, daß die vorgeschriebenen Abschaltzeiten nicht eingehalten werden. Außerdem kann es zu Lichtbogenüberschlägen zwischen den Schaltzonen

78

Bild 1.55a   Leistungsschalter

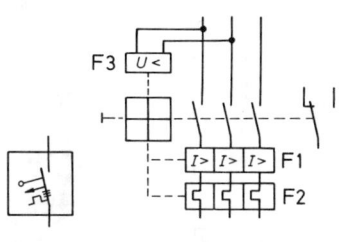

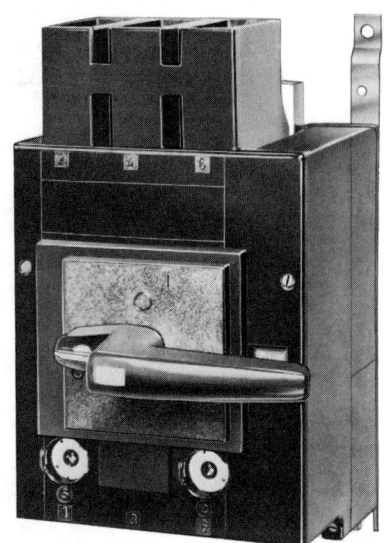

Schaltkurzzeichen und Schaltbild eines
Leistungsschalters mit
magn. Auslöser F1,
therm. Auslöser F2,
Unterspannungsauslöser F3.

Bild 1.55b   Schaltbild

kommen. Die Leistungsschalter sind je nach Bedarf mit magnetischen und thermischen Auslösern wie auch mit Unterspannungsauslösern (Spannungsrückgangsauslösern) ausgerüstet. Unterspannungsauslöser lassen den Schalter bei Ausfall oder Absenkung der Netzspannung um 30 % bis 65 % auslösen und verhindern eine ungewollte Wiedereinschaltung. Unfälle können dadurch vermieden werden. Im spannungslosen Zustand verhindert der Auslöser eine Einschaltung des Schalters. Sollen sehr kurzzeitige Netzspannungsschwankungen oder Unterbrechungen nicht zu einer Abschaltung führen, so werden Unterspannungsauslöser mit Abfallverzögerung verwendet. Außer den vorher erwähnten strombegrenzenden Leistungsschaltern gibt es solche, die in ihrer Ausschaltzeit im ms-Bereich staffelbar sind, so daß hintereinandergeschaltete Leistungsschalter selektiv abschalten.

1.2.9.7 Thermisches Überstromrelais-Bimetallrelais

Bimetallrelais (Bild 1.56a) werden überwiegend in Verbindung mit Schützsteuerungen zum Motorschutz eingesetzt. Eine Kombination aus Schütz und Bimetallrelais kann die Schutzfunktion eines einfachen Motorschutzschalters ersetzen.

Handelsübliche Bimetallrelais werden dreipolig gebaut und in Nennstrombereiche bis zu 630 A gestuft. Die Bimetallstreifen können durch den hindurchfließenden Strom direkt erwärmt werden, oder die Erwärmung erfolgt indirekt über Heizwiderstände (Bild 1.56b). Schaltbild siehe Bild 1.56c.

Die Anordnung des Bimetallrelais im Haupt- und Hilfsstromkreis ist aus Bild 1.71 zu entnehmen.

79

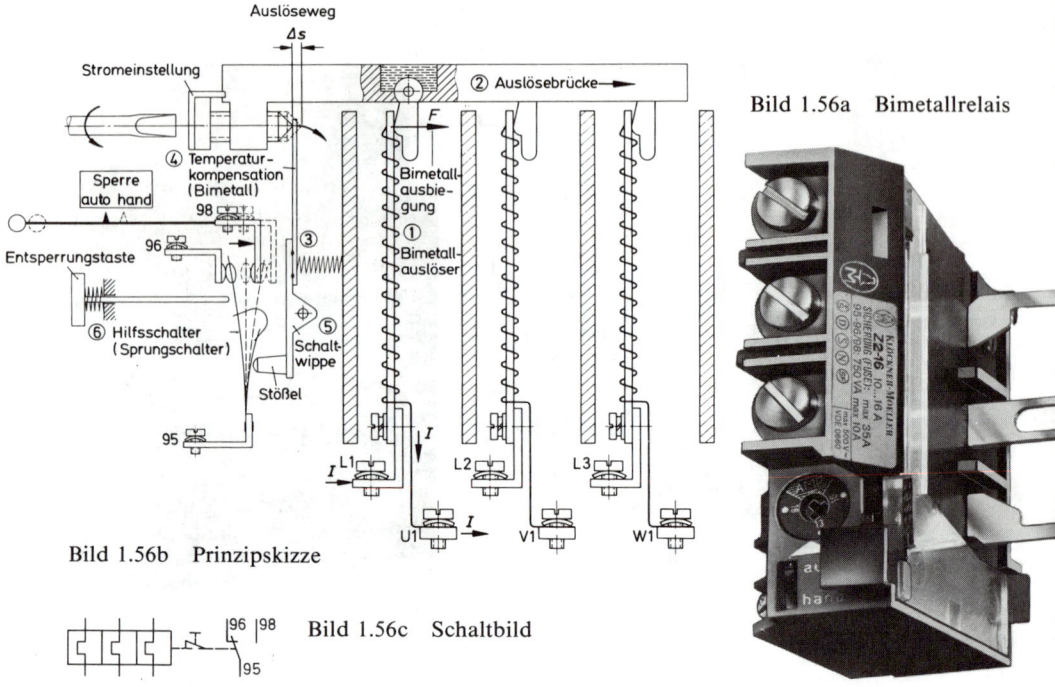

Bild 1.56a Bimetallrelais

Bild 1.56b Prinzipskizze

Bild 1.56c Schaltbild

Bei Motorströmen in der Größenordnung von hundert Ampere sind meistens Stromwandler erforderlich.

Wirkungsweise

Im Falle erhöhter Stromaufnahme, z. B. durch Überlastung eines Motors, wird das auf Motornennstrom eingestellte Bimetall intensiver erwärmt als bei Nennbetrieb. Die durchbiegenden Bimetallstreifen wirken über die Schaltachse auf den Momentschalter. Der als Öffner oder Wechsler vorliegende Momentschalter unterbricht nur im Steuerstromkreis den Strom zur Schützspule.

Der überlastete Hauptstromkreis wird durch das Schütz abgeschaltet. Die Abschaltverzögerungszeit läßt sich an der Einstellskala des Bimetallrelais durch Verstellen des Leerhubes in Grenzen variieren. Normalerweise erfolgt die Einstellung auf die Höhe des Motornennstromes.

Motoren, die unter Verwendung der automatischen Stern-Dreieck-Schaltung angelassen werden, können zweckmäßigerweise durch Bimetallrelais überwacht werden, die auf den 0,58fachen Wert des Motor-Nennstromes eingestellt werden.

Im Hauptstromkreis liegt in diesem Fall das Bimetall unmittelbar mit der Motorwicklung in Reihe (Bild 1.89).

Jedes Bimetall überwacht somit direkt den Strom jedes Wicklungsstranges sowohl beim Sternanlauf als auch während des Dreieck-Betriebszustandes.

80

$0,58 \simeq \dfrac{1}{\sqrt{3}}$

Der Einstellwert des Birelais stimmt mit dem zulässigen Strom des Wicklungsstranges überein.

Raumtemperaturunterschiede brauchen bei einer Stromeinstellung dann nicht berücksichtigt zu werden, wenn im Relais auf mechanischem Wege durch ein zweites Bimetall eine Temperaturkompensation durchgeführt wird. Mit der Abkühlung der Bimetallstreifen nach einer Erwärmung und Auslösung kann der Sprungkontakt des Momentschalters wieder zurückschalten, soweit keine Rückschaltsperre eingerichtet ist. Die *Rückschalt- oder Wiedereinschaltsperre* ist eine mechanische Verklinkung, die sich mittels eines Hebels oder einer Schraube am Relais ein- oder ausstellen läßt. In Verbindung mit Drucktastersteuerungen von Schützen ist eine Wiedereinschaltsperre nicht unbedingt erforderlich, weil eine automatische Wiedereinschaltung der Steuerung nach einer Öffnung der Schützselbsthaltung nicht erfolgen kann.

Für Schützsteuerungen ohne Selbsthaltung läßt sich eine selbsttätige, ungewollte Wiedereinschaltung des Schützes verhindern, indem man am Bimetallrelais die Wiedereinschaltsperre einrichtet (Bild 1.56).

Ohne Wiedereinschaltsperre könnte sich der überlastete Hauptstromkreis selbsttätig so lange ein- und ausschalten (pumpen), bis ein ernsthafter Schaden angerichtet ist. Schaltungsbeispiel siehe Bild 1.75b. Nach einer selbsttätigen Abschaltung durch Überlastung, anschließender Fehlersuche und Fehlerbeseitigung wird das Bimetallrelais von Hand wieder eingeschaltet.

1.2.9.8 Motorvollschutz

Unter Verwendung von Bimetallrelais oder Motorschutzschaltern erhält man Schutz gegen unzulässige Temperaturerhöhungen indirekt durch die Stromüberwachung.

Sofern Temperaturen direkt mit Temperaturfühlern überwacht werden, um im Gefahrenfall Meldungen oder Abschaltungen zu vollziehen, spricht man von einem Motorvollschutz.

Die Temperaturerfassung erfolgt z.B. mit in Reihe geschalteten Thermistoren (Kaltleiter-Temperaturfühler) oder durch Protektoren (Thermokontakte), die an Stellen kritischer Temperaturbereiche, z.B. Wickelköpfe und Lager, vorgesehen werden.

Die in dem Bild 1.57 aufgeführte Thermistorsteuerung enthält ein außerhalb des Motors installiertes Überwachungsgerät, das bis zur Motoreinschaltung über Kontakt S 1 erregt werden muß. Danach erfolgt eine Selbsthaltung über K 1.

Mit dem Überschreiten der Grenztemperatur steigt der Widerstand des Thermistors sehr intensiv an, so daß das Überwachungsrelais K 2 abschaltet und den Motor-Steuerstromkreis unterbricht.

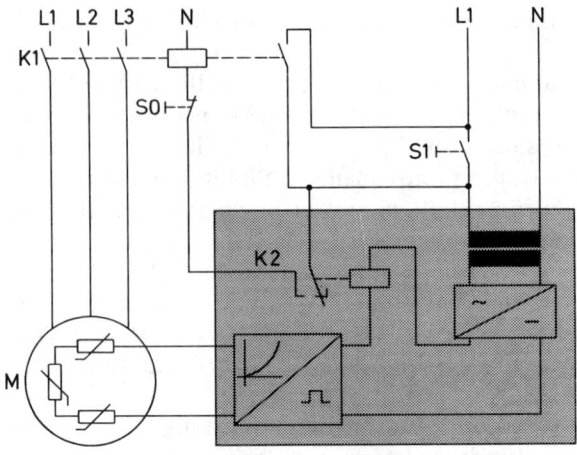

Bild 1.57
Motorvollschutz
(Prinzipbild)

1.3   Stromkreise

Einfache Geräte-, Lampen- oder Motorschaltungen bestehen oft aus nur einem Stromkreis.

Der Stromkreis wird gebildet aus der Sicherung, der Hinleitung zum Verbraucher und aus der Rückleitung einschließlich aller dazugehörender Einrichtungen. Es lassen sich in Grenzen mehrere Verbrauchergeräte, die unabhängig voneinander betrieben werden, zu einem Stromkreis zusammenfassen, wie es z. B. bei Lampenschaltungen üblich ist.

Schützschaltungen lassen sich aufgliedern in Haupt- und Steuerstromkreise.

1.3.1   Hauptstromkreis

Der Hauptstromkreis ist mit dem Laststrom des Verbrauchers beaufschlagt, und er wird gebildet aus den Hauptleitungen und den Hauptgeräten. Folgende Hauptgeräte werden vom Hauptstrom der Reihenfolge nach durchflossen:

Sicherungsgruppe, Hauptschalter, Hauptschütz, Bimetallrelais und Motorwicklung (Darstellung des Hauptstromkreises Bild 1.71a).

Auslegung der Absicherungen und der Leitungen für Drehstrommotoren
a) Entsprechend Abschnitt 1.2.9.5 bzw. nach technischen Tabellen wird der Nennstrom der Sicherungen nach Leistung, Spannung und Einschaltart des Motors, unter Berücksichtigung der Anlaufzeit, festgelegt.
b) Aus dem Nennstrom der Sicherung wird in der Regel der Leitungsquerschnitt bestimmt.
c) Nach dem Motorennennstrom wird der thermische Überstromauslöser ausgewählt.

82

d) Der unter a) festgelegte Nennstrom der Sicherung darf in keinem Fall den vom Gerätehersteller angegebenen maximalen Nennstrom für Vorsicherung für die im Leitungszug liegenden Geräten überschreiten.

e) Bei langen Leitungsstrecken wird der Spannungsfall berechnet. Falls der Spannungsfall zu hoch ist, müssen stärkere Querschnitte gewählt werden. Die Wahl der Sicherungen wird nicht beeinflußt.

1.3.2 Steuer- und Meldestromkreise

Der *Steuerstromkreis* besteht im wesentlichen aus den Steuerleitungen und den Steuergeräten, wie z. B. Steuersicherung, Befehlsschalter, Steuerkontakte vom Schütz und vom thermisch verzögerten Relais, Magnetspule des Schützes und Meldegeräte (Darstellung des Steuerstromkreises Bild 1.71b).

Absicherung des Steuerstromkreises
Steuerstromkreise müssen gegen Kurzschlußströme geschützt werden. Überlastungen sind in Steuerstromkreisen kaum möglich, da die Stromaufnahmen der Antriebsspulen und Meldelampen in ihrer Höhe festliegen und nicht beliebig erhöht werden.

Die Sicherungsgröße im Steuerstromkreis richtet sich nach dem Leitungsquerschnitt, nach den Schaltgeräten und ihren vom Gerätehersteller angegebenen Vorsicherungsgrößen und nach der Höhe des im Kurzschlußfall möglichen Stromes (siehe Abschnitt 1.3.3).

Der Abschaltstrom der Sicherung muß im Fehlerfall mindestens zum Fließen kommen, damit die Sicherung schnell genug anspricht. Der Kurzschlußschutz kann sekundärseitig entfallen, wenn der Primärschutz den Sekundärschutz mit übernimmt. Es können Sicherungen oder Schutzschalter Verwendung finden (Bilder 1.58a und b). In geerdeten Steuerstromkreisen darf der geerdete Steuerleiter nicht abgesichert werden.

Kurzschlüsse können dann, wenn sie nicht schnell genug abgeschaltet werden, Betriebsmittel zerstören und Brandgefahren bewirken.

Erdschlüsse können in *geerdeten Steuerstromkreisen* kurzschlußgleiche Erscheinungen hervorrufen. Der Schluß zwischen Leiter und Erde wird beim geerdeten Steuerstromkreis durch Ansprechen der Sicherung eine Abschaltung der Steuerung bewirken, sofern die Sicherung im ungeerdeten Leiter angeordnet ist. In *nichtgeerdeten Steuerstromkreisen* bleibt der einfache Erdschluß ohne Folgen. Dieser Fehler wird nur erkannt, wenn eine Isolationsüberwachung vorhanden ist. Sie ist vorgeschrieben, denn bei Doppelerdschlüssen besteht die Möglichkeit, daß Einschaltungen ungewollt entstehen und daß ein Stillsetzen verhindert wird (Bild 1.59, Fehler Nr. 2).

Körperschlüsse können unter anderem erhöhte Berührungsspannungen hervorrufen und somit das Bedienungspersonal gefährden.

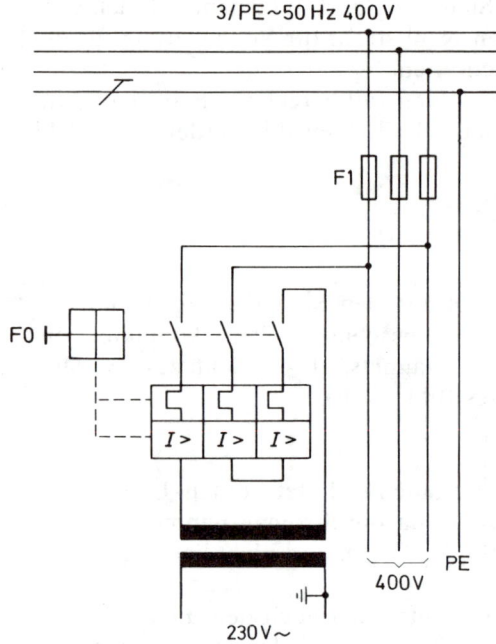

3/PE~50 Hz 400 V

F1

F0

I> I> I>

400V

230V~

PE

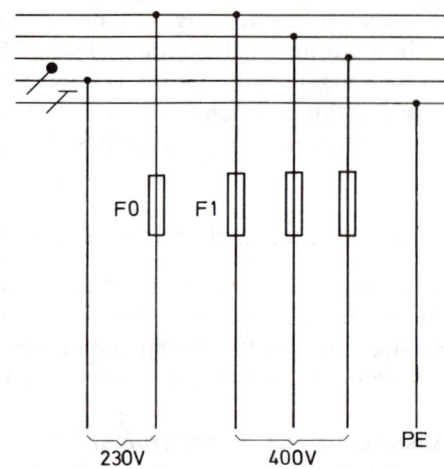

F0   F1

230V   400V   PE

Bild 1.58b   Steuerkreisabsicherung über Schmelzsicherung

◀ Bild 1.58a   Steuerkreisabsicherung über Motorschutzschalter

Fehlerauswirkungen in Stromkreisen
Zur Übersicht sind folgende Fehler im Bild eingetragen:
Kurzschluß ① Erdschluß ② Körperschluß ③ Leiterschluß ④

Leiterschlüsse ergeben wie bei Doppelerdschlüssen unbeabsichtigte Schaltzustände.

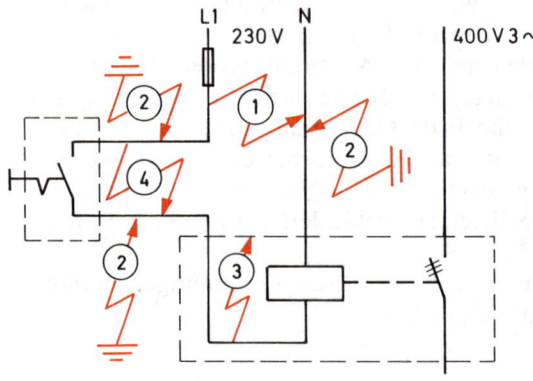

Bild 1.59   Fehlerarten

84

1.3.3 Bestimmungen für Steuerungsanlagen nach DIN VDE 0113/EN 60204-1

Diese VDE-Bestimmung gilt für die elektrische und elektronische Ausrüstung von kraftbetriebenen Arbeitsmaschinen für Industrie und Gewerbe, die während des Betreibens nicht von der Hand getragen werden und die Werkstücke be- oder verarbeiten. Für andere Anlagen kann sie als Richtlinie angewendet werden. Neben dieser Bestimmung ist insbesondere DIN VDE 0100 zu beachten.

Als Anwendungsbeispiele sollen, ohne Anspruch auf Vollständigkeit, insbesondere genannt werden:

- Be- und Verarbeitungsmaschinen für Metall, Holz, Kunststoff, Papier, Leder, Gummi, Glas und Textil;
- Druckmaschinen, Maschinen in der Nahrungsmittelindustrie, Verpackungsmaschinen, Montagemaschinen und Bandanlagen.

1.3.3.1 Allgemeine Anforderungen

Elektrische Betriebsmittel müssen für den industriellen Einsatz geeignet sein. Eine einwandfreie Funktion ist bei:

- 90 % bis 110 % der Nennspannung
- Frequenzabweichungen bis zu $\pm$ 1 %, kurzfristig $\pm$ 2 %
- Spannungsunterbrechungen bis 3 ms
- Spannungseinbrüchen von 20 % der Scheitelspannung für eine Periodendauer
- Spannungsspitzen bis 200 % der Nennspannung für 1,5 ms
- einer Umgebungstemperatur von + 5 °C bis + 40 °C für umschlossene und + 5°C bis + 55 °C für offene Ausrüstung
- einer relativen Luftfeuchte von 30 % bis 90 % (ohne Betauung)

sicherzustellen, falls nicht andere Bedingungen vom Betreiber festgelegt sind.

Jede Maschine soll nur eine Einspeisung haben. Erforderliche Spannungen, die von der Netzspannung abweichen, sind möglichst durch Transformatoren, Gleichrichter, Umformer usw. zu schaffen.

1.3.3.2 Schutzmaßnahmen gegen elektrischen Schlag

Als **Schutzmaßnahme gegen direktes Berühren** (Schutz im ungestörten Betrieb) dürfen verwendet werden:
- Schutz durch Abdecken oder Umhüllen (Gehäuse),
- Schutz durch Isolierung der aktiven Teile.

Als **Schutzmaßnahmen bei indirektem Berühren** dürfen verwendet werden:

- Schutz durch Abschaltung,
- Schutzisolierung,
- Funktionskleinspannung,
- Schutztrennung.

1.3.3.3 Abweichungen bei der Anwendung der Schutzmaßnahmen

Im folgenden sollen Abweichungen zu DIN VDE 0100 Teil 410 behandelt werden (siehe auch Band «Elektro-Installationstechnik»).

Schutz durch Abdecken oder Umhüllen heißt nach DIN VDE 0113 Schutz durch Gehäuse.

Diese Schutzmaßnahme ist zulässig, wenn entweder ein Schlüssel bzw. Werkzeug zum Öffnen des Gehäuses benötigt wird oder wenn eine automatische Abschaltung aller aktiven Teile innerhalb des Gehäuses vor dem Öffnen erfolgt.

Wird das Gehäuse nur gelegentlich, z. B. zum Sicherungswechsel, geöffnet, kann auf vorstehende Maßnahmen verzichtet werden, wenn nach dem Öffnen eine innere Abdeckung das Berühren aktiver Teile verhindert.

Schutz durch Abschaltung

Zusätzlich zu den Forderungen nach DIN VDE 0100 ist die Erstellung eines Schutzleitersystems erforderlich.

Das Schutzleitersystem besteht aus einem Schutzleiter, der alle Körper der elektrischen Maschinen untereinander und alle Konstruktionsteile bzw. Gehäuse einschließlich des Rahmens innerhalb der Gesamtanlage verbindet.

Einzelheiten siehe DIN VDE 0113 5.1.2.1.1 – sie würden hier den Rahmen sprengen.

Schutz durch Funktionskleinspannung (PELV)

Folgende Bedingungen müssen erfüllt werden:

☐ Die maximale Spannung darf 25 V ~ oder 60 V – nicht überschreiten.

☐ Bei einer direkten Verbindung zwischen aktiven Teilen und Körpern darf kein höherer Strom als 1 A ~ und 0,2 A – fließen.

☐ Ungeschützte, blanke aktive Teile dürfen nur eine Fläche von maximal 80 mm² haben.

☐ Verwendung nur in trockenen Räumen.

☐ Speisequellen und alle anderen Teile solcher Stromkreise müssen von Stromkreisen höherer Spannung sicher getrennt und isoliert werden.

☐ Eine Seite des Stromkreises muß mit dem Schutzleitersystem verbunden sein.

☐ Körper, die zu solchen Stromkreisen gehören, müssen entweder zu Stromkreisen höherer Spannung isoliert sein oder mit dem Schutzleitersystem verbunden werden.

☐ Steckvorrichtungen dürfen nicht in andere Systeme passen.

Schutz gegen Restspannungen

Es wird empfohlen, Restspannungen durch z. B. Kondensatoren innerhalb von 5 s auf eine Spannung < 60 V zu bringen. Ist dies nicht zweckmäßig oder nicht möglich, muß an der Tür oder Abdeckung ein Warnschild angebracht werden.

1.3.3.4 Leitungen und Kabel

Im folgenden werden Abweichungen zu DIN VDE 0100 bzw. DIN VDE 0298 behandelt (siehe auch Band «Elektro-Installationstechnik»).
Leitungen mit eindrähtigen Leitern dürfen nur zwischen fest montierten und sich nicht bewegenden erschütterungsfreien Teilen verlegt werden. Sonst sind mehrdrähtige oder feindrähtige Leiter zu verwenden. Die Isolation muß den Erfordernissen der Umgebung entsprechen.

Überlastschutz und Kurzschlußschutz

In Steuerstromkreisen darf auf den **Überlastschutz** der Leitungen verzichtet werden, weil mit einer Überlastung nicht zu rechnen ist.

Motorstromkreise über 1 kW müssen gegen Überlast geschützt werden, für kleinere Motoren ist ein Überlastschutz empfehlenswert.

Ein **Kurzschlußschutz** ist **immer** erforderlich. Es gilt DIN VDE 0100 Teil 430, denn DIN VDE 0113 enthält hierzu keine Aussagen. Die Werte der Tabelle 1.10 entsprechen den Werten der DIN VDE 0113 Ausgabe 2.86 für Kurzschlüsse bis zu einer Dauer von 5s.

Es ist eine Schutzeinrichtung mit möglichst kleinem Ansprechwert auszuwählen, wobei die Anlaufströme von Motoren jedoch zu berücksichtigen sind. In Abhängigkeit des Querschnittes sind gemäß Tabelle 1.10 maximal folgende Sicherungen zuzuordnen. Diese Tabelle ist jedoch nur als **Richtwert** anzusehen, da z. B. bei langen Leitungen und bei kleinen Spannungen der Kurzschlußstrom relativ klein werden kann und damit die zulässige Abschaltzeit überschritten wird.

Strombelastbarkeit von Leitungen

Für Leitungen mit Kupferleitern gelten als maximal zulässiger Dauerstrom die Werte der Tabelle 1.11. Dabei ist eine Umgebungstemperatur von maximal 30 °C zugrunde gelegt. Bei abweichenden Temperaturen, Häufung oder anderen Verlegungsarten sind DIN VDE 0298 Teil 2 und 4 zu beachten (siehe auch Buch «Elektro-Installationstechnik»).

Tabelle 1.10 Zuordnung von Sicherungen zu Querschnitten unter Berücksichtigung des Kurz-schlußschutzes

Nennquerschnitt der Leitung	Nennströme von Sicherungen entsprechend IEC 269-2 und 269-3	
	gl	aM
mm²	A	A
0,196	4	2
0,283	6	4
0,5	10	8
0,75	12	12
1	20	16
1,5	25	20
2,5	40	32
4	50	40
6	80	63
10	100	100
16	160	125
25	200	200
35	250	250
50	315	315
70	400	400
95	500	400
120	500	500
150	630	630
185	630	630
240	800	800

Tabelle 1.11 Strombelastbarkeit von Leitungen bei Maschinen für 40 °C (einzeln verlegt)

Verlegeart		B 1	B 2	C	E
	Querschnitt (mm²)	Strombelastbarkeit – I_Z (A)			
Elektronik (Paar)	0,2	–	–	4,0	4,0
	0,3	–	–	5,0	5,0
	0,5	–	–	7,1	7,1
	0,75	–	–	9,1	9,1
Einadrige Leitungen in Drehstromsystemen	0,75	7,6	–	–	–
	1,0	10,4	9,6	11,7	11,5
	1,5	13,5	12,2	15,2	16,1
	2,5	18,3	16,5	21	22
	4	25	23	28	30
	6	32	29	36	37
	10	44	40	50	52
	16	60	53	66	70
	25	77	67	84	88
	35	97	83	104	114
	50	–	–	123	123
	70	–	–	155	155
	95	–	–	192	192
	120	–	–	221	221

Verlegearten:
B 1: Einadrige Leitungen in Rohren oder Kanälen verlegt
B 2: Mehradrige Leitungen in Rohren oder Kanälen verlegt
C: An Wänden oder Gerüsten verlegte Leitungen ohne Schutzrohre
E: Leitungen auf Kabelpritschen verlegt '
(siehe auch DIN VDE 0298 Teil 4)

Gemeinsame Führung verschiedener Stromkreise

Leiter verschiedener Stromkreise dürfen gemeinsam in einem Kanal oder in derselben Leitung, wenn der einzelne Leiter für die höchste Spannung isoliert ist, verlegt werden.

Stromkreise, die nicht mit dem Hauptschalter freigeschaltet werden, müssen getrennt verlegt werden.

Mindestquerschnitte entsprechend erforderlicher mechanischer Festigkeit

Weil Leitungen in oder an Maschinen ständig Vibrationen ausgesetzt sind, müssen aus mechanischen Gründen die Mindestquerschnitte gemäß Tabelle 1.12 eingehalten werden.

Tabelle 1.12 Mindestquerschnitte

Ort und Beschreibung	Einadrige Leitungen		Mehradrige Leitungen		
			2 Adern		3 und mehr Adern
	mehr-drähtig mm^2	ein-drähtig mm^2	abge-schirmt mm^2	nicht abge-schirmt mm^2	mm^2
Außerhalb von Gehäusen Verbindungen von Maschinenteilen, die häufiger Bewegung ausgesetzt sind:	1	1,5	0,75	0,75	0,75
nur flexible Leitungen	1	–	1	1	1
Verbindungen von Niederstromkreisen	1	1,5	0,3	0,5	0,3
Innerhalb von Gehäusen	0,75	0,75	0,75	0,75	0,75
Verbindungen von Niederstromkreisen	0,2	0,2	0,2	0,2	0,2

Kennzeichnung von Leitern

Werden Leiter farblich gekennzeichnet, so sind für den Schutzleiter die Farben Grün + Gelb, für Neutralleiter oder Mittelleiter in Hauptstromkreisen Hellblau zu verwenden. Für andere Leiter gilt als *Empfehlung:*

Hauptstromkreise mit Wechsel- oder Gleichstrom	schwarz
Steuerstromkreise mit Wechselstrom	rot
Steuerstromkreise mit Gleichstrom	blau
Verriegelungsstromkreise, die von außerhalb kommen und nach Abschaltung durch den Hauptschalter unter Spannung bleiben	orange

1.3.3.5 Unterspannungsschutz

Wenn durch eine allmähliche Spannungsabsenkung Personen oder Sachen gefährdet werden, so ist eine Unterspannungsschutzeinrichtung vorzusehen. Dies kann mit einstellbaren Unterspannungsauslösern realisiert werden.

1.3.3.6 Schutz bei Spannungsausfall

Nach einem Spannungsausfall darf eine Maschine nicht automatisch wieder anlaufen, wenn dadurch Personen, die Maschinen selbst oder Produktionsgut gefährdet werden. Zu treffende Maßnahmen können elektrisch oder mechanisch ausgeführt sein. Eine einfache Lösung bieten Unterspannungsauslöser in Verbindung mit Motorschutzschaltern oder Leistungschaltern.

1.3.3.7 Not-Aus-Einrichtung (Gefahrenschalter)

Im Gefahrenfall muß die ganze Maschine oder Teilbereiche der Maschine stillgesetzt werden. Diese Aussage bedeutet nicht, daß einfach die Spannung abgeschaltet werden darf. Eine Blechstanze muß z. B. im Gefahrenfall hochgefahren werden können.

Die Handhabe der Not-Aus-Einrichtung muß auffällig rot gekennzeichnet sein, und die Fläche unter dem Not-Aus-Schalter muß mit der Kontrastfarbe *Gelb* so gekennzeichnet sein, daß sich seine Handhabe deutlich abhebt. Die Handhabe muß vom Standplatz des Bedienenden leicht erreichbar sein. Sind mehrere Arbeitsplätze oder Bedienungsstände vorhanden, so muß an jedem ein Not-Aus-Befehlsgerät vorhanden sein.

Als Bedienteil dürfen Pilzdruckknöpfe, Reißleinen, Trittleisten, Fußschalter und andere Einrichtungen, die für den Zweck besser geeignet sind, verwendet werden.

Bei Betätigung der Not-Aus-Einrichtung dürfen Hilfseinrichtungen, wie z. B. magnetische Spannvorrichtungen und Bremsen, nicht abgeschaltet werden, um eine Gefährdung von Bedienenden oder Maschinen auszuschließen.

1.3.3.8 Hauptschalter

Die gesamte elektrische Ausrüstung einer Maschine muß vom Netz getrennt werden können. Hierfür sind Hauptschalter vorgeschrieben. Sie müssen als Lasttrennschalter nach DIN VDE 0660 ausgeführt sein. Der Schalter muß von Hand betätigt werden können und eine sichtbare Trennstelle oder Stellungsanzeige haben. Die Handhabe muß eine mit 1 und 0 gekennzeichnete Ein- und Aus-Stellung haben und in der Aus-Stellung verschließbar sein.

Hauptschalter müssen alle nicht geerdeten Leiter gleichzeitig trennen. Bei Fernbedienung muß der Hauptschalter als Leistungsschalter ausgeführt werden. Ist der Hauptschalter für den Bedienenden leicht zugänglich, darf er als Not-Aus-Einrichtung verwendet werden.

Licht- und Steckdosenstromkreise, die zu Wartungs- und Reparaturarbeiten benötigt werden, Unterspannungsauslöser und Steuerstromkreise, die von außen kommen und für Verriegelungszwecke benötigt werden (als Leiterfarbe Orange verwenden), brauchen nicht über den Hauptschalter geführt zu werden, jedoch muß durch ein Warnschild in der Nähe des Hauptschalters auf diese spannungsführenden Stromkreise aufmerksam gemacht werden.

Alle Einrichtungen, die nach dem Abschalten des Hauptschalters unter Spannung bleiben, müssen durch eine gesonderte Abdeckung, die auch mit einem Warnhinweis versehen ist, gegen zufälliges Berühren geschützt werden.

1.3.3.9 Schutz gegen nichtelektrische Gefahren im Fehlerfall

Wenn ein Fehler in der elektrischen Ausrüstung, z. B. bei Leiterbruch, den Bedienenden gefährden kann, müssen geeignete Maßnahmen zur Gefahrenverhütung getroffen werden.

Maßnahmen können sein:
a) mechanische Sicherheitsvorkehrungen
b) ordnungsgemäße Verriegelungen
c) zusätzliche Sicherheitsstromkreise
d) Vorsehen von Redundanz

Mechanische Sicherheitsvorkehrungen an der Maschine sind nichtelektrischer Art. Es könnte z. B. eine auf Fliehkraft wirkende Bremse eingebaut werden, damit bei Wegfall der Erregerspannung durch Leiterbruch bei einem Gleichstromnebenschlußmotor die Maschine nicht «durchgeht».

Mit **«Verriegelung elektrischer Stromkreise»** ist gemeint, daß durch Verwendung zusätzlicher Sicherheitseinrichtungen, wie z. B. Not-Aus-Taster, Positionsschalter, Bimetallrelais, Bruchwächter usw., bei Versagen der «Normalbedienung» immer noch Sicherheit für den Bedienenden gewährleistet ist. Als Beispiel soll ein Drehstrommotor, der in Schützschaltung mit Ein- und Aus-Taster betrieben wird, zusätzlich einen Not-Aus-Taster und einen Endlagenschalter erhalten (Bild 1.60).

Zusätzliche Sicherheitsstromkreise sind Stromkreise, die im Normalbetrieb keine Funktionen haben und erst im Störungsfall wirksam werden. Als Beispiel soll ein Prüfstand angeführt werden, auf dem Kleingetriebe in verschiedenen Drehzahlen geprüft werden. Die Kleingetriebe werden über Magnetspannplatten gehalten. Schutzgitter schützen den Bedienenden vor wegfliegenden Teilen.

Durch Spannungsausfall versagt die Drehzahlregelung der Antriebsmaschine, und die Drehzahl wird zu hoch. Ein Drehzahlbegrenzer wirkt auf einen zusätzlichen Sicherheitsstromkreis, der
a) den Steuerkreis des Lastschützes unterbricht und
b) das Schutzgitter verriegelt, bis die Drehzahl wieder Null geworden ist.

Vorsehen von Redundanz heißt, daß durch Verdopplung bzw. Vervielfachung der Hilfs- oder Hauptschütze auch bei hängengebliebenen Kontakten keine Gefahren entstehen können. Diese Maßnahme ist in jedem Fall nötig, wenn Hilfsschütze zur Abschaltung von Anlagen erforderlich sind. Würde bei einem Hilfsschütz ein Kontakt hängenbleiben, ließe sich die Anlage nicht mehr ausschalten. Bild 1.61 zeigt,

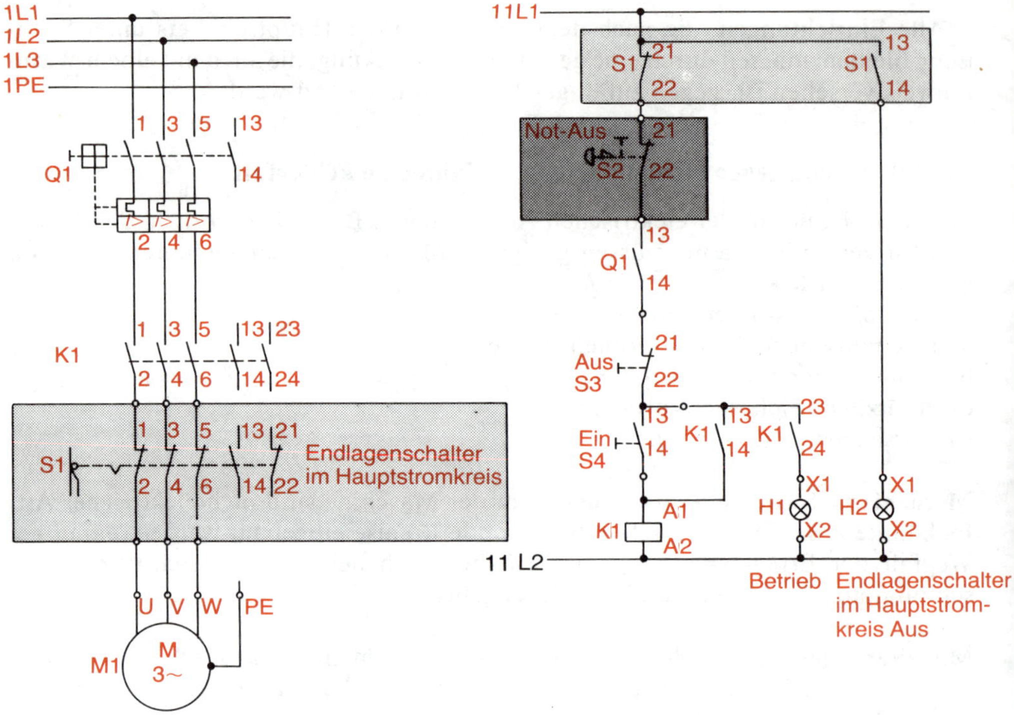

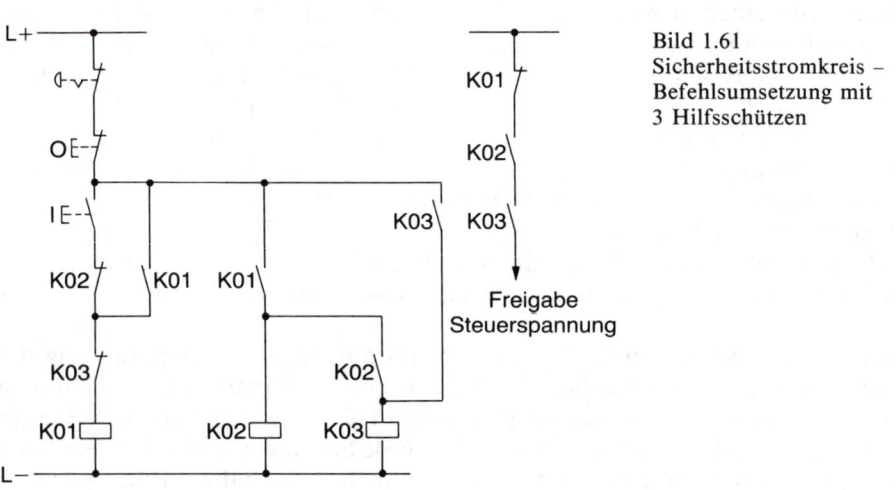

Bild 1.60   Sicherheitsabschaltung im Hauptstromkreis und Not-Aus-Taster im Steuerstromkreis

Bild 1.61
Sicherheitsstromkreis –
Befehlsumsetzung mit
3 Hilfsschützen

daß eine Einschaltung eines Antriebes nur möglich ist, wenn KO2 und KO3 angezogen sind und eine Ausschaltung schon beim Abfallen von KO2 oder KO3 erfolgt.
Diese Schaltung erfüllt außerdem die Forderung, daß mit jedem Ein- und Ausschalten die Funktion der Kontakte überprüft wird.

Ziehen KO2 oder KO3 nicht an, erhält der Antrieb keine Spannung. Fällt eines
dieser Schütze nicht ab, so kann KO1 nicht an Spannung gelegt werden, und damit
sind auch KO2 und KO3 nicht einschaltbar.

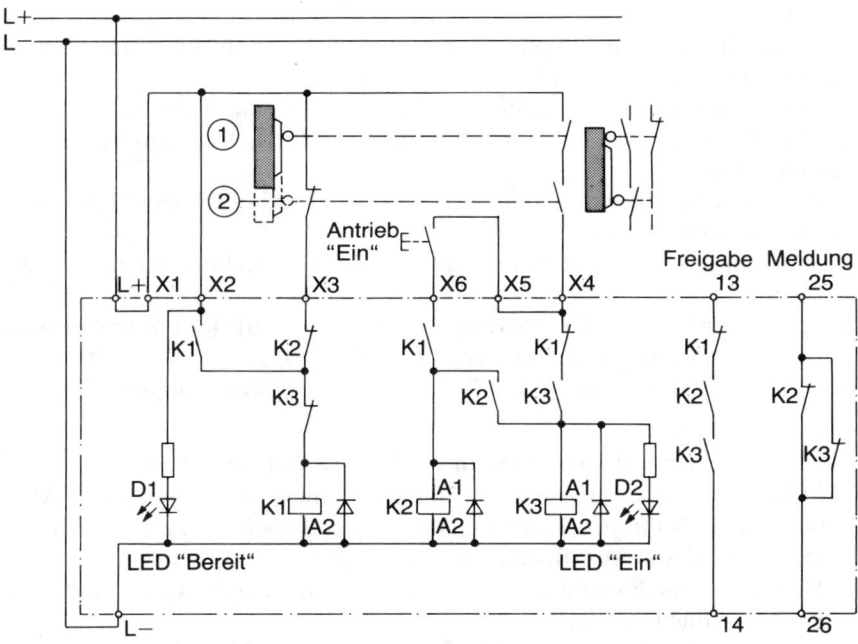

Bild 1.62 Schützsicherheitskombination für Überwachung
von Schutzvorrichtungen (Bild: Siemens)
① Tür offen
② Tür geschlossen

Eine weitere redundante Schaltung für die Überwachung von Schutzvorrichtun-
gen zeigt Bild 1.62. Die Freigabe erfolgt nur, wenn K2 und K3 geschlossen sind.
Einschaltbereitschaft und Ein-Betrieb werden über LED-Anzeige signalisiert. Das
Nichtziehen von K2 oder K3 kann gemeldet werden.

Die Dioden neben den Schützen sind Schutzdioden für die Schützspulen.

1.3.3.10 Steuer- und Meldestromkreise

Steuerspannung

Die bevorzugte Steuerspannung ist $U_N = 230$ V~. Abgesehen von Schwachstromschaltungen mit entsprechenden Schaltgeräten, sollten kleinere Spannungen nur in unbedingt notwendigen Fällen angewendet werden, weil sonst durch große Übergangswiderstände an den Hilfskontakten die Schaltungssicherheit stark verringert wird. Höhere Spannungen, z. B. 400 V~ bzw. 500 V~, sind aus Sicherheitsgründen nicht erlaubt. Ausnahmen bestehen dann, wenn die Steuerleitungen nicht verzweigt werden.

Bei niedrigeren Steuerspannungen als 230 V sollen für 50 Hz vorzugsweise die Spannungen 24 V, 48 V, 110 V angewendet werden.

Der Anschluß des Steuernetzes soll zwischen einem Außenleiter und dem Mittelpunktleiter oder zwischen 2 Außenleitern erfolgen, wenn ein Steuertransformator verwendet wird.

Bei Verwendung von Steuertransformatoren soll die Sekundärwicklung einseitig geerdet werden, damit

□ Schutzmaßnahmen bei indirektem Berühren (Abschnitt 1.3.3.2) wirksam werden können,

□ beim 1. Erdschluß Abschaltung oder Meldung erfolgt (Doppelerdschlüsse können unbeabsichtigte Schaltvorgänge erzeugen),

oder es wird ein IT-System mit Schutz durch Meldung aufgebaut.

Steuertransformator

Auf Steuertransformatoren darf nur noch verzichtet werden bei:

□ Maschinen mit einer Anschlußleistung kleiner 3 kW, wenn diese Maschine mit nur einem Motoranlasser geschaltet wird und höchstens zwei äußere Steuergeräte, wie z. B. Not-Aus-Taster, vorhanden sind,

□ Haushalts- und ähnlichen Maschine, deren elektrische Ausrüstung sich innerhalb der Maschine befindet.

Die Sekundärspannung darf nicht über 5 % vom Nennspannungswert absinken, wenn Nennbetrieb herrscht. Damit die Steuerspannung den jeweiligen Netzverhältnissen angepaßt werden kann, enthält die Primärseite mehrere Spannungsanschlüsse (Bild 1.63).

Der Steuertransformator soll primär zwischen 2 Außenleitern angeschlossen werden, weil bei Schieflast die Spannung zwischen L1 und N stärker abweicht als zwischen L1, L2 und L3. Spartransformatoren sind für Steuerungszwecke nicht zulässig.

Vorteile des Steuertransformators:

a) Auswahlmöglichkeit der Steuerspannung unabhängig vom Primärnetz

b) geringere Lastabhängigkeit der Steuerspannung, z. B. bei Schieflast

c) Begrenzung des Überstromes im Kurz- oder Erdschlußfall

d) erhöhter Schutz bei indirektem Berühren (siehe Band «Elektro-Installationstechnik»).

Bild 1.63   Steuertransformator

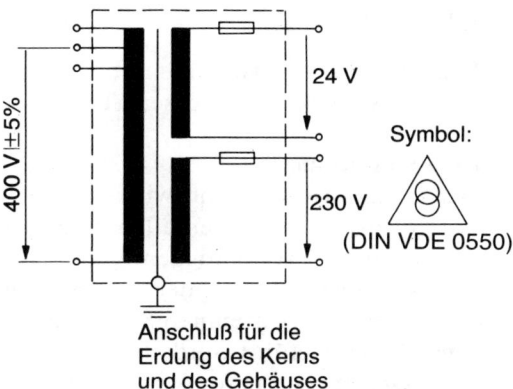

400 V ±5%

24 V

230 V

Symbol:

(DIN VDE 0550)

Anschluß für die
Erdung des Kerns
und des Gehäuses

Ermittlung der Transformatorleistung (nicht genormt)
Die Größe des Steuertransformators ist von der zur gleichen Zeit auftretenden Ein-
schalt- und Halteleistung der Schaltgeräte und Meldegeräte abhängig. Zur Berech-
nung der nötigen Transformatorleistung gilt nachstehende Näherungsformel.

$$S_{Tr} \approx 0,8 * (\Sigma S_H + S_{Amax} + \Sigma P_L)$$

S_{Tr} Transformatorleistung in VA
ΣS_H Summe der Halteleitung der Antriebe von Schützen usw. (ohne Berücksichti-
gung des größten Schützes) in VA
S_{Amax} Einschaltleistung des größten Schützes in VA
ΣP_L Summe aller Leistungen der Kontrollampen und -einrichtungen in W
0,8   Gleichzeitigkeitsfaktor

Beispiel
In einer Steuerschaltung befinden sich 2 Schütze mit einer Halte- und Einschaltleistung von 20/250 VA und 6 Hilfsschütze von 8/50 VA sowie 6 Signallampen mit je
7 W. Die gleichzeitige Einschaltung liegt bei 80%.
    Welche Leistung muß der Steuertransformator mindestens haben?

Lösung $S_{Tr} \approx 0,8 * (2 * 20 + 6 * 8 + 250 + 6 * 7) =$ **304 VA**

Es wird ein Steuertransformator mit der nächstgrößeren Leistung nach einer Ange-
botsliste ausgewählt.

1.3.3.11 Prüfungen

Jede Steuerung ist vor Inbetriebnahme wie folgt zu prüfen. Bei größeren Anlagen können in sich abgeschlossene Einheiten einzeln geprüft werden.

Isolationsprüfung

Der Isolationswiderstand wird mit 500 V Gleichspannung gemessen. Der Widerstandswert darf zwischen allen kurzgeschlossenen Hauptstromkreisen einschließlich mit diesen verbundenen Steuer- und Meldestromkreisen und den Schutzleitungssystemen nicht kleiner als 1 MΩ sein.

Bei vom Netz getrennten Steuer- und Meldestromkreisen müssen mehrere Messungen durchgeführt werden:
a) Zwischen Hauptstromkreisen und dem Schutzleitungssystem,
b) zwischen den Hauptstromkreisen und den Steuer- und Meldestromkreisen,
c) zwischen den Steuer- und Meldestromkreisen und dem Schutzleitungssystem.

Spannungsprüfung

Sie erfolgt mit mindestens 1500 V Wechselspannung über eine Minute. Bauelemente und Betriebsmittel, z. B. Dioden, Kondensatoren usw., die nicht für solche Spannungen ausgelegt sind, dürfen vor der Prüfung abgeklemmt werden. Die anzulegenden Spannungspunkte sind die gleichen wie bei der Isolationswiderstandsmessung.

Prüfung des Schutzleitersystems

Hier reicht i. d. R. eine Sichtprüfung aus. Nur in Zweifelsfällen ist meßtechnisch nachzuweisen, daß der Widerstand zwischen dem Hauptschutzleiteranschluß und allen Körpern der elektrischen Ausrüstung sowie der Maschine nicht größer als 0,1 Ω ist.

Funktionsprüfung

Es ist eine Funktionsprüfung im Leerlauf und unter Belastung vorzunehmen. Insbesondere ist die einwandfreie Funktion der Not-Aus-Einrichtung zu prüfen.

1.3.3.12 Technische Unterlagen

Alle Informationen, die für das Errichten oder für den Betrieb einer Anlage erforderlich sind, sind in Form von Zeichnungen, Schaltplänen, Schaubildern, Tabellen und Betriebsanleitungen mitzuliefern.

Folgende Unterlagen müssen erstellt werden:
☐ Installationsplan,
☐ gegebenenfalls Blockschaltplan, Stromlaufplan,
☐ Beschreibung des Arbeitsablaufs,
☐ Verbindungsplan,
☐ Stückliste,
☐ Wartungs- und Einstellanweisung.
Zusätzliche Unterlagen können erforderlich sein.

96

1.4   Schaltungsunterlagen (DIN 40 719)

Schaltungsunterlagen dienen zur Erläuterung der Funktion von Schaltungen oder von Leitungsverbindungen. Sie vermitteln Angaben für das Fertigen, Errichten und das Erhalten von elektrischen Einrichtungen. Schaltungsunterlagen werden in zwei Gruppen eingeteilt (Bild 1.64):

a) nach dem Zweck,
b) nach der Art der Darstellung.

Bei der Erstellung des Schaltplans wird die Form nach dem Zweck festgelegt, und die Art der Darstellung wird nach der Zweckmäßigkeit gewählt.

Beispiel
Um sich eine Übersicht über die vorhandenen Hauptstromkreise einer Schaltanlage zu verschaffen, wird man einen Übersichtsschaltplan wählen. Der Übersichtsschaltplan würde an Übersichtlichkeit verlieren, wenn er mehrpolig gezeichnet wird, deshalb erfolgt eine einpolige Darstellung (Bild 1.67).
Im Nachfolgenden ist es nicht möglich, die Vielzahl der Schaltungsunterlagen zu besprechen, deshalb wurden die vom Elektromeister am häufigsten verwendeten Schaltplanarten ausgewählt.
Installationspläne gehören nicht zu diesem Thema, sie werden im Band «Elektro-Installationstechnik» behandelt.

1.4.1   Zeichenregeln

Für die Darstellung von Schaltplänen sollten nachstehende Regeln befolgt werden:

a) Aufbau des Schaltplans in Leserichtung von oben nach unten und von links nach rechts. Das Netz oder die Stromführung wird obenliegend und der Verbraucher untenliegend dargestellt (Bild 1.65). Dabei sind die Leitungslinien senkrecht oder waagerecht zu führen und nicht etwa schräg.
b) Die Schaltsymbole sind möglichst einheitlich in senkrechten Strompfaden anzuordnen.
c) Alle Schaltglieder zeichnet man in der Grundstellung, d. h. Schließer in der Ausschaltstellung und Öffner in Einschaltstellung. Abweichungen von dieser Regel sind in einem Schaltplan besonders zu vermerken.
d) Die Arbeitsrichtung der Schaltglieder ist von links nach rechts, d. h., Schließer schließen von links nach rechts, und Öffner öffnen von links nach rechts.
e) Jedes Gerät oder Schaltglied erhält eine Buchstabenkennzeichnung nach DIN 40 719. Diese Kennbuchstaben sind in Tabelle 1.13 aufgeführt. Die Kennbuchstaben kennzeichnen die Geräteart und den Verwendungszweck. Zur Unterscheidung gleichartiger Geräte erhalten die Kennbuchstaben zusätzlich Ord-

98

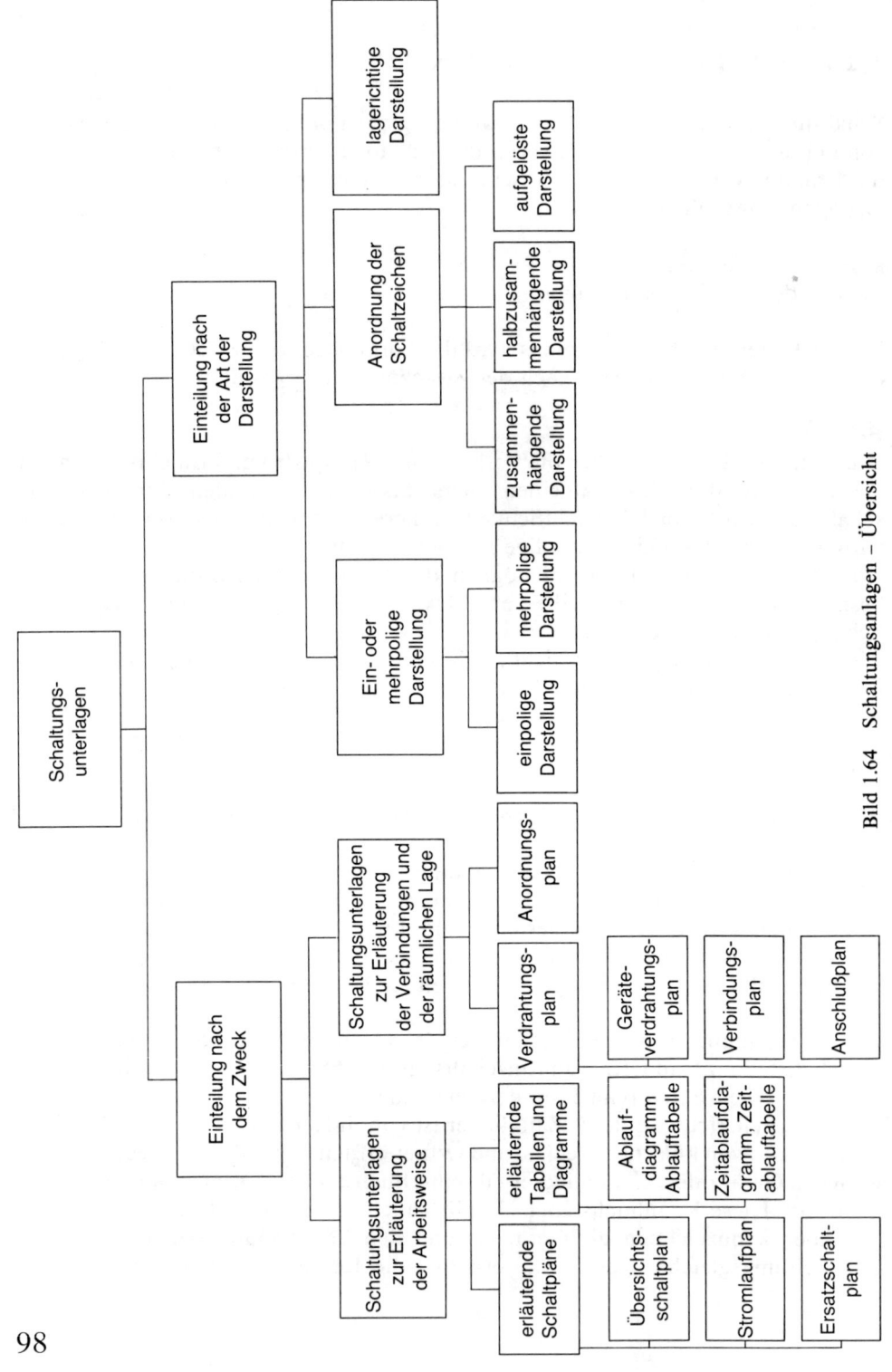

Bild 1.64   Schaltungsanlagen – Übersicht

Bild 1.65
Darstellung einer
Schützschaltung
durch Haupt- und
Hilfsstromkreis

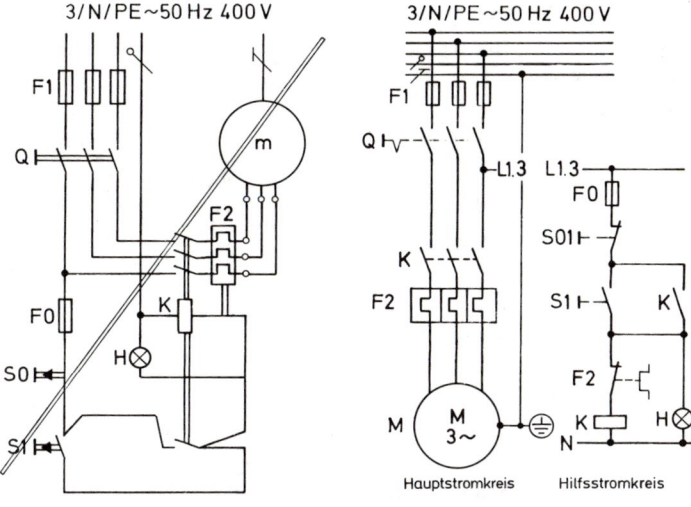

unrichtige, unübersichtliche Darstellung

richtige Darstellung einer Schützschaltung als Stromlaufplan in
aufgelöster Darstellung

Bild 1.66
Schaltrichtung

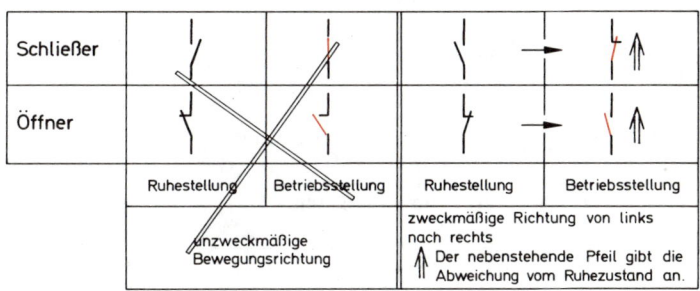

Bild 1.67
Übersichtsschaltplan

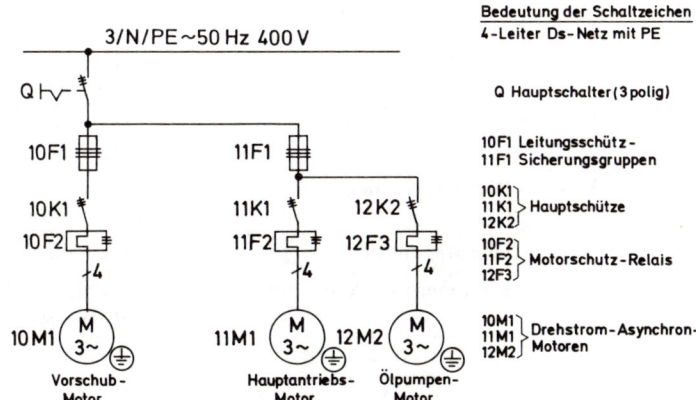

99

Tabelle 1.13 Kennbuchstaben nach DIN 40 719, Teil 2

Kenn- buchstaben alt neu		Betriebsmittel	Beispiele
u	A	Baugruppen	Verstärker, Gerätekombinationen
f	B	Umsetzer von nichtelektrischen auf elektrische Größen und umgekehrt	Meßumformer, Drehfeldgeber, Winkelgeber
k	C	Kondensatoren	Kompensations-, Entstör-, Anlaufkondensatoren
—	D	Verzögerungs- und Speichereinrichtungen, binäre Elemente	Verzögerungsleitungen, bi- und monostabile Elemente, Kernspeicher, Register
—	E	Verschiedenes	Beleuchtung, Heizung sowie Einrichtungen, die nicht in der Tabelle erfaßt sind
e	F	Schutzeinrichtungen	Sicherungen, Auslöser, Sperren
m	G	Generatoren, Stromversorgung	Batterie, Netzgerät, Oszillatoren
h	H	Meldeeinrichtungen	Leuchtmelder, akustische Melder
c, d	K	Relais, Schütze	Zeitrelais, Haupt- und Hilfsschütze
k	L	Induktivitäten	Drosselspulen, Zündspulen
m	M	Motoren	Wechsel-, Drehstrom-, Gleichstrommotoren
g, u	P	Meßgeräte, Prüfeinrichtungen	Anzeigende, schreibende, zählende Meßeinrichtungen
a	Q	Starkstromschaltgeräte	Trenner, Leistungsschalter, Hauptschalter
r	R	Widerstände	Einstellbare und feste Widerstände, Shunts, Heißleiter usw.
b	S	Hilfsschalter, Wähler	Drucktaster, Steuerschalter, Drehwähler
m	T	Transformatoren	Strom- und Spannungswandler, Steuer-, Netz- und Schutztransformatoren
f	U	Modulatoren, Umsetzer elektrische Größen	Frequenzwandler, Umformer, Demodulator, Kodierungseinrichtungen
n, p	V	Röhren, Halbleiter	Elektronenröhren, Dioden, Gasentladungsröhren
—	W	Übertragungswege	Wellenleiter, Sammelschiene, Kabel
L	X	Klemmen, Steckvorrichtungen	Klemm- und Lötleisten, Stecker, Steckdosen
s	Y	elektrisch betätigte mechanische Einrichtungen	Bremsen, Kupplungen, pneumatische Ventile
—	Z	Abschluß, Filter, Begrenzer	Kabelnachbildungen, Dynamikregler

100

nungszahlen, wie es aus dem Übersichtsschaltplan Bild 1.67 hervorgeht. Die Vorzahlen können entfallen, sofern die Übersicht erhalten bleibt.

Zur weiteren Unterscheidung kann *nach* den Ordnungszahlen ein weiterer Buchstabe zur Kennzeichnung der Funktion (Tabelle 1.14) verwendet werden. Die Bezeichnung K10T bedeutet: Relais (K) Nummer 10 mit Zeitmessung (T). Bei einfachen Schaltungen wird auf diese Bezeichnung oft verzichtet.

Tabelle 1.14 Kennbuchstaben für die Kennzeichnung einer Funktion nach DIN 40719, Teil 2

Kennbuchstabe	Funktion	Kennbuchstabe	Funktion
A	Hilfsfunktion, Funktion Aus	N	Messung
B	Bewegungsrichtung (vorwärts, rückwärts, heben, senken, im Uhrzeigersinn, entgegen dem Uhrzeigersinn)	P	Proportional
		Q	Zustand (Start, stop, Begrenzung)
C	Zählung	R	Rückstellen, löschen
D	Differenzierung	S	Speichern, aufzeichnen
E	Funktion Ein	T	Zeitmessung, verzögern
F	Schutz	U	—
G	Prüfung	V	Geschwindigkeit (beschleunigen, bremsen)
H	Meldung	W	Addierung
J	Integration	X	Multiplizieren
K	Tastbetrieb	Y	Analog
L	Leiterkennzeichnung	Z	Digital
M	Hauptfunktion		

1.4.2 Übersichtsschaltplan

Der Übersichtsschaltplan ist eine stark vereinfachte, meistens einpolig gezeichnete Darstellung einer Schaltung ohne Hilfsleitungen und Hilfseinrichtungen. Wie aus Bild 1.67 zu ersehen ist, werden nur die wirksamen Teile des Hauptstromkreises mit entsprechenden Bezeichnungen aufgeführt.

Aus der Übersicht erkennt man die Reihenfolge und die Art oder die Größe der Hauptschaltgeräte und die Anzahl der Hauptstromkreise. Funktionelle Zusammenhänge der Steuerung lassen sich mit dem Übersichtsschaltplan nicht darstellen. Dafür findet der Stromlaufplan Verwendung.

Eine besondere Art des Übersichtsschaltplanes ist das Blockschaltbild bzw. der Blockschaltplan (Bild 1.68), in dem Baugruppen und ihre Zusammenhänge aufgeführt werden. In dem Bild wird eine Alarmanlage dargestellt, bei der eine Hupe über ein Relais zur Einschaltung gebracht wird, sobald die Brückenschaltung durch die Melder verstimmt wird. Die Einspeisung erfolgt über Netzgleichrichter und Batterie.

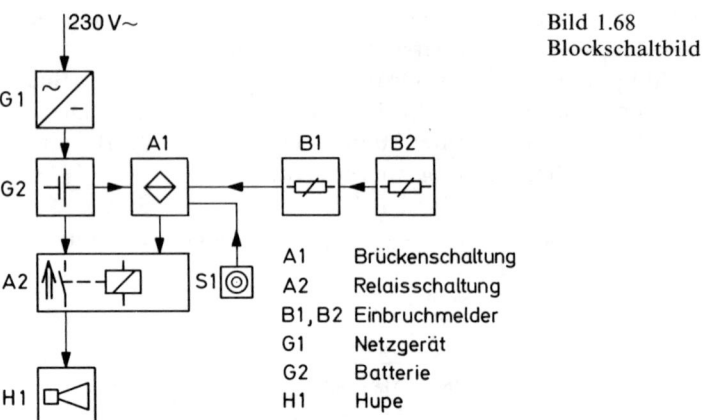

230 V~

G 1

A1 B1 B2

G2

A2 S1

A1 Brückenschaltung
A2 Relaisschaltung
B1, B2 Einbruchmelder
G1 Netzgerät
G2 Batterie
H1 Hupe
S1 Prüftaste

H1

Bild 1.68
Blockschaltbild

1.4.3 Stromlaufpläne

Bei der Erstellung von Stromlaufplänen unterscheidet man zwischen Stromlauf-plänen in:

zusammenhängender Darstellung,
halbzusammenhängender Darstellung und
aufgelöster Darstellung.

Im folgenden sollen jedoch nur Stromlaufpläne in zusammenhängender und in aufgelöster Darstellung behandelt werden, zumal bei der Darstellung in der halb-zusammenhängenden Darstellungsart zusätzlich zur aufgelösten Dartgellungsart nur die mechanischen Zwischenglieder in Form von Verbindungslinien dargestellt werden.

1.4.3.1 Stromlaufplan in zusammenhängender Darstellung (der frühere Wirkschaltplan)

Der Stromlaufplan in zusammenhängender Darstellung ist die vollständige Dar-stellung einer Schaltung, in dem alle Haupt- und Hilfsleitungen eingetragen sind. Insbesondere wird auf die Erkennbarkeit des Zusammenhangs der Geräte Wert ge-legt. Die Schalt- und Antriebsglieder liegen zeichnerisch auf einer Wirkungslinie, so daß man die Wirkung der Schaltgeräte erkennt. Schaltungsfunktionen sind bei umfangreicheren Schaltungen durch unvermeidbare Leitungskreuzungen und Ver-zweigungen nur mit Mühe zu erfassen. Die Anwendung dieses Stromlaufplanes ist daher auf kleinere Schaltungen beschränkt. Aus dem Schaltplan Bild 1.69 kann man im wesentlichen die Anordnung der Gerätebauteile, die Leitungsverbindun-gen, die Lage der Klemmenanschlüsse und die Aderzahl der Verbindungsleitungen erkennen. Größere Schaltungen lassen sich übersichtlicher als Stromlaufplan in aufgelöster Darstellung aufzeichnen.

102

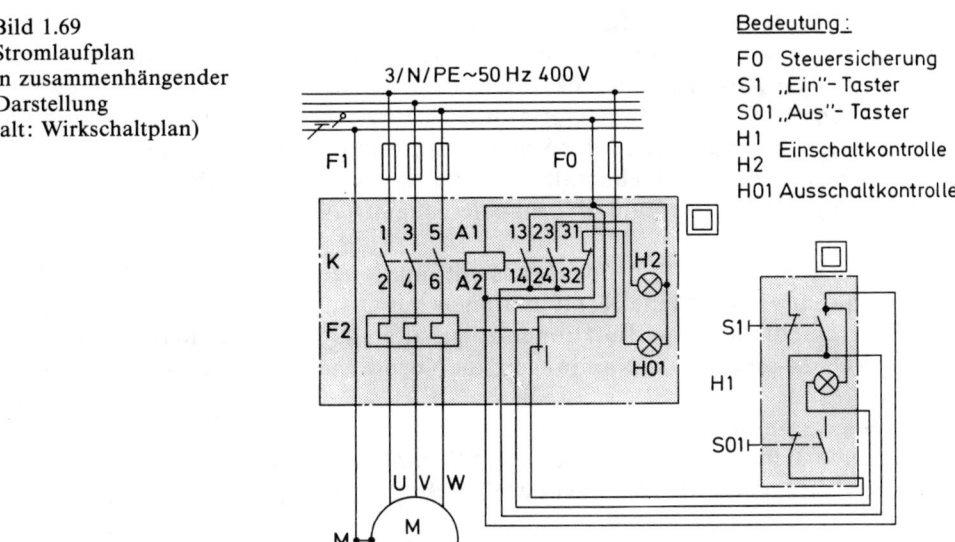

Bild 1.69
Stromlaufplan
in zusammenhängender
Darstellung
(alt: Wirkschaltplan)

3/N/PE~50 Hz 400 V

Bedeutung:
F0 Steuersicherung
S1 „Ein"- Taster
S01 „Aus"- Taster
H1
H2 Einschaltkontrolle
H01 Ausschaltkontrolle

1.4.3.2 Stromlaufplan in aufgelöster Darstellung
(der frühere Stromlaufplan)

Allgemeines

Der Stromlaufplan in aufgelöster Darstellung ist die Funktionsdarstellung einer Schaltung. Die verzweigten Leitungsführungen werden in einer geordneten Form, in einzelne sogenannte Strompfade aufgegliedert. Um kreuzungsfreie Strompfade zu erhalten, dürfen die Schaltglieder und Antriebe, die zu einem Gerät gehören, an unterschiedlichen Stellen im Stromlaufplan angeordnet werden. Der Zusammenhang wird dadurch kenntlich gemacht, daß die zusammengehörenden Bauteile mit gleichen Kennbuchstaben nach DIN und mit gleichen Kennzahlen zu benennen sind. Durch fehlende oder unvollständige Kennbezeichnung wird die Funktion der Schaltung unklar dargestellt, wie aus Bild 1.70a ersichtlich ist.

Nach Bild 1.70b ist anhand der Kennbuchstaben eindeutig feststellbar, daß die Leuchtmelder H 1 und H 2 vom Relais K betätigt werden.

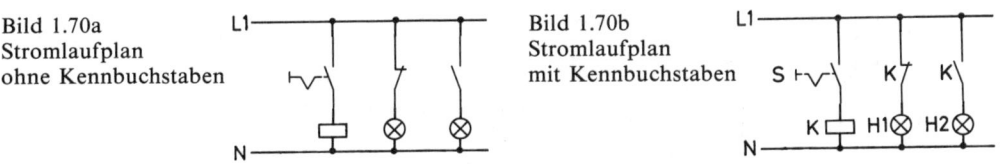

Bild 1.70a
Stromlaufplan
ohne Kennbuchstaben

Bild 1.70b
Stromlaufplan
mit Kennbuchstaben

103

Mit dem Einschalten des Schalters S wird ein Signal gegeben. Durch den jetzt fließenden Strom wird das Signal über die Steuerleitung zur Relaisspule weitergeleitet. Durch das Anziehen des Ankers wird das Signal umgewandelt in einen weiteren Schaltbefehl für die Lampen H 1 und H 2. Die Lampe H 1 erlischt, und die Lampe H 2 leuchtet auf. Wird der Schalter S nur impulsartig ein- und ausgeschaltet, so werden die Lampen ebenfalls impulsartig ansprechen. Alle Steuerschaltungen beruhen auf dem Vorgang der Signalerzeugung, Weiterleitung und Umwandlung.

Außer den einfachen Ein- und Ausschaltfunktionen gibt es natürlich die Möglichkeit, durch verschiedene Kombinationen mit Öffnern, Schließern und Wechslern unterschiedliche Schaltfunktionen zu erhalten. Genannt seien an dieser Stelle nur die «Und»-,«Oder»-, «Nand»- sowie «Nor»-Schaltungen (Abschnitt 1.8).

Darstellungsgrundsätze

Für eine übersichtliche Aufzeichnung von Stromlaufplänen in aufgelöster Darstellung sollten folgende Maßnahmen berücksichtigt werden:

1. Bildung von senkrechten und kreuzungsfreien Strompfaden an dem waagerecht zu zeichnenden Netz. Schrägführende Leitungen sind zu vermeiden. Die Gerätebauteile werden somit in Stromflußrichtung senkrecht untereinander angeordnet. Als Beispiel soll die Schützsteuerung für einen Drehstrommotor betrachtet werden, der von einer Befehlsstelle aus betätigt wird (Bilder 1.71a und b). Die gleiche Schaltung ist als Stromlaufplan in zusammenhängender Darstellung in Bild 1.69 aufgeführt.

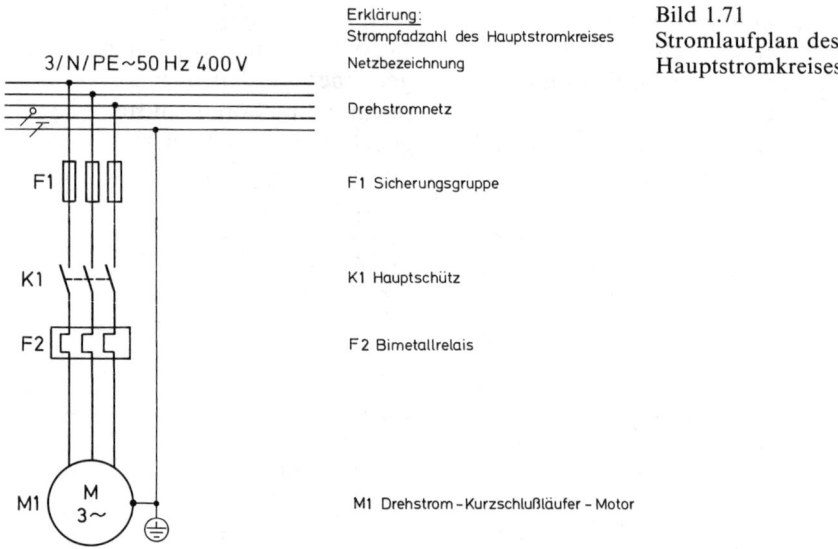

3/N/PE~50 Hz 400 V

Erklärung:
Strompfadzahl des Hauptstromkreises
Netzbezeichnung

Drehstromnetz

F1 Sicherungsgruppe

K1 Hauptschütz

F2 Bimetallrelais

M1 Drehstrom–Kurzschlußläufer–Motor

Bild 1.71
Stromlaufplan des
Hauptstromkreises

F1

K1

F2

M1   M
      3~

104

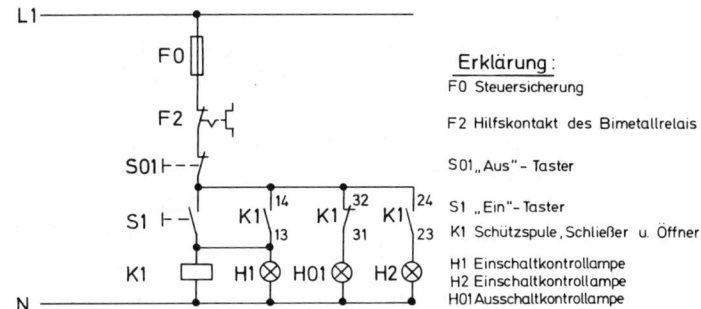

Bild 1.71b
Stromlaufplan des
Hilfsstromkreises

Erklärung:

F0 Steuersicherung

F2 Hilfskontakt des Bimetallrelais

S01 „Aus" - Taster

S1 „Ein" - Taster
K1 Schützspule, Schließer u. Öffner

H1 Einschaltkontrollampe
H2 Einschaltkontrollampe
H01 Ausschaltkontrollampe

2. Zusammengehörende Bauteile, wie z. B. die Magnetspule, die Hauptkontakte, die Schließer und Öffner eines Schützes, sind unbedingt mit gleichen Bezeichnungen zu versehen. Mehrere gleiche Schaltglieder eines Gerätes können durch Klemmenbezeichnungen unterschieden werden (Bild 1.71b).
3. Die elektrischen Antriebe, Meldegeräte usw. liegen einheitlich direkt am N oder bei Verwendung eines Steuertransformators an einem Leiter. Zwischen Relaisspule und N dürfen aus Sicherheitsgründen keine Schaltkontakte angeordnet werden.

Bild 1.72
Schaltungsausschnitte
mit Koordinaten-
system mit Kontakt-
schaltbildern

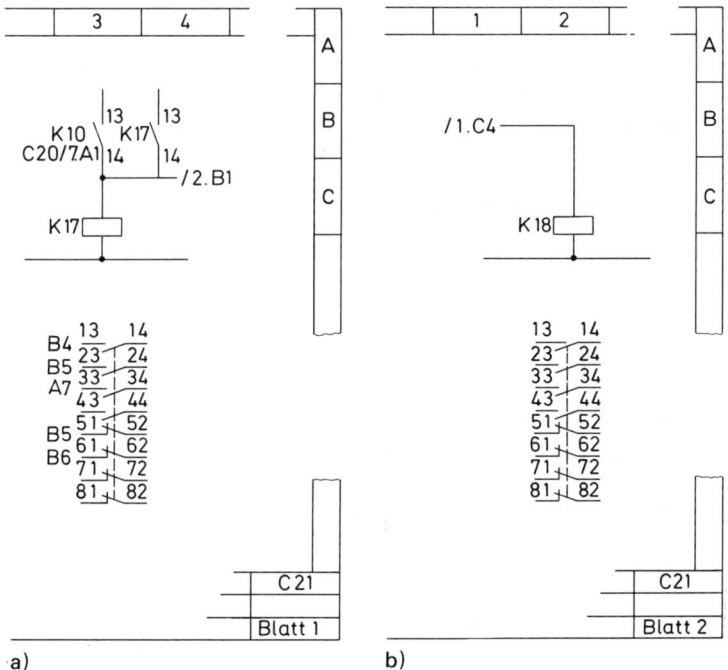

a)   b)

105

4. Um das Auffinden von z. B. Schaltkontakten in umfangreichen Schaltungsunterlagen zu erleichtern, wird jede Unterlage gemäß DIN 40 719 Teil 3 numeriert und in Koordinaten eingeteilt (Bild 1.72a und b). Die Unterlage des Bildes 1.72a heißt C 21 Blatt 1. Die Kurzschreibweise lautet C 21/1 und von Bild 1.72b entsprechend C 21/2. Zum Auffinden der Schaltglieder wird dann angegeben, unter welchen Koordinaten sie zu finden sind. Der Kontakt K 10 in Bild 1.72a befindet sich in B 3. Das zugehörige Schütz ist in Unterlage C 20, Blatt 7 in den Koordinaten A 1 zu finden. Der Abgriff nach K 17 im gleichen Bild führt in gleicher Unterlage zu Blatt 2, B 1. Weil sich der Gegenpunkt in gleicher Unterlage befindet, wurde die Unterlagenbenennung C 21 weggelassen.

Unter den Schützen wird das Kontaktbild dargestellt. An die einzelnen Kontakte wird der Ort geschrieben, an dem der Kontakt wiederzufinden ist. In Bild 1.72a zeigt das Kontaktbild, daß der Kontakt 13–14 unter B 4 wiederzufinden ist.

Bei Schaltungen von geringem Umfang kann auf die Darstellung mit Koordinaten und auf die Kontaktbilder verzichtet werden. Wegen des nicht unerheblichen Aufwandes bei der Darstellung wird in diesem Buch auf die Koordinaten und die Kontaktbilder verzichtet.

Wirkungsweise der Schaltung

Es handelt sich um die Steuerung eines Antriebsmotors, der von einer Befehlsschaltstelle aus zu betätigen ist. Der Einschaltzustand wird an der Befehlsstelle und am Schütz und der Ausschaltzustand nur am Schütz durch Kontrollampen angezeigt. Wird der Motor überlastet, so erfolgt eine Abschaltung durch ein thermisch verzögertes Relais (Bimetallrelais). Diese Störung wird dadurch optisch kenntlich gemacht, indem keine der Kontrollampen aufleuchtet. Eine Wiedereinschaltung ist nur über das Bimetallrelais von Hand möglich.

1.4.4   Geräteverdrahtungsplan

Geräteverdrahtungspläne stellen alle Verbindungen innerhalb eines Gerätes oder einer Gerätekombination dar. Alle Schaltgeräte oder deren Teile, wie Schließer, Öffner, Antriebe usw., werden lagerichtig dargestellt. Bild 1.73 zeigt eine Gerätekombination aus drei Teilen, bei der die Geräteverdrahtungspläne grau unterlegt sind.

1.4.5   Anschlußplan

Ein Anschlußplan zeigt die Anschlußpunkte einer elektrischen Einrichtung und die daran angeschlossenen inneren und äußeren Verbindungen. In Bild 1.73 sind die Anschlußpläne rot unterlegt.

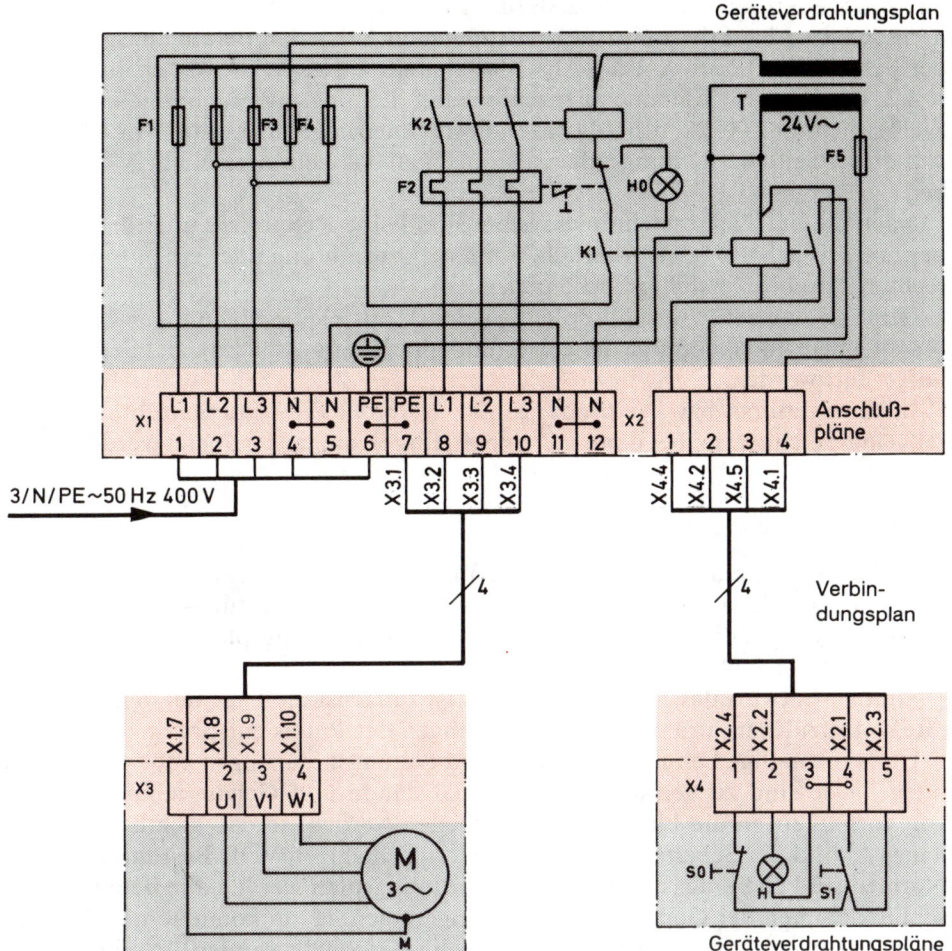

Bild 1.73   Geräteverdrahtungsplan mit Verbindungsplan und Anschlußplan

1.4.6   Verbindungsplan

Ein Verbindungsplan stellt die Verbindung zwischen den verschiedenen Geräten oder Gerätekombinationen einer Anlage dar (in Bild 1.73 weißes Feld).

Um Verwechslungen beim Anklemmen von Leitungsadern zu umgehen, werden Anfang und Ende jeder Leitungsader mit der Angabe des Zieles versehen. Zum schnellen Auffinden der Ziele sind die Klemmenleisten mit den Bezeichnungen X 1, X 2, X 3 usw. beschriftet. Die Klemmen auf einer Leiste werden fortlaufend

107

durchnumeriert. So ergibt sich z. B. für Klemme 1 auf der Leiste X 1 die Bezeichnung X 1.1 und auf der Leiste X 2 entsprechend X 2.1. Am Betätigungsgerät befindet sich auf der Leiste X 4 die Anschlußklemme 2 entsprechend der Bezeichnung X 4.2. Die an diese Klemme anzuschließende Leitungsader ist bezeichnet mit der Zielbezeichnung X 2.2, d. h., das Ziel dieser Ader liegt auf Leiste 2 an Klemme 2. Auf dieser Seite der Leitungsader ist sinngemäß das Leitungsziel mit X 4.2 angegeben.

Nach diesem Zielbezeichnungssystem sind keine Kenntnisse über die Funktion der inneren Schaltung erforderlich, um eine Verdrahtung oder einen funktionsgerechten Anschluß erstellen zu können.

Dieses gilt auch für Anschlußpläne, in denen nur Zielbezeichnungen tabellarisch für Eingänge und Ausgänge der zu verbindenden Leitungen, z. B. an Klemmleisten, aufgeführt werden.

In Verdrahtungs- bzw. Verbindungsplänen werden die Leitungsverbindungen direkt eingezeichnet, so daß dann auf eine Zielbezeichnung verzichtet werden kann.

1.4.7 Anordnungsplan

Der Anordnungsplan kann für die Planung einer Steuerungs- und Installationsanlage verwendet werden. Im besonderen bei der für Prüfungszwecke üblichen Installation an einer Montagewand kommt der Anordnungsplan bevorzugt zur Anwendung (Bild 1.74a).

Für den Entwurf des Anordnungsplans ist zunächst die Lage der benötigten Geräte so festzulegen, wie es den Anforderungen der Praxis entspricht.

Unzweckmäßige Leitungsführungen und Leitungskreuzungen außerhalb der Gerätegehäuse sind zu vermeiden. Schellenabstände und Gehäuseabmaße können von vornherein in die Planung miteinbezogen werden, so daß sich ein relativ genaues Abbild der Schaltanlage ergibt. Die einschlägigen VDE-Bestimmungen und Normen sind zu berücksichtigen. Im Anordnungsplan werden alle benötigten Anschlußklemmen der Geräte lagerichtig eingetragen. Hauptkontakte und Hauptleitungsführungen können vereinfacht einpolig dargestellt werden. In Bild 1.74a die Anordnung einer Schützsteuerung für einen Drehstrommotor, der von zwei Befehlsstellen aus gesteuert werden kann, dargestellt. Die Funktion der Schaltung wird als Stromlaufplan nach Bild 1.74b wiedergegeben. Auf die gesonderte Abbildung des Lastkreises soll bei dieser einfachen Schaltung verzichtet werden.

1.4.8 Aderzahlermittlung mit Hilfe von Potentialzahlen

Nach der Geräteplanung sind die Aderzahlen der Verbindungsleitungen zu ermitteln. Dafür ist von besonderer Wichtigkeit, daß die Kennbuchstaben und Zahlen im Anordnungsplan und im Stromlaufplan übereinstimmen, um Verwechslungen zu vermeiden. Als nächstes werden alle Leitungsabschnitte im Stromlaufplan durchnumeriert. Nach Bild 1.74b verbindet der Leitungsabschnitt Nr. 1 den Netz-

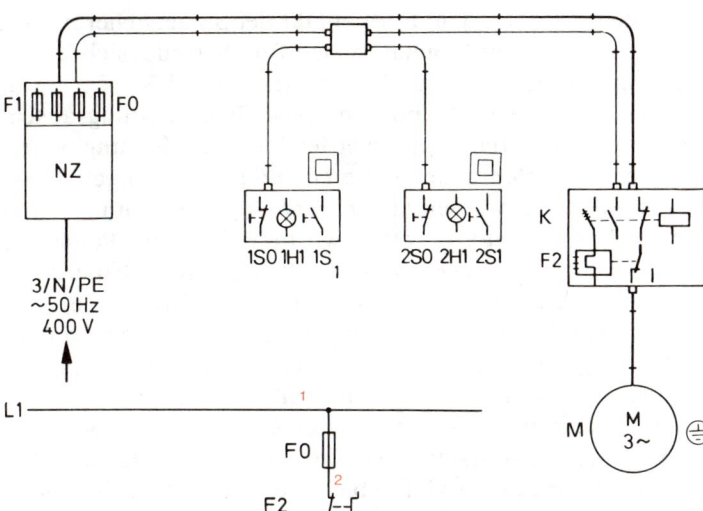

Bild 1.74a
Anordnungsplan

F1 $\square\square\square\square$ F0

NZ

3/N/PE
~50 Hz
400 V

1S0 1H1 1S1   2S0 2H1 2S1   K   F2

M
3~

Bild 1.74b
Stromlaufplan in auf-
gelöster Dastellung mit
Potentialzahlen

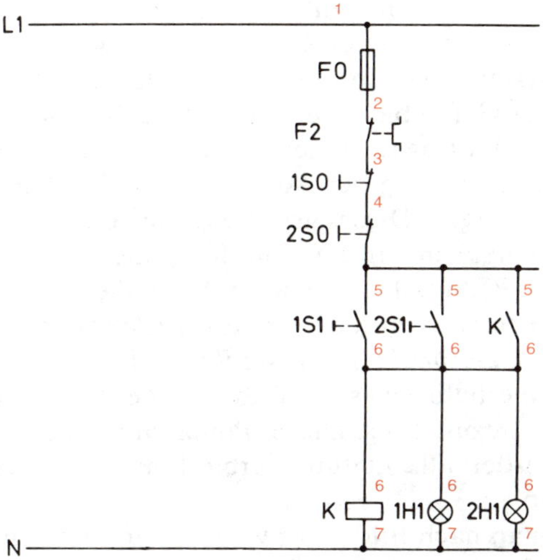

L1

F0

F2

1S0

2S0

1S1   2S1   K

K   1H1   2H1

N

Bild 1.74c
Anordnungsplan mit
Potentialzahlen und
Aderzahlangaben

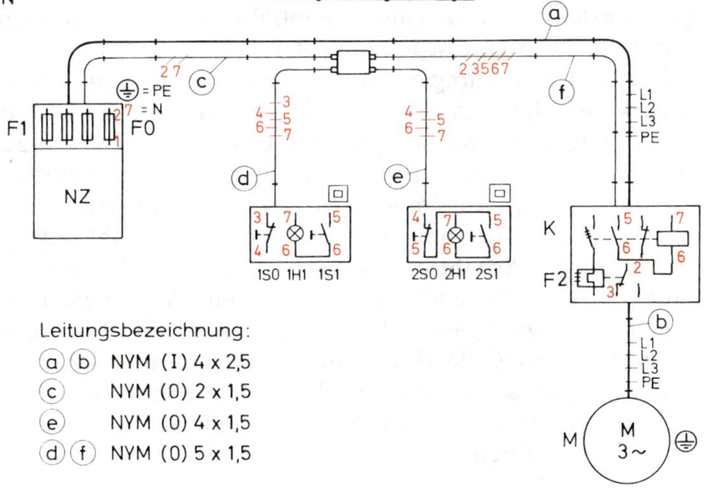

F1 $\square\square\square\square$ F0

NZ

⊕ = PE
= N

1S0 1H1 1S1   2S0 2H1 2S1   K   F2

L1
L2
L3
PE

M
3~

L1
L2
L3
PE

Leitungsbezeichnung:
ⓐ ⓑ   NYM (I) 4 x 2,5
ⓒ   NYM (0) 2 x 1,5
ⓔ   NYM (0) 4 x 1,5
ⓓ ⓕ   NYM (0) 5 x 1,5

109

außenleiter L 1 mit dem Fußkontakt der Steuersicherung F 0. Zwischen der Steuersicherung und dem Bimetallrelaisöffner befindet sich Leitungsabschnitt Nr. 2, und Leitungsabschnitt Nr. 5 z. B. verbindet 2 S 0, 1 S 1, 2 S 1 und Schließer K miteinander. Da Anfänge und Enden der jeweiligen Leitungsabschnitte auf einheitlichem Spannungspotential liegen, werden längs der Leitung oder direkt an den Anschlüssen gleiche Zahlen, sogenannte *Potentialzahlen*, angetragen. Etwaige Spannungsabfälle an Leitungsabzweigungen oder längs der Leitung sind für diese Betrachtungsweise ohne Bedeutung. Dort, wo betriebsmäßig Potentialunterschiede auftreten, z. B. an Ein- und Ausgängen von Sicherungen, Öffnern, Schließern, Schützspulen und Meldegeräten, sind demnach unterschiedliche Zahlen anzutragen. Diese Zahlen haben natürlich nichts mit den Klemmenbezeichnungen zu tun, und man hat dafür Sorge zu tragen, daß keine Verwechselungen auftreten. Bei kleineren Schaltungen kann man auf die Klemmenbezeichnungen eventuell ganz verzichten.

Die Potentialzahlen, die an jeder Klemme der Steuergeräte im Stromlaufplan stehen, werden jetzt systematisch in den Anlagenplan übertragen.

Das Auffinden der Gerätebauteile ist mit Hilfe der eingetragenen Kennbuchstaben sehr einfach und überschaubar geworden. Sind alle Potentialzahlen übertragen worden, kann die Bestimmung der Aderzahlen in den Verbindungsleitungen zwischen den Geräten erfolgen. Dieses geschieht nach dem Prinzip, daß alle Klemmen mit gleichen Zahlenangaben durch Verbindungsadern zusammenzuschließen sind.

Für jedes gleiche Potential an verschiedenen Geräten ist jeweils eine Verbindungsader vorzusehen. *Die Anzahl der verschiedenen, zu verbindenden Potentiale zwischen den Geräten entspricht der Aderzahl.* Gleiche Potentialzahlen an verschiedenen Klemmen innerhalb eines Gerätes erfordern nur hier Drahtverbindungen und nicht in der Gerätezuleitung. Dieses Potential tritt außerhalb des Gerätes nicht in Erscheinung. Werden alle Leitungsverbindungen eingezeichnet, so erhält man einen Verbindungsplan.

Im Anordnungsplan nach Bild 1.74c werden zur besseren Übersicht an den Verbindungsleitungen für jedes Potential je ein Querstrich mit Potentialzahlangaben vermerkt. Jeder Querstrich bedeutet dann eine Ader.

Für die Verdrahtung der Anlage ist es zweckmäßig, alle Leitungsadern des Hilfsstromkreises laut Anordnungsplan mit entsprechenden Potentialzahlen zu versehen. Dafür stehen Klebe- oder Aufsteckzahlen zur Verfügung. Das Verbinden der Adern mit den Anschlußkontakten wird entsprechend der Zahlenangaben im Anordnungsplan vorgenommen. In den Abzweigdosen sind nur Adern mit gleichen Zahlenangaben zusammenzuschließen. Die Anzahl der verschiedenen Potentiale entspricht der Anzahl der Abzweigklemmen. Bei einer systematischen Durchführung dieser Methode ist ein Versehen beim Anklemmen kaum noch möglich. Aufgrund der angetragenen Potentialzahlen an den Leitungsadern ist im Fall einer Funktionsstörung die Fehlersuche sehr rasch möglich.

Zusammenfassend soll der Planungsgang noch einmal im wesentlichen aufgeführt werden. Nachdem die Aufgabenstellung eindeutig bekannt ist, sind folgende Schritte zu erfüllen:

1. Hauptstromkreis darstellen,
2. Steuerstromkreis als Stromlaufplan in aufgelöste Darstellung aufzeichnen,
3. Kennbuchstaben und Potentialzahlen eintragen,
4. Anordnung der Geräte endgültig festlegen und vollständig aufzeichnen,
5. alle Anschlußklemmen, Kennbuchstaben und Potentialzahlen in den Anordnungsplan eintragen,
6. Aderzahlermittlung durchführen und Leitungsbezeichnungen festlegen.

1.5 Funktionsbeschreibung

Die Funktionsbeschreibung soll über den Arbeitsablauf der bestehenden oder zu entwerfenden Schaltung Aufschluß geben. Je nach den gestellten Anforderungen kann die Funktionsbeschreibung einfach oder ausführlich sein.

Als Erklärung zum fertigen Schaltplan genügt eine kurze Information mit Worten oder Symbolen. Werden Schaltzustände in Abhängigkeit von der Zeit grafisch dargestellt, so erhält man bei Relaisschaltungen ein Relaisdiagramm, aus dem der Funktionsablauf ersichtlich ist.

Eine Funktionsbeschreibung sollte mit den Angaben über Signaleingänge beginnen, da durch sie Steuerungsabläufe eingeleitet werden, und anschließend mit der Beschreibung von Signalausgängen und deren Verhalten fortgesetzt werden. Funktionsbeschreibung zum Bild 1.71b:

Einschaltung
Mit der Betätigung des Tasters S 1 wird Schütz K 1 nach Bild 1.71b an Spannung gelegt. Damit sind Schützspule K 1 und Leuchtmelder H 1 erregt. Das Schütz zieht an und schließt damit seine Hauptkontakte und den Selbsthaltekontakt. Der Öffner öffnet, und die Auskontrollampe H 01 erlischt, Kontrollampe H 2 wird eingeschaltet. Hauptstromkreis und Steuerstromkreis sind zur Selbsthaltung gekommen. Damit kann der Taster S 1 wieder geöffnet werden, ohne daß das Schütz abfällt. Der Motor ist eingeschaltet.

Ausschaltung
Wird Taster S 01 betätigt, so ist der Steuerstromkreis unterbrochen. Schützspule K 1 und Leuchtmelder H 1 und H 2 sind damit stromlos. Der Selbsthaltekontakt K 1, die Hauptkontakte sowie der Öffner gehen in die Ruhestellung zurück. Der Motor ist abgeschaltet, und die Auskontrollampe leuchtet wieder auf, sobald der Taster S 01 seine Ausgangsstellung erreicht hat.

Derartige Funktionsbeschreibungen sind zeitraubend, aber notwendig, um Funktionsabläufe verstehen zu lernen. Eine Vereinfachung in der Funktionsbeschreibung erhält man durch symbolische Darstellung der Schaltzustände. Der Erregungszustand wird durch einen aufrechtstehenden Pfeil kenntlich gemacht,

111

wie es in Bild 1.76 dargestellt ist. Der Ruhezustand wird durch einen entgegengesetzten Pfeil angezeigt.

Unter Berücksichtigung dieser Schaltzustandsangaben läßt sich der Funktionsablauf der vorher beschriebenen Schützsteuerung anhand der Kennbuchstaben schrittweise in der richtigen Reihenfolge aufzeichnen. Dabei wird jede Änderung in dem Schaltungsablauf vermerkt. Gleichzeitige Änderungen stehen in gleicher Zeile.

Einschaltung:			*Ausschaltung:*		
0. $H\,01\uparrow$			6. $S\,01\uparrow$		
1. $S\,1\uparrow$			7. $K\,1_{Sp}$	$H\,1$	$H\,2\downarrow$
2. $K\,1_{Sp}$	$H\,1\uparrow$		8. $K\,1_S$	$K\,1_H$	$K\,1_{\ddot{o}}\downarrow$
3. $K\,1_S$	$K\,1_H$	$K\,1_{\ddot{o}}$	9. $S\,01\downarrow$		
4. $H\,01\downarrow$	$H\,2\uparrow$		10. $H\,01\downarrow$		
5. $S\,1\downarrow$					

Bedeutung der Indexbezeichnungen:
- Sp Schützspule
- S Schließer
- H Hauptkontakte
- Ö Öffner

Für den Schaltungsentwurf sind außer detaillierten Funktionsangaben über Signal-Eingänge und -Ausgänge weitere Informationen notwendig, z. B. über Art und Umfang der zu planenden Steuerung. Genaue Erklärungen über die Signalverarbeitung, also über Schaltungsverknüpfungen mit Schaltgliedern und Antriebsgliedern, liegen nicht vor und müssen erarbeitet werden.

Für einen Schaltungsentwurf ist es zweckmäßig, daß man sich aus der Schaltungsbeschreibung zunächst die Laststromkreiszusammenhänge ermittelt und als Übersichtsschaltbild darstellt. Auch die Blockschaltbilddarstellung ist zweckmäßig. Anschließend beginnt der Entwurf der Schaltungsverknüpfungen.

Für umfangreiche, komplizierte Steuerungszusammenhänge läßt sich die Schaltungsalgebra vorteilhaft anwenden. Die Grundlagen hierfür sind im Kapitel 2 aufgeführt. Kleinere Steuerungen lassen sich aus bekannten Grundschaltungen zusammenstellen (Abschnitt 1.6).

1.6 Steuerungsentwurf mit Grundschaltungen

1.6.1 Allgemein

Umfangreichere Steuerschaltungen lassen sich auf einfachere Grundschaltungen zurückführen. Die hier aufgezeichneten Grundschaltungen sind eigenständig und können wahlweise zu kombinierten Schaltungen zusammengesetzt werden.

Zum Lesen und Zeichnen von umfangreichen Schaltplänen ist es zweckmäßig und vorteilhaft, wenn man sich nach derartigen Grundschaltungen orientiert. Funktionen und Einsatzmöglichkeiten der nachstehend beschriebenen Grundschaltungen müssen eindeutig bekannt sein, bevor damit Kombinationen und Abwandlungen durchgeführt werden. Zur Vereinfachung sind in diesem Abschnitt keine Hauptstromkreise, sondern nur Hilfsstromkreise als Stromlaufplan aufgezeichnet.

Nach der Wirkungsweise unterscheidet man grundsätzlich 2 Steuerungsarten voneinander:

a) Stellschaltungen,
b) Impulsschaltungen.

a) Stellschaltungen
Stellschaltungen werden überwiegend mit handbetätigten Dreh-, Kipp- oder Hebelschaltern sowie mit selbsttätig schaltenden Begrenzern oder Wächtern durchgeführt, also mit Rastschaltern, die nach einer Betätigung in der neuen Schaltstellung verbleiben. Eine Selbsthaltung wie bei Impulssteuerungen entfällt. Es kommen hauptsächlich Ein- oder Ausschaltungen nach Bild 1.75a und Gruppenschaltungen nach Bild 1.75b zur Anwendung.

Durch Kombinationen aus Schließern und Öffnern lassen sich weitere Schaltungsvarianten erzielen (siehe Kapitel 2). Die Anwendung der Stellschaltungen beschränkt sich auf solche Fälle, wo bei Ausfall mit anschließender Wiederkehr der

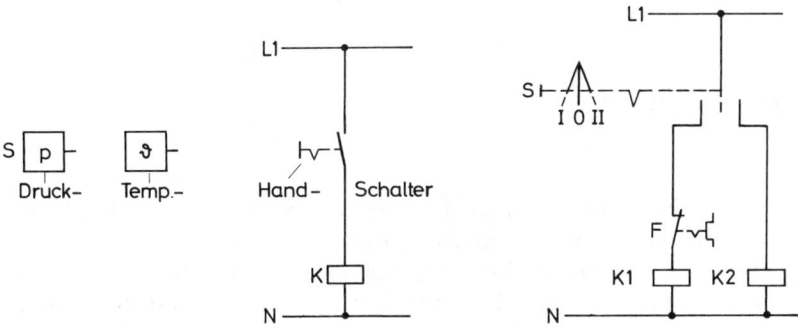

Bild 1.75a   Ausschaltung   Bild 1.75b   Gruppenschaltung

113

Netzspannung ein Schütz oder ein Verbraucher sofort wieder erregt werden darf, ohne daß die Sicherheit dadurch gefährdet wird. Als Beispiel seien Kompressor- und Pumpensteuerungen genannt. Motorschutzrelais sind in diesem Fall nur mit eingestellter Wiedereinschaltsperre einzusetzen.

Zu den Stellschaltungen gehören auch alle direkt betätigten Hauptstromkreise von Geräte-, Motoren- und Lampenschaltungen. Als Beispiel seien Aus-, Wende-, Wechsel-, Serien- und Gruppenschaltungen genannt.

b) Impulsschaltungen

Impulsschaltungen erhält man mit sogenannten Tastschaltern, wie z. B. Druck-knopftaster, Wächter, Regler, Schütze usw. Auch elektronische Bausteine dienen häufig der impulsartigen Signalgabe. Man unterscheidet zwischen Schaltungen ohne Selbsthaltung (Tippbetrieb) nach Bild 1.76a und Schaltungen mit Selbsthaltung (Selbsthaltebetrieb) nach Bild 1.76b.

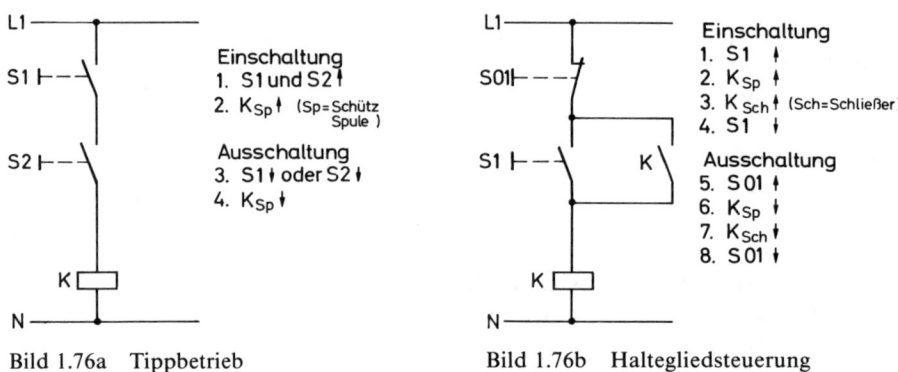

Bild 1.76a Tippbetrieb   Bild 1.76b Haltegliedsteuerung

Durch Kombinationen verschiedener Grundschaltungen mit und ohne Selbsthaltung ergeben sich verschiedenste Steuerungsmöglichkeiten, auf die in Abschnitt 1.7 eingegangen wird.

1.6.2 Grundschaltungen

1.6.2.1 Tippbetrieb

Unter Tippbetrieb versteht man eine *Impulsschaltung ohne Selbsthaltung*. Ein häufiges Anwendungsbeispiel ist die Tastersteuerung für das Einrichten einer Bearbeitungsmaschine. Die im Bild 1.76a aufgeführte Steuerung kann als Zweihand-Sicherheitsschaltung aufgefaßt werden. Die Einschaltung kann nur erfolgen, wenn sich beide Hände der Bedienungsperson außerhalb des Gefahrenbereiches an den Tastern befinden.

114

1.6.2.2 Haltegliedsteuerung

Haltegliedsteuerungen oder Selbsthalteschaltungen kommen zur Anwendung für Dauereinschaltungen nach kurzzeitiger Einschaltimpulsgabe oder für Abschaltungen nach einem Ausschaltimpuls. Als Anwendungsbeispiel können Taster- und Relaissteuerungen genannt werden.

Sollen Befehle von verschiedenen Stellen aus erteilt werden, so sind die Einschaltbefehlsgeber (Schließer) parallel und die Ausschaltbefehlsgeber (Öffner) in Reihe zu schalten.

Einschaltglied und Halteglied müssen parallel zueinander angeordnet werden (Bild 1.76b).

Durch Netzspannungsausfall öffnet sich mit abfallendem Schützanker die Selbsthaltung, und eine wiederkehrende Netzspannung kann keine selbsttätige Wiedereinschaltung verursachen. Diese Schaltung hat daher eine sogenannte Unterspannungsauslösung. Zur Wiedereinschaltung ist ein erneuter Einschaltimpuls vom Befehlsschalter nötig.

Aus Sicherheitsgründen soll das Schütz (K) bei einer gemeinsamen Betätigung beider Taster (S 0 und S 1) nicht anziehen. Diese Forderung wird durch die Reihenschaltung von S 0 und S 1 erfüllt.

1.6.2.3 Folgeschaltung

Unter Folgeschaltung versteht man allgemein eine Nacheinanderschaltung oder Zuschaltung von Schützen oder von Verbrauchern. In Bild 1.77a ist eine einfache Nacheinanderschaltung von 2 Schützen aufgeführt.

Nach dieser Schaltung kann Schütz K 2 nicht allein, sondern nur in Verbindung mit Schütz K 1 eingeschaltet sein. Werden mehrere Schütze in der gleichen Art oder zusätzlich erweitert mit Selbsthalteschaltungen aneinandergereiht, so erhält man eine Kaskadenschaltung. Die Kaskadenschaltung trifft man häufig bei Förderbandanlagen an (Bild 1.92).

Folgeschaltungen kommen allgemein dann zur Anwendung, wenn die Forderung besteht, daß ein Gerät oder ein Verbraucher nur dann einschaltbar ist, wenn ein anderer wichtiger Verbraucher bereits betrieben wird. Als Beispiel sei die Schaltung eines Ölpumpen- und Antriebsmotors einer Werkzeugmaschine genannt. Der Hauptantrieb darf nur in Verbindung mit der Schmierölversorgung betrieben werden. Bei Ausfall der Schmierölversorgung muß der Hauptantrieb mit abgeschaltet werden.

Beim Ausschaltvorgang werden nach Bild 1.77a beide Schütze zur gleichen Zeit abgeschaltet. Eine Rückschaltfolge (Folgeschaltungsumkehrung, z. B. erst K 1 und dann K 2 ausschalten) ergibt sich durch Anschließen des Kontaktes K 1 direkt an L 1.

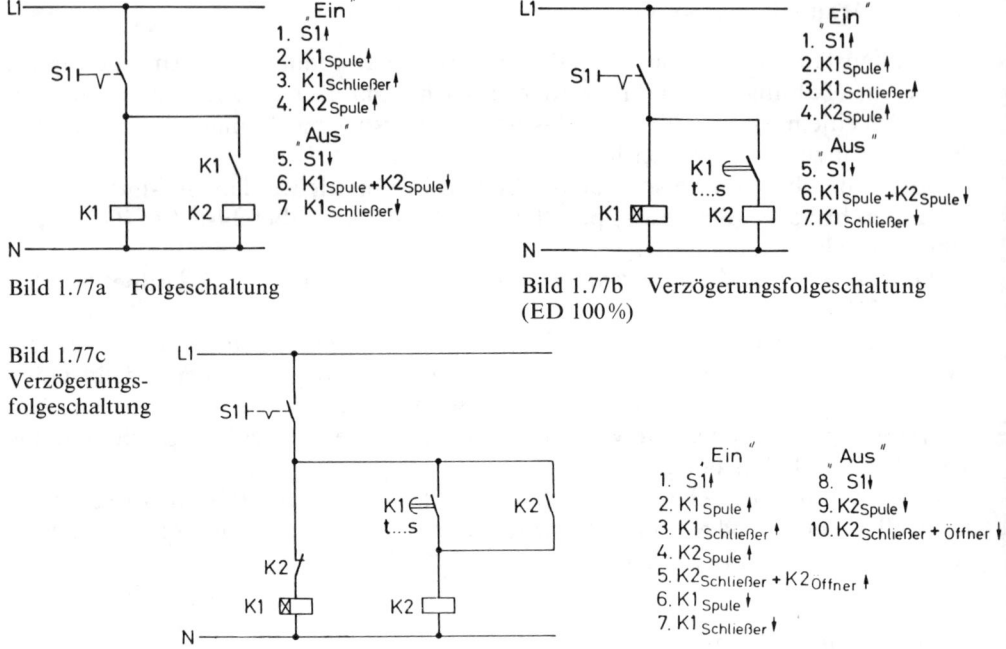

Bild 1.77a   Folgeschaltung

Bild 1.77b   Verzögerungsfolgeschaltung
(ED 100 %)

Bild 1.77c
Verzögerungs-
folgeschaltung

1.6.2.4 Verzögerungsfolgeschaltungen

Durch den Einsatz von Zeitrelais ist es möglich, verzögerte Schaltvorgänge zu erhalten, wie sie häufig bei automatischen Anlaßschaltungen erforderlich sind. Bei der automatischen Y△-Schaltung, Kusa-Schaltung, Drehstromschleifringläufer-Anlaßschaltung usw. kommen verzögerte Folgeschaltungen zur Anwendung. Auch lassen sich Einschaltströme mehrerer Verbraucher durch Folgeschaltungen zeitlich zueinander versetzen, um das Netz zu entlasten.

Nach der in Bild 1.77b dargestellten Schaltung wird das Schütz K 2 verzögert durch das Zeitrelais K 1 eingeschaltet. Das Schütz bleibt so lange eingeschaltet, bis das Zeitrelais durch den Dauerkontaktgeber S abgeschaltet wird. Das Schütz kann nach dieser Grundschaltung nur gemeinsam mit dem Zeitrelais eingeschaltet sein.

Meistens werden Zeitrelais nach erfolgtem Verzögerungsvorgang wieder abgeschaltet. Die Abschaltung wird nicht durch das Zeitrelais selbst durchgeführt, sondern durch ein nachgeschaltetes Schütz. Nach der Abschaltung des Zeitrelais durch den Öffner vom Schütz K geht auch der Schließer des Zeitrelais in die Ausgangsstellung zurück. Aus diesem Grund ist eine Selbsthaltung für das Schütz erforderlich, so wie es aus Bild 1.77c ersichtlich ist.

Zur verzögerten Abschaltung von Schützen, Relais bzw. Geräten werden abfallverzögerte Zeitrelais eingesetzt (Abschnitt 1.2.5.1). Anwendungsmöglichkeiten sind z. B. Umschaltverzögerungen bei Wendeschützschaltungen, Intervallschaltungen sowie Lichtschaltungen mit einem sogenannten Treppenhausautomaten.

1.6.2.5 Verriegelungsschaltungen

Durch Verriegelungsschaltungen lassen sich Zu- oder Abschaltungen von Strompfaden verhindern oder erzwingen.

Häufig soll durch eine Verriegelung verhindert werden, daß zwei Hauptschütze zur gleichen Zeit einschalten oder sich während des Umschaltens zeitlich überschneiden. Verriegelungen kommen praktisch bei Wendeschaltungen, Y△-Schaltungen, Polumschaltungen usw. vor. Bei fehlender bzw. unzureichender Verriegelung kann es zu Funktionsstörungen durch Außenleiterschlüsse mit ihren Folgeerscheinungen kommen.

In Verbindung mit elektrischen Verriegelungen kommen auch rein mechanische Verriegelungen für eine zusätzliche Sicherheit zur Anwendung. Diese Verriegelungen lassen sich an baulich zusammenhängenden Schaltgeräten durch Hebelwirkungen erzielen.

Elektrische Verriegelungen erhält man durch das Schalten von Öffnern der Schütze und der Befehlstaster in den Hilfsstrompfaden.

In der nach Bild 1.78a gezeigten Überkreuzverriegelung mit den Öffnern der Schütze (ohne Tasteröffner) besteht die Möglichkeit einer Überschneidung. Die

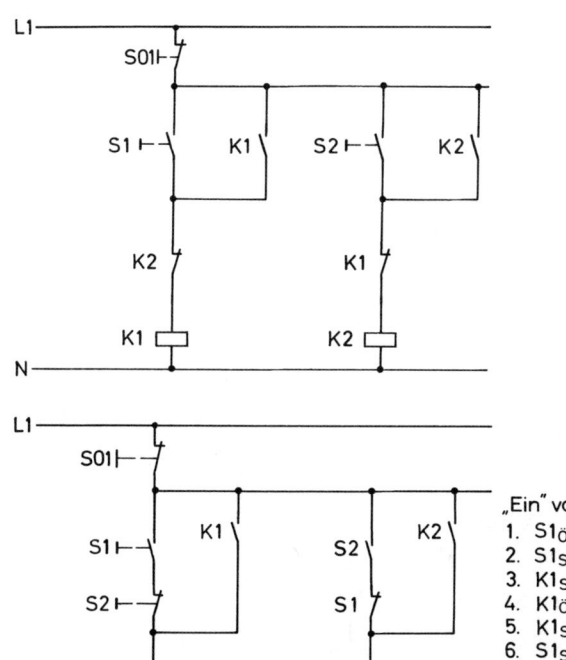

Bild 1.78a
Verriegelung über die
Öffner der Schütze

Bild 1.78b
Verriegelung über die
Öffner der Schütze und
der Taster (Wende-
schützschaltung)

„Ein" von K1
1. $S1_{Öffner}$↑
2. $S1_{Schließer}$↑
3. $K1_{Spule}$↑
4. $K1_{Öffner}$↑
5. $K1_{Schließer}$↑
6. $S1_{Schließer}$↓
7. $S1_{Öffner}$↓

Die Umschaltung nach
K2 ist nur über den
Aus-Taster S01 möglich

117

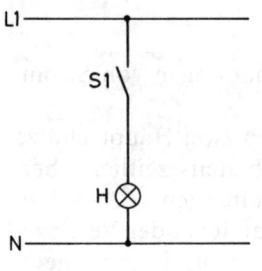

Bild 1.79a
Einschaltkontrolle

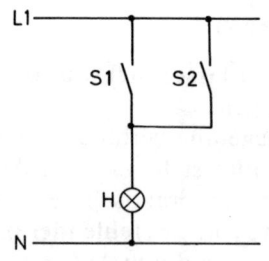

Bild 1.79b
Einschaltkontrolle (Oder)

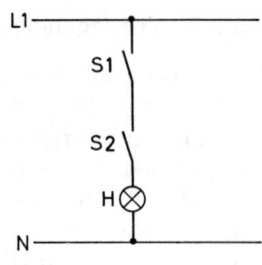

Bild 1.79c
Einschaltkontrolle (Und)

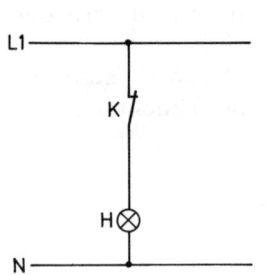

Bild 1.80
Ausschaltkontrolle mit Öffner

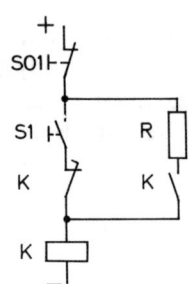

Bild 1.82   Wechselstrom-
schütz an Gleichspannung

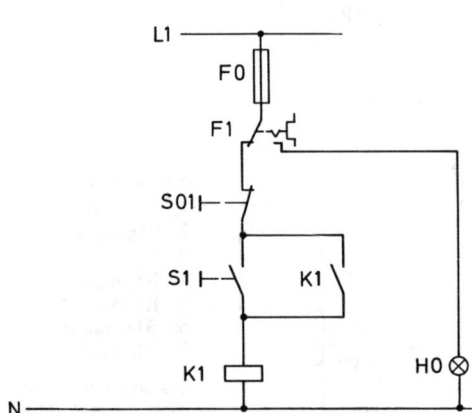

Bild 1.81   Störkontrolle

118

Gefahr von Kurzschlüssen bei Wendeschaltungen dieser Art zur Drehrichtungsumkehr ist sehr groß. Sind die Taster S 1 und S 2 gleichzeitig geschlossen, so werden beide Schütze gleichzeitig erregt. Die Schützanker ziehen gemeinsam an, so daß alle Hauptkontakte kurzzeitig zum Schließen kommen. Das schneller schaltende Schütz schaltet dann mit seinem Öffner das langsamere Schütz wieder ab.

Durch eine zusätzliche Verriegelung mit den Öffnern der Taster nach Bild 1.78b ist bei gleichzeitiger Betätigung der Taster überhaupt keine Erregung der Schütze möglich. Mit der Betätigung der Taster werden zunächst die Öffner geöffnet, bevor die Schließer schließen. Damit ist eine Überschneidung ausgeschlossen.

Bei Wendeschützschaltungen, wo eine Direktumkehr von Linkslauf nach Rechtslauf verhindert werden soll, darf die Umschaltung von K 1 nach K 2 nur über die Betätigung des Austasters S 0 möglich sein. Dieses wird dadurch erfaßt, daß man den Selbsthaltekontakt des jeweiligen Schützes parallel zum Verriegelungskontakt des Tasters schaltet.

Für eine Direktumschaltung der Schütze (Reversieren) von K 1 nach K 2 mit dem Taster S 2 ist der Selbsthaltekontakt K 1 direkt parallel zum Schließer S 1 zu legen. Dieses Prinzip gilt auch für die Direktumkehr von K 2 nach K 1.

1.6.2.6 Kontrollschaltungen

Zur Anzeige des Einschalt-, Ausschalt- und Störzustandes einer Schaltanlage bedient man sich hauptsächlich optischer und akustischer Meldegeräte, deren Schaltsymbole in Tabelle 1.1 abgebildet sind. Drei verschiedene Möglichkeiten der *Einschaltkontrolle* mit optischen Meldern sind in den Bildern 1.79a bis c aufgeführt. Durch Parallel- und Reihenschaltungen von Schließern ergeben sich mehrere Kombinationsmöglichkeiten für Einschaltkontrollen.

Ausschaltkontrollen erfolgen sinngemäß mit den Öffnern der Schütze (Bild 1.80).

Die *Anzeige des Störzustandes* einer Schaltung, wie z. B. bei einer Zwangsabschaltung durch Überlastung, kann durch den Hilfskontakt eines Bimetallrelais bewirkt werden (Bild 1.81).

Es ist darauf zu achten, daß der Wechsler des Bimetallrelais oberhalb der Schützselbsthaltung angebracht wird. Unterhalb des Selbsthaltekontaktes steht nach einer Abschaltung des Schützes keine Spannung für die Auskontrollampe zur Verfügung.

1.6.2.7 Sonderschaltungen für Gleichstrombetrieb

Wechselstromschütze an Gleichspannungen erhalten zur Strombegrenzung (Einstellung des Haltestromes) einen vorgeschalteten Widerstand. Gleichstrombetätigte Schütze haben den Vorteil des geräuschlosen Betriebes während der Einschaltstellung (Bild 1.82).

Die bei der Stromkreisunterbrechung in der Antriebsspule auftretende Induktionsspannung kann über die Diode V kurzgeschlossen werden, somit entstehen an anderen Betriebsmitteln keine Störungen, wie z. B. Abreißfunken am Schaltkontakt (Bild 1.83).

Bei Schwachstromsteuerungen mit Relais besteht die Möglichkeit, durch ein parallel zum Antrieb geschaltetes Schaltglied Relais zu schalten (Bild 1.84).

Durch die Reihenschaltung von veränderlichen Widerständen mit Relaisspulen lassen sich Steuerungen zur Überwachung von Temperaturen, Lichtverhältnissen, Zeiten usw. aufbauen (Bild 1.85). Für hohe Ansprechgenauigkeiten werden elektronische Schaltungen eingesetzt. Für diese Zwecke wird insbesondere der Schmitt-Trigger meistens in Verbindung mit einem Verstärker verwendet. Es handelt sich um einen elektronischen Schwellwertschalter, der bei langsamen Veränderungen und beim Erreichen des Sollwerts schlagartig bzw. spontan anspricht.

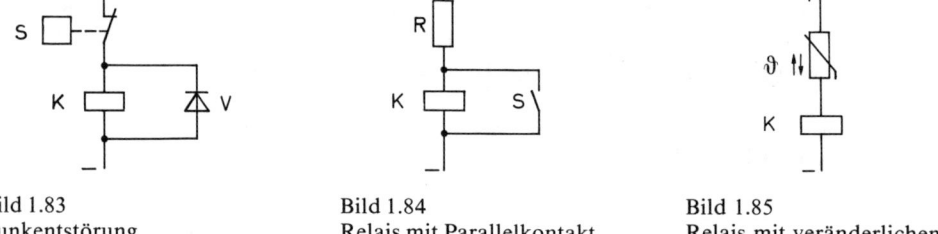

Bild 1.83
Funkentstörung

Bild 1.84
Relais mit Parallelkontakt

Bild 1.85
Relais mit veränderlichem Widerstand

1.6.2.8 Schaltungsaufbau mit einem Steuertransformator

Gemäß DIN VDE 0113 muß bei mehr als 5 Spulen ein Steuertransformator eingesetzt werden (Abschnitt 1.3.3.10). Nachfolgend soll der grundsätzliche Schaltungsaufbau dargestellt werden, ohne auf die Schaltung selbst tiefer einzugehen. Als Beispiel soll eine Schleifringläufermotor-Selbstanlasserschaltung dienen. In Abweichung zu der Schaltung in Abschnitt 1.7.7 sollen für den Einschaltvorgang 3 Zeitrelais verwendet werden. Bild 1.86a zeigt den Hauptstromkreis und Bild 1.86b den Steuerstromkreis. Im Hauptstromkreis sind auf der Sekundärseite des Steuertransformators die Netzbezeichnungen 1 L 1 und 1 L 2 zu sehen. Mit diesen Bezeichnungen ist auch das Netz des Steuerstromkreises gekennzeichnet. Somit wird deutlich, daß der Steuerstromkreis am Ausgang des Transformators fortgesetzt wird.

120

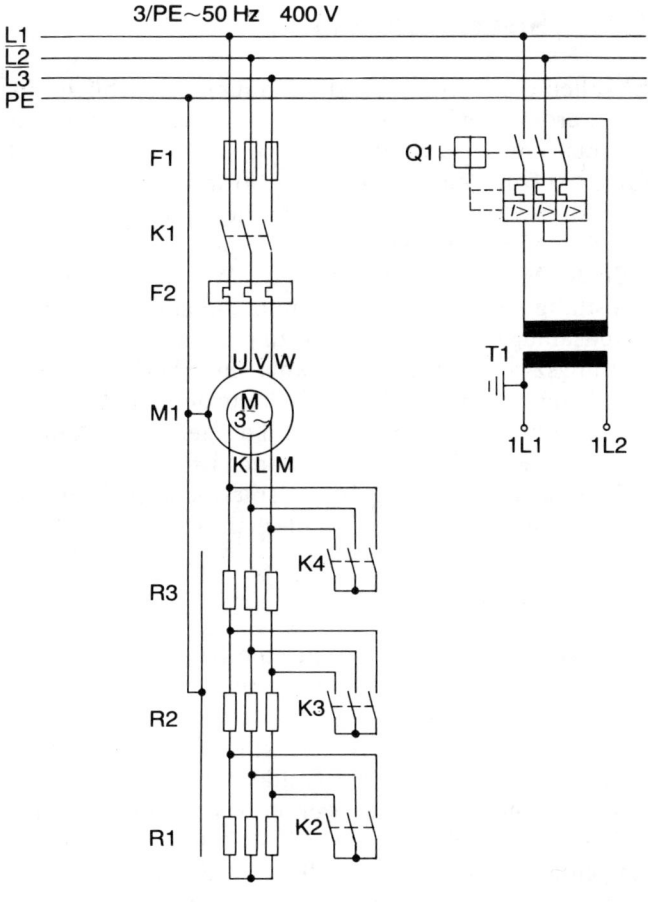

Bild 1.86a
Hauptstromkreis mit
Steuertransformator

3/PE~50 Hz 400 V

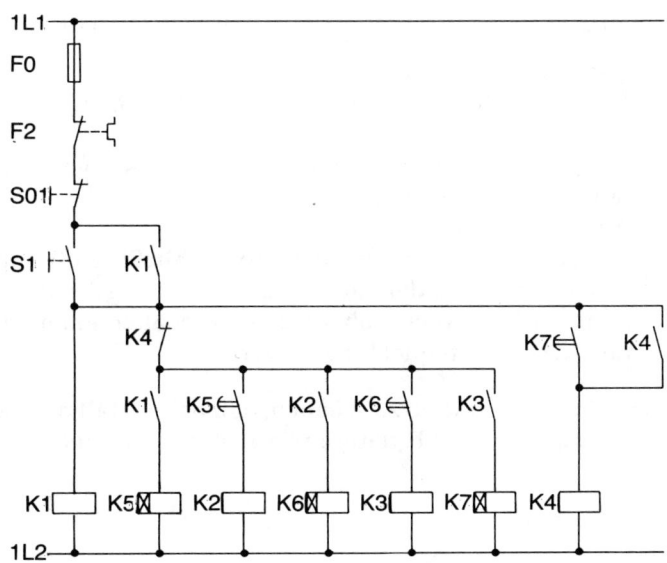

Bild 1.86b
Steuerstromkreis mit
Steuertransformator

1.7   Steuerungsbeispiele

Es sollen einige Beispiele der Planung von schützgesteuerten Anlagen aufgezeichnet werden. Die Steuerschaltungen werden textlich oder sinnbildlich erklärt. Hauptstromkreise werden als Übersichtsschaltplan oder als Stromlaufplan aufgeführt. Auf die Zeichnung eines Stromlaufplans in zusammenhängender Darstellung kann verzichtet werden, da die Anordnung und Aderzahlen sowie Leitungsverbindungen genauer aus dem Anordnungsplan zu entnehmen sind.

In der Meisterprüfung erhält der Anwärter häufig eine Textaufgabe, nach der er selbsttätig eine den VDE-Bestimmungen entsprechende, funktionsgerechte Installationsanlage als Meisterstück zu planen und zu errichten hat. Oftmals werden für Prüfungszwecke Installationsanlagen in verkleinertem Maßstab an einer Montagewand angebracht. Zur Vereinfachung der Darstellung und im Hinblick auf die Meisterprüfung sind die nachfolgend aufgeführten Anlagenentwürfe auf eine Installationsanlage an einer Montagewand (Brettmontage) ausgerichtet. In den textlichen Erläuterungen der Aufgabenbeispiele sind bezüglich der Steuerfunktion Hinweise auf die entsprechenden Grundschaltungen aufgeführt.

1.7.1   Kühlanlage

Es ist die Schützschaltung für eine Kühlanlage mit einem Kompressormotor und mit einem Lüftermotor zu entwerfen.

Hauptstromkreise und Steuerstromkreis sind gesondert abzusichern. Die Darstellung der Hauptstromkreise ist im Übersichtsschaltplan nach Bild 1.87a aufgeführt. Der Steuerstromkreis (Bild 1.87b) wird nachstehend entwickelt. Die erforderlichen Grundschaltungen werden vergleichsweise mit angegeben.

Die Anlage soll über einen handbetätigten Gruppenschalter mit den Schaltstellungen Hand-0–Automat wahlweise direkt oder automatisch über einen Kühlhausthermostaten gesteuert werden (Gruppenschaltung nach Bild 1.75b). Der Gruppenschalter dient zur Einstellung von drei Betriebsstellungen:

a) Ausschaltstellung 0:
   Lüfter- und Kompressormotor sind ausgeschaltet.
b) Handbetrieb H:
   Hauptschütz K 1 und Kompressorschütz K 2 werden unabhängig vom Temperaturwächter S 2 erregt.
c) Automatbetrieb A:
   Mit ansteigender Raumtemperatur schließt der Temperaturwächter S 2 seinen Schaltkontakt, so daß die Anlage in Betrieb geht. Bei ausreichender Kühltemperatur wird die Anlage über S 2 ausgeschaltet, um mit ansteigender Raumtemperatur das Arbeitsspiel fortzusetzen.

Beide Motoren sind so zu schalten, daß bei Ausfall des Lüftermotors M 1 der Kompressormotor M 2 selbsttätig außer Betrieb geht (Folgeschaltung nach Bild 1.77a).

122

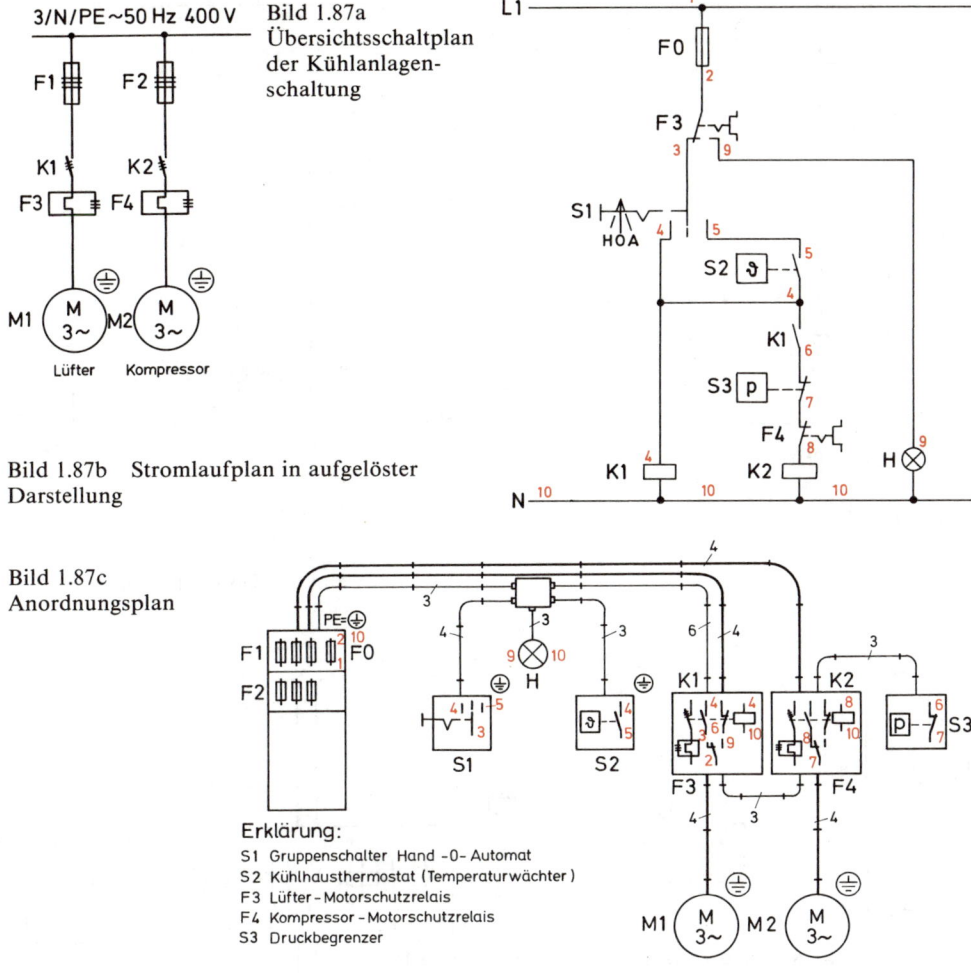

3/N/PE~50 Hz 400 V

Bild 1.87a
Übersichtsschaltplan
der Kühlanlagen-
schaltung

F1 F2

K1 K2

F3 F4

M1 M 3~   M2 M 3~

Lüfter   Kompressor

Bild 1.87b   Stromlaufplan in aufgelöster
Darstellung

Bild 1.87c
Anordnungsplan

Erklärung:
S1 Gruppenschalter Hand -0- Automat
S2 Kühlhausthermostat (Temperaturwächter)
F3 Lüfter - Motorschutzrelais
F4 Kompressor - Motorschutzrelais
S3 Druckbegrenzer

Ein Druckbegrenzer S 3 oder ein thermisches Überstromrelais F 4 schaltet den Kompressormotor ab.

Der Lüftermotor wird durch ein thermisches Überstromrelais bei einer Überlastung zur Abschaltung gebracht. Diese Störung soll mit einer im Sichtbereich liegenden Stör-Kontrollampe angezeigt werden (Kontrollschaltung wie etwa bei Bild 1.81).

Durch sinnvolles Zusammensetzen der genannten Grundschaltungen erhält man den in Bild 1.87b aufgeführten Steuerstromkreis. Die Anlagenplanung soll als Feuchtrauminstallation durchgeführt werden. Als Schutzmaßnahme werden Schmelzsicherungen im TN-System mit gesondert geführtem Schutzleiter gefordert. Aufbau und Zusammenhang der Anlage sind aus dem Anordnungsplan nach Bild 1.87c ersichtlich.

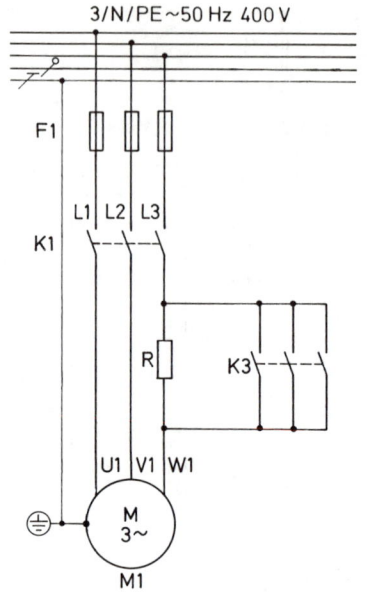

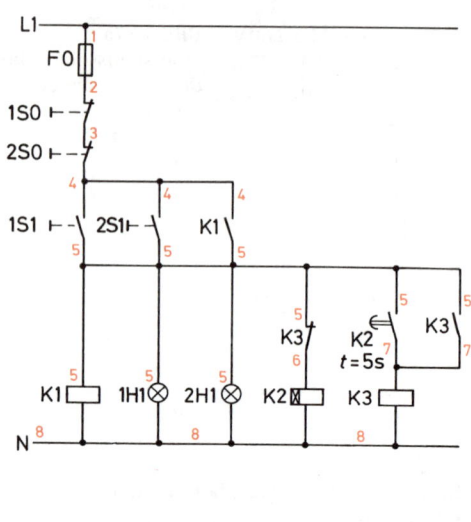

Bild 1.88a und b   Kusa-Schaltung

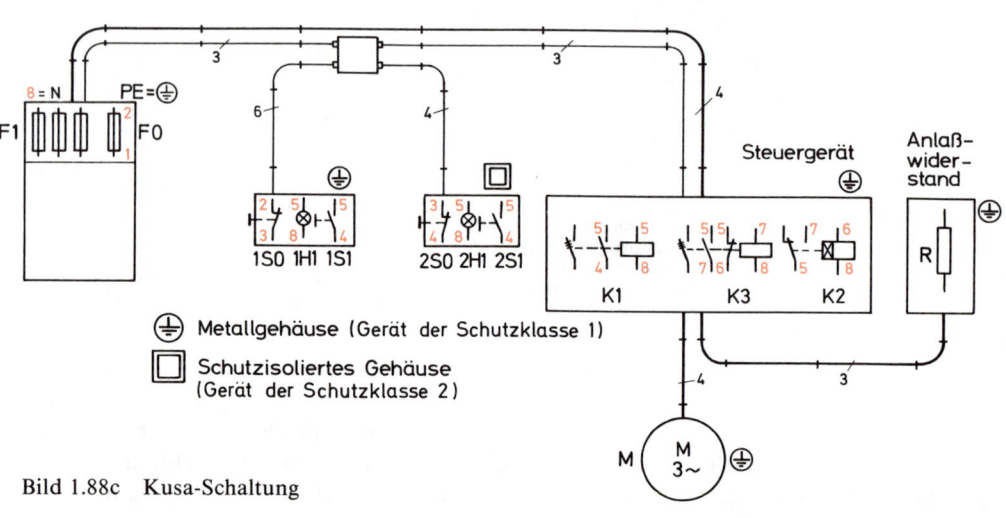

⏚ Metallgehäuse (Gerät der Schutzklasse 1)

▢ Schutzisoliertes Gehäuse
(Gerät der Schutzklasse 2)

Bild 1.88c   Kusa-Schaltung

124

1.7.2 Kusa-Schaltung (Kurzschlußläufermotor-Sanftanlauf)

Es ist eine automatische Anlaßschaltung für den sanften Anlauf des Drehstrommotors einer Textilmaschine zu planen. Der Drehstrommotor soll mittels Doppeldrucktastern von zwei verschiedenen Orten aus bedienbar sein (Impulssteuerung nach Bild 1.76b als Oder-Schaltung). An jeder Taststelle ist eine Einschaltkontrolllampe (weiß) vorzusehen, die mit der Einschaltung sofort aufleuchtet.

Der Anlaßwiderstand R, der vor der Motorwicklung in einem Außenleiter liegt, soll durch ein Schütz nach einer Anlaßzeit von $t = 5$ s überbrückt werden. Für den Verzögerungsvorgang soll ein Zeitrelais mit motorischem Antrieb Verwendung finden (Verzögerungsfolgeschaltung nach Bild 1.77c). Bei dem Ausfall des Netzschützes soll das Überbrückungsschütz unverzögert mit abfallen (Folgeschaltung).

Die Zusammensetzung der genannten Grundschaltungen ergibt den Stromlaufplan dieser Steuerung nach Bild 1.88b.

Die gleiche Steuerungsart kann bei der Anlaßschaltung mit der Anlaßdrossel, bei einem Schleifringläufer-Selbstanlasser und ähnlichen Schaltungen verwendet werden (Bild 1.93).

Die Anlagenplanung ist als Feuchtrauminstallation zu erstellen. Als Schutzmaßnahme werden Schutzorgane im TN-Netz mit getrennt geführtem Schutzleiter gewählt. Der Hauptstromkreis ist als Stromlaufplan in aufgelöster Darstellung nach Bild 1.88a aufgeführt. Ein Zusammenhang der gesamten Anlage ist aus dem Anordnungsplan nach Bild 1.88c zu ersehen.

1.7.3 Automatische Y△-Anlaßschaltung

Ein Drehstrommotor mit einer Leistung von 10 kW soll am Drehstromnetz 380 V betrieben werden. Direkteinschaltung des Motors darf wegen des hohen Anlaufstromes lt. TAB nicht erfolgen. Die Betätigung des Motors soll von einem Doppeldrucktaster mit Leuchtmelder ermöglicht werden. Der Leuchtmelder zeigt den Einschaltzustand sofort an. Für den Verzögerungsvorgang soll ein anzugsverzögertes Zeitrelais Verwendung finden. Haupt- und Hilfsstromkreis sind in einer Verteilung gesondert abzusichern. Der Überlastungsschutz des Motors wird durch ein Bimetallrelais, das sich am Netzschütz befindet, gewährleistet. Es kommen schutzisolierte Geräte zur Anwendung. Der Hauptstromkreis wird am zweckmäßigsten als Stromlaufplan nach Bild 1.89a aufgezeichnet. Der Stromlaufplan der Steuerung läßt sich aus folgenden Grundschaltungen erstellen:

1. Impulssteuerung mit Selbsthaltung.
2. Folgeschaltung zwischen Y-Schütz und Netzschütz. Nach dieser Folgeschaltung halten sich das Y-Schütz und das Netzschütz gemeinsam durch die Netzschützselbsthaltung.
3. Verzögerungsschaltung.
   Bei dieser Verzögerungsschaltung wird keine Zuschaltung mit dem Zeitrelais durchgeführt, sondern es wird das Y-Schütz zur Abschaltung gebracht, bevor das △-Schütz durch den Öffner des Y-Schützes zur Einschaltung kommt.

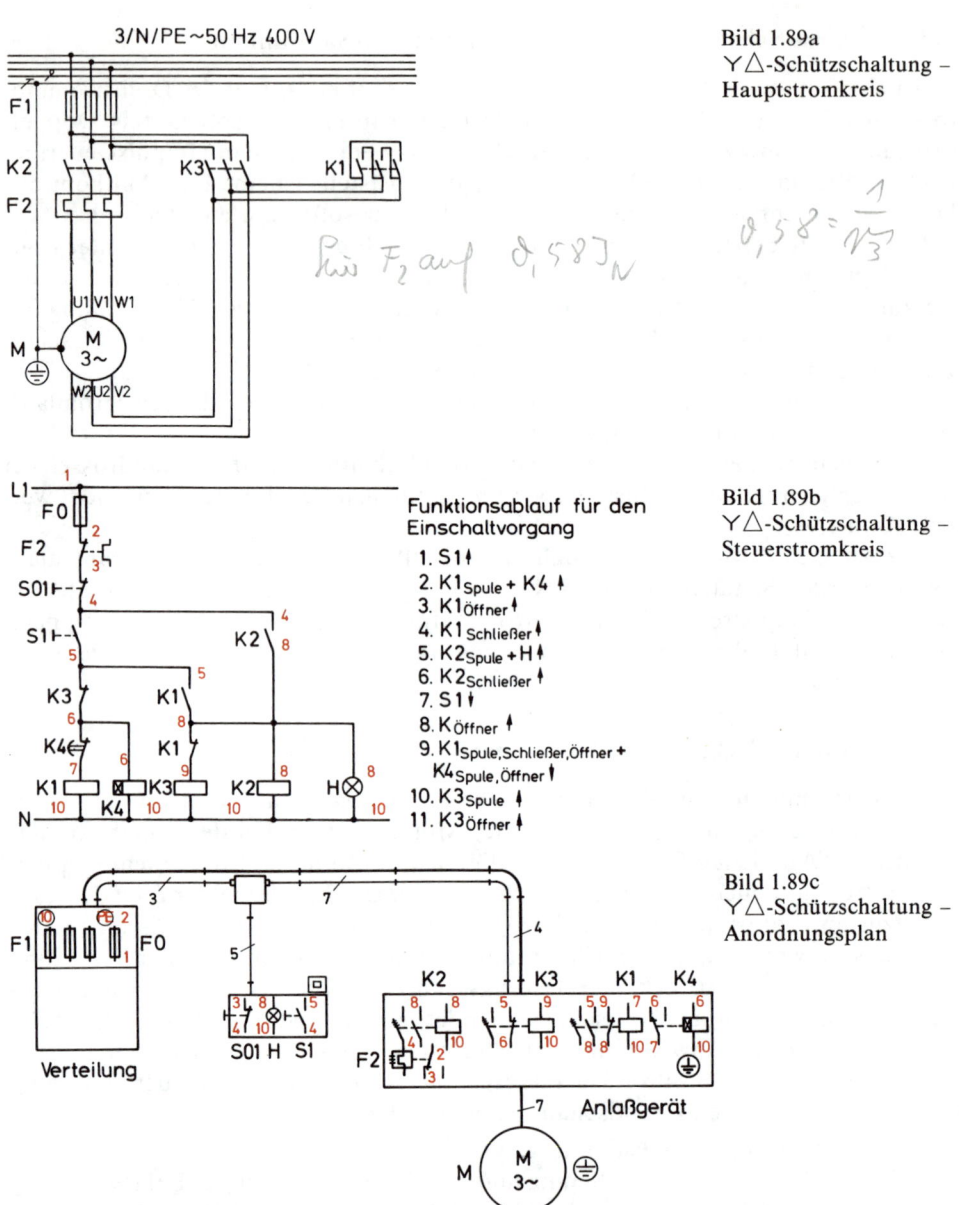

3/N/PE ~50 Hz 400 V

Bild 1.89a
Y△-Schützschaltung –
Hauptstromkreis

bis F₂ auf 0,58 J_N

$0,58 = \frac{1}{\sqrt{3}}$

Bild 1.89b
Y△-Schützschaltung –
Steuerstromkreis

Funktionsablauf für den Einschaltvorgang

1. $S1 \uparrow$
2. $K1_{Spule} + K4 \uparrow$
3. $K1_{Öffner} \downarrow$
4. $K1_{Schließer} \uparrow$
5. $K2_{Spule} + H \uparrow$
6. $K2_{Schließer} \uparrow$
7. $S1 \uparrow$
8. $K_{Öffner} \uparrow$
9. $K1_{Spule, Schließer, Öffner} + K4_{Spule, Öffner} \downarrow$
10. $K3_{Spule} \uparrow$
11. $K3_{Öffner} \uparrow$

Bild 1.89c
Y△-Schützschaltung –
Anordnungsplan

Verteilung

Anlaßgerät

4. Einfache Verriegelungsschaltung zwischen △-Schütz und Y-Schütz mit den Öffnern dieser Schütze.

Der Stromlaufplan der Steuerung ist aus Bild 1.89b ersichtlich und die Anordnung aus Bild 1.89c.

126

1.7.4 Dahlander-Schützschaltung

Ein polumschaltbarer Drehstrommmotor für zwei Drehzahlen mit einer Dahlander-wicklung, $\triangle Y Y$ soll mittels einer Schützschaltung von einer Befehlsschaltstelle aus bedient werden (Bild 1.90a, b, c). Es ist gefordert, daß die niedrige oder die hohe Drehzahl wahlweise aus dem Stillstand heraus direkt einschaltbar sein soll. Die Möglichkeit einer direkten Umschaltung von der hohen auf die niedrige Drehzahl ist in diesem Fall zu verhindern. Die Drehzahländerung darf nur über zwischenzeit-liches Betätigen des Austasters durchzuführen sein (Verriegelungsschaltung nach Bild 1.78b).

Damit das Netzschütz K 3 für die Einschaltung der hohen Drehzahl erst dann er-regt wird, wenn die YY-Brücke durch das Schütz K 2 wirksam ist, kommt eine Fol-geschaltung zwischen K 2 und K 3 mit Selbsthaltung durch K 3 zur Anwendung. Laststromkreis und Steuerstromkreis sind gesondert abzusichern. Überlastungs-schutz der Motorwicklung wird jeweils durch ein Bimetallrelais für die niedrige und für die hohe Drehzahlstufe gewährleistet.

1.7.5 Begrenzungssteuerung (Wendeschützschaltung)

Der Antriebsmotor für eine Bewegungseinrichtung mit Vorschub und Rücklauf soll von einer Taststelle aus mit den Schaltstellungen Linkslauf, Aus, Rechtslauf gesteu-ert werden. Der Einschaltzustand ist in Nähe der Taststelle durch nur eine Kon-trollampe für Links- und Rechtslauf anzuzeigen. Zwei Endtaster sollen eine wegab-hängige Begrenzung durchführen, d. h., wenn die jeweilige Endstellung beim Vor- oder Rücklauf erreicht ist, erfolgt eine automatische Abschaltung des Antriebsmo-tors. Durch Tasterbetätigung kann der Motor in seiner Gegendrehrichtung wieder in Betrieb genommen werden. Anwendungsmöglichkeiten dieser Steuerungsart bieten sich an Arbeitsmaschinen, Aufzugseinrichtungen, Garagentorsteuerungen usw. Die zur Unfallverhütung erforderlichen Sicherheitsvorkehrungen, wie Sicher-heitsschalter oder Lichtschranken, sind nicht mit eingezeichnet (Bild 1.91a, b, c).

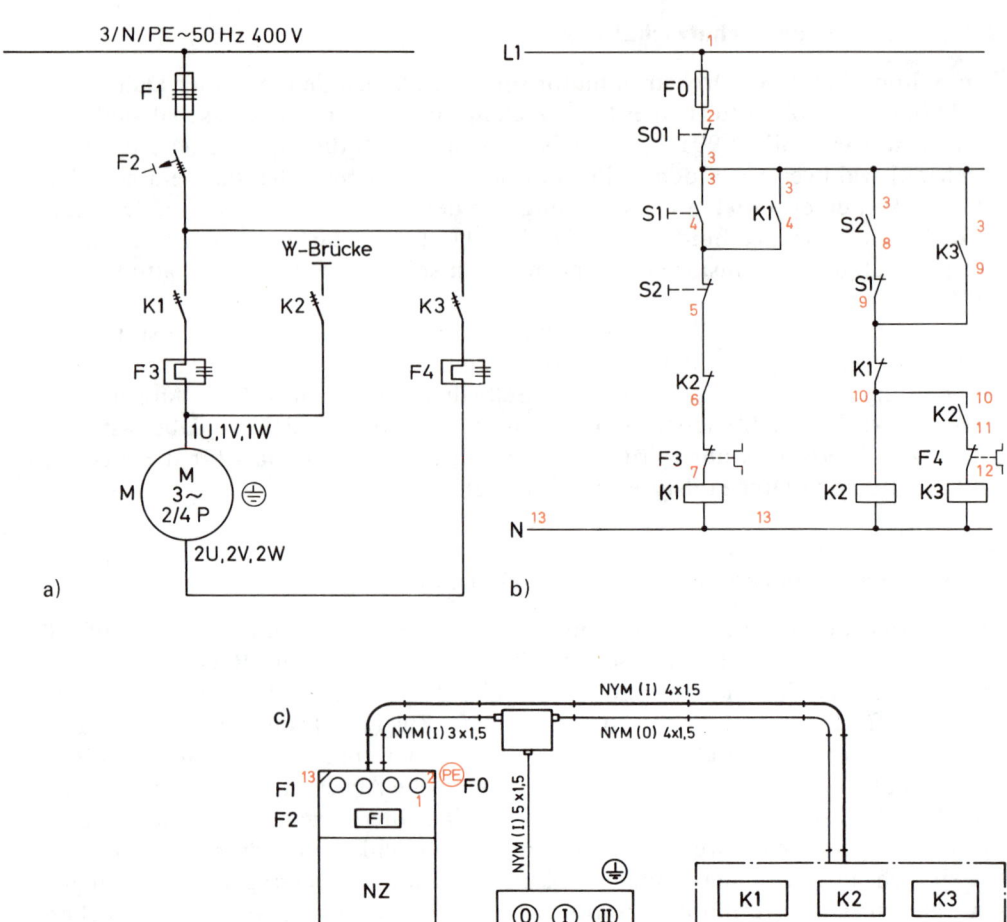

Bild 1.90a, b, c   Dahlander-Schaltung

128

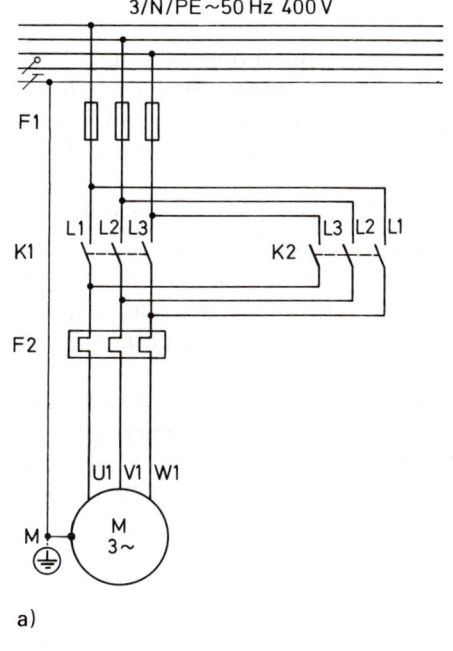

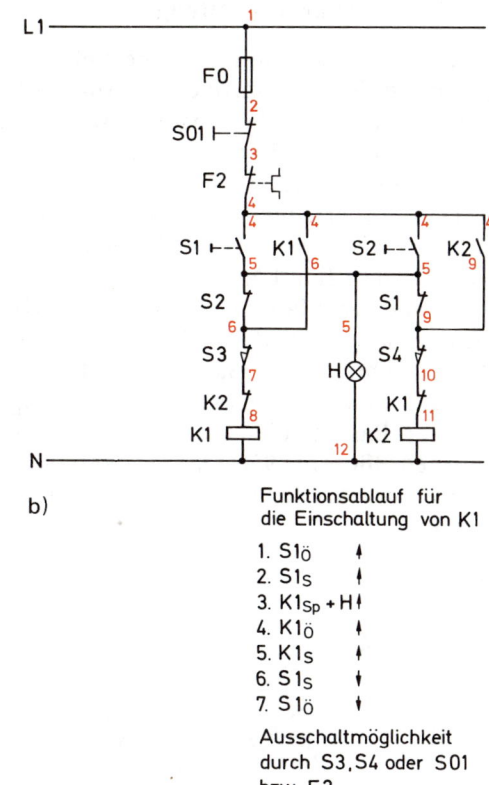

a)

b)

Funktionsablauf für die Einschaltung von K1

1. S1ö ↑
2. S1s ↑
3. K1$_{Sp}$ + H ↑
4. K1ö ↑
5. K1s ↑
6. S1s ↑
7. S1ö ↑

Ausschaltmöglichkeit durch S3, S4 oder S01 bzw. F2

Bild 1.91a, b, c   Begrenzungssteuerung

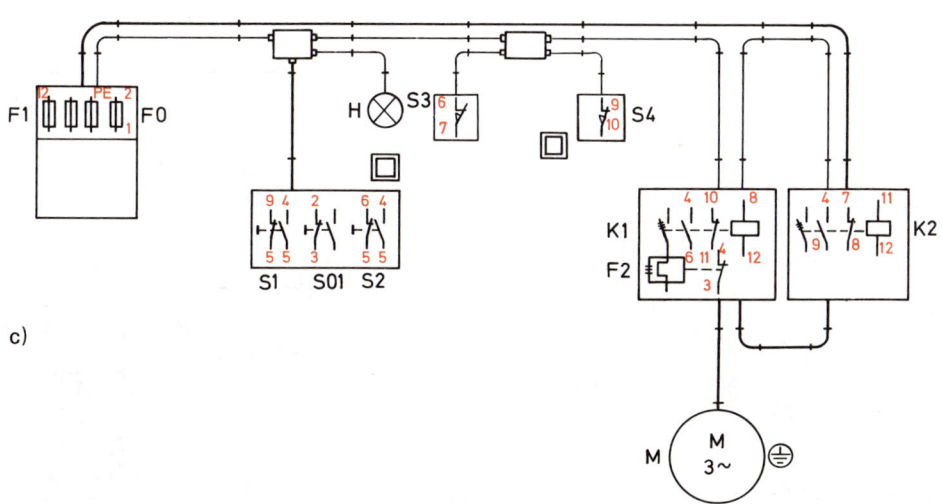

c)

1.7.6 Kaskadenschaltung

Die Kaskadenschaltung ist eine mehrfach aneinandergereihte Folgeschaltung. Verwendung finden derartige Steuerungsarten bei Anlaßschaltungen, Stufenschaltungen, Förderbandschaltungen usw., also immer dort, wo ein nachfolgend einzuschaltendes Gerät nur dann zur Einschaltung kommen darf, wenn ein vorhergehendes bereits betrieben wird.

Drei Förderbänder nach Bild 1.92a sind so zu schalten, daß bei dem Ausfall oder dem Einschalten eines Förderbandes keine Stauungen des Fördergutes eintreten. Danach darf Band Nr. I alleine betrieben werden, Band Nr. II darf in Verbindung mit Band Nr. I laufen, und Band Nr. III darf nur in Verbindung mit den anderen beiden Bändern laufen. Die Einschaltung erfolgt daher zwangsläufig, entgegen der Förderrichtung, von Band I nach Band III.

Zur Vereinfachung kann die Schaltung so abgestimmt werden, daß bei dem Ausfall von Band II die gesamte Anlage stillgesetzt wird. Kraft- und Steuerkreis sind aus den Bildern 1.92b und c zu entnehmen. Der Anordnungsplan ist in Bild 1.92d aufgeführt. Als Schutzmaßnahme wurde hier ein FI-Schutzschalter im TT-Netz gewählt.

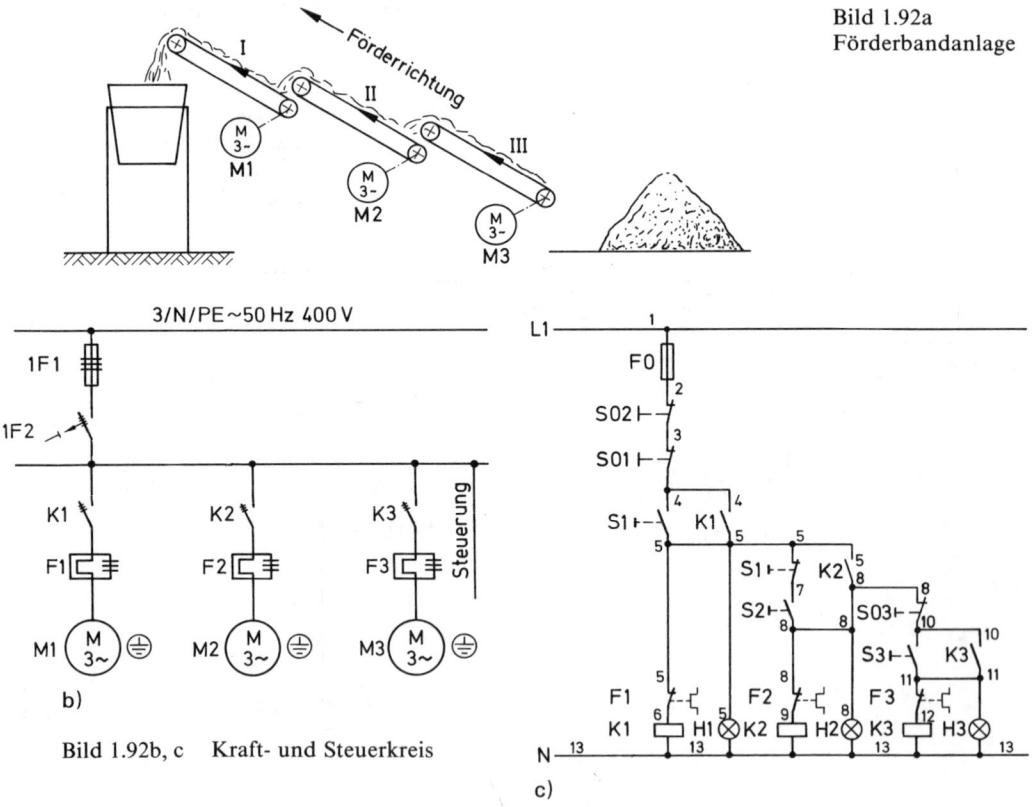

Bild 1.92a
Förderbandanlage

Bild 1.92b, c   Kraft- und Steuerkreis

130

Bild 1.92d
Anordnungsplan

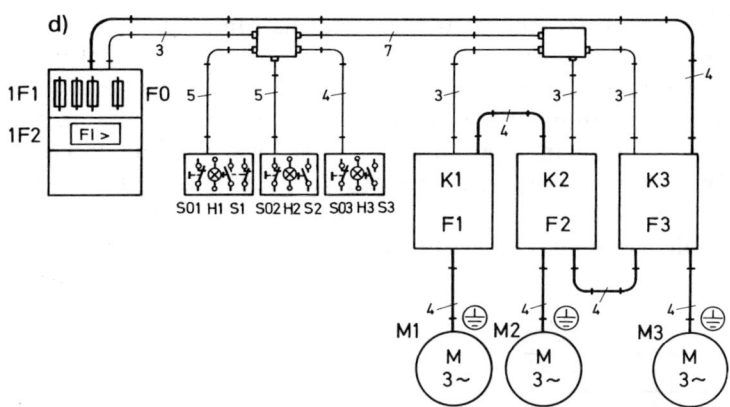

1.7.7 Schleifringläufer-Selbstanlasserschaltung

Der Schleifringläufermotor (siehe Band «Elektrische Maschinen», Abschnitt 5.2) kann über 3polige Schiebewiderstände, mit Flüssigkeitsanlasser, aber auch mit Hilfe einer Schützschaltung angelassen werden. Hierzu müssen zwei oder mehr Widerstandsgruppen beim Anlauf der Maschine nacheinander kurzgeschlossen werden. Bei richtiger Dimensionierung der Widerstandswerte kann der Anlaufstrom auf den 2fachen Nennstrom begrenzt werden, wie es oft von dem EVU gefordert wird.

Bild 1.93
Schleifringläufer-
Selbstanlasser

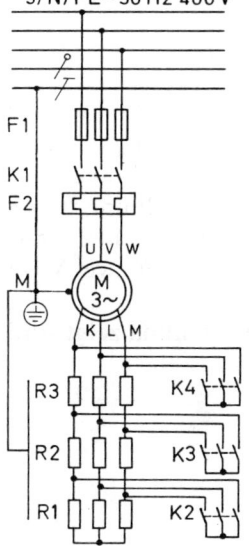

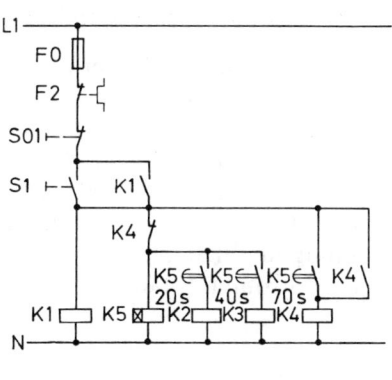

Zeitrelais K5 oder Programmgeber K5 schaltet K2, K3 und K4 nacheinander ein, bis K4 zur Selbsthaltung kommt und K5, K2 und K3 abschaltet.

Für die Darstellung als Stromlaufplan in aufgelöster Form sollen folgende Bedingungen gelten:

Der Schleifringläufermotor soll mit Hilfe von drei Widerstandsgruppen in Schützschaltung angelassen werden. Nach dem Eintasten sollen die Widerstandsgruppen nacheinander kurzgeschlossen werden. Die drei Schaltzeiten werden von einem Zeitrelais erzeugt, das auf verschiedene Zeiten programmierbar ist. Nachdem das letzte Schütz gezogen hat, sollen alle nicht benötigten Schaltgeräte freigeschaltet werden. Die Lösung ist Bild 1.93 zu entnehmen.

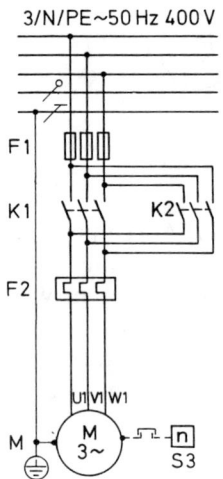

Bild 1.94
Bremswächterschaltung

1.7.8 Bremswächterschaltung

Ein Drehstromkäfigläufermotor in Spezialausführung soll in Wendeschützschaltung betrieben werden. Eine direkte Umschaltung in eine andere Drehrichtung ist nicht möglich. Wird der Aus-Taster betätigt, soll über einen Kontakt eines Drehzahlwächters das Schütz für die andere Drehrichtung zum Ziehen gebracht werden, so daß mit Gegenstrom gebremst wird. Ist Drehzahl 0 erreicht, erfolgt das Abschalten des Gegenstroms. Der Drehzahlwächter hat zwei Wechsler, die je nach Drehrichtung unabhängig voneinander arbeiten.

Den Stromlaufplan in aufgelöster Darstellung zeigt Bild 1.94.

132

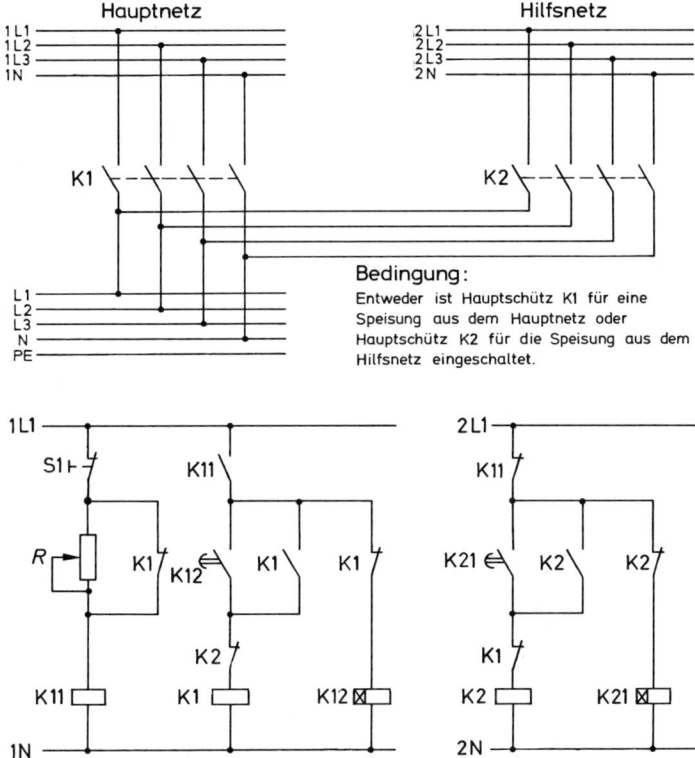

Bild 1.95
Selbsttätige
Netz-
umschaltung

Hauptnetz   Hilfsnetz

Bedingung:
Entweder ist Hauptschütz K1 für eine
Speisung aus dem Hauptnetz oder
Hauptschütz K2 für die Speisung aus dem
Hilfsnetz eingeschaltet.

1.7.9   Selbsttätige Netzumschaltung

Eine Anlage wird über ein Hauptnetz und über ein Hilfsnetz eingespeist. Das Umschalten soll automatisch erfolgen, wenn die Spannung des Hauptnetzes einen über einen Spannungsteiler einstellbaren Wert unterschreitet und innerhalb 5 s nicht zurückkehrt. Ist die Netzspannung wieder vorhanden, fällt das Hilfsnetz sofort heraus, und das Hauptnetz wird nach ebenfalls 5 s wieder zugeschaltet.

133

2 Darstellung von Steuerungen mit Schaltzeichen für binäre Schaltungen

2.1 Binäre Steuerungen

Beim überwiegenden Teil der physikalischen Größen erfolgen die Änderungen stetig. Deshalb ergibt ihr Abbild eine analoge, d. h. stufenlose Darstellung. Es gibt aber viele Größen, besonders im Bereich der Steuerungstechnik, die nur zwei unterschiedliche Werte annehmen können. Beispiele dafür sind:

a) Endschalter, Taster: betätigt – unbetätigt,
b) Schütz: angezogen – nicht angezogen,
c) Motor: eingeschaltet – ausgeschaltet.

In Steuerungsanlagen werden abhängig von diesen unterschiedlichen Signalzuständen Schaltvorgänge ausgelöst. Logische Zusammenhänge zwischen binären Signalen können durch einfache Schaltzeichen dargestellt werden. Diese Schaltzeichen sind festgelegt in DIN 40 900 Teil 12.

2.1.1 Signalpegel

Um eine Aussage über den jeweiligen Schaltzustand einer binären Schaltung machen zu können, sind gut unterscheidbare und eindeutige Bezeichnungen der Schaltzustände der am Funktionsgang beteiligten Schaltelemente notwendig. Die beiden möglichen Zustände der Schaltelemente werden durch die Ziffern 0 und 1 gekennzeichnet. Allgemein wird der erregte Zustand eines Schaltgerätes durch den Wert 1 bezeichnet. Dem nicht erregten Zustand wird der Wert 0 zugeordnet.

1: Schalter betätigt
   Schütz angezogen
   Endtaster angefahren
   Motor eingeschaltet
0: Schalter nicht betätigt
   Schütz abgefallen
   Endtaster nicht angefahren
   Motor ausgeschaltet

Diese übliche Darstellung (positive Logik) muß nicht in jedem Fall eingehalten werden. Es bleibt dem Anwender überlassen, in besonderen Fällen die Signalpegel umgekehrt zu verwenden (negative Logik). Dieses muß aber dann konsequent für die gesamte Schaltung so verwendet werden. An einer geeigneten auffälligen Stelle der Unterlagen ist in diesem Fall ein Hinweis auf diese Verwendung der Signalbezeichnung anzubringen.

2.1.2 Wahrheitstabelle

In binären Verknüpfungsschaltungen werden mehrere Eingangssignale logisch miteinander verknüpft. Diese Verknüpfungen haben ein oder mehrere Ausgangssignale zur Folge (Bild 2.1).

Der Zusammenhang zwischen den Eingangssignalen und den davon abhängigen Ausgangssignalen läßt sich in Form einer Tabelle darstellen. Diese Wahrheitstabelle muß so aufgebaut sein, daß sie für alle möglichen Kombinationen von Eingangssignalen die hierzu gehörenden Ausgangssignale wiedergibt.

Bild 2.1 Binäre Verknüpfungsschaltung
mit drei Eingängen und zwei Ausgängen

E1	E2	E3	A1	A2
0	0	0	0	0
0	0	1	0	1
0	1	0	0	0
0	1	1	0	1
1	0	0	0	0
1	0	1	0	1
1	1	0	1	1
1	1	1	1	1

Bild 2.2   Wahrheitstabelle für eine binäre Verknüpfungsschaltung

In Bild 2.2 ist eine Wahrheitstabelle für die Verknüpfung von drei Eingangssignalen E 1 bis E 3 dargestellt. Abhängig von den Signalen an den Eingängen werden zwei Ausgänge A 1 und A 2 beeinflußt.

Aus dieser Tabelle können die Signalzustände an den Ausgängen der Schaltung für jede Eingangssignalkombination abgelesen werden, ohne auf die innere Funktion der Schaltung einzugehen.

2.1.3 Grundform des Schaltzeichens für binäre Schaltungen

Die Grundform des Schaltzeichens ist ein Rechteck mit beliebigem Seitenverhältnis. An dieses Rechteck sind die Eingänge und die Ausgänge an gegenüberliegenden Seiten anzubringen (Bild 2.3). Ein Schaltzeichen kann eine beliebige Anzahl von Eingängen und Ausgängen aufweisen, vorausgesetzt, die Funktion des Schaltgliedes läßt dieses zu.

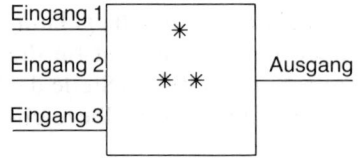

Bild 2.3
Grundform des Schaltzeichens mit drei Eingängen und einem Ausgang
  * Funktionskennzeichen, vorzugsweise Anordnung
 ** Funktionskennzeichen, alternative Anordnung

136

Dabei ist darauf zu achten, daß die Eingänge vorzugsweise oben oder an der linken Seite, die Ausgänge unten oder an der rechten Seite angeordnet werden. Dadurch ergibt sich eine Signalflußrichtung von oben nach unten bzw. von links nach rechts.

Wenn sich diese Anordnung der Ein- und Ausgänge aus zeichnerischen oder aus anderen Gründen nicht einhalten läßt und die Signalflußrichtung nicht mehr eindeutig zu erkennen ist, muß dieses durch einen Pfeil an den Verbindungslinien gekennzeichnet werden (Bild 2.4). Dieser darf nicht direkt an das Schaltzeichen anschließen.

Bild 2.4
Signalrichtungsangabe an einer Wirkungslinie

Das Funktionskennzeichen in einem Schaltsymbol gibt an, auf welche Art die Eingangsvariablen einer Schaltung miteinander verknüpft werden. Dieses Funktionskennzeichen befindet sich vorzugsweise oben in der Mitte des Schaltzeichens. Alternativ kann es in der Mitte des Schaltzeichens angebracht sein (Bild 2.3).

2.1.4 Negierung von Signalen

Soll der Wert einer Variablen vor oder nach einer Verknüpfung negiert werden, dann wird dieses durch einen Kreis vor dem Eingang (Bild 2.5a) oder nach dem Ausgang (Bild 2.5b) des Schaltzeichens dargestellt.

Bild 2.5
Negierung eines Signals am Eingang
bzw. am Ausgang einer Schaltung

Eine Negierung am Eingang einer Schaltung bewirkt eine Umkehr des Signales, bevor es entsprechend der Verknüpfungsvorschrift weiter verarbeitet wird. Eine Negierung am Ausgang einer Schaltung kehrt das Verknüpfungsergebnis um, d. h., die Umkehrung des Signales erfolgt erst, nachdem die Verknüpfung ausgeführt worden ist.

2.1.5 Binäre Verknüpfungsglieder

2.1.5.1 Und-Verknüpfung

Die Und-Verknüpfung verbindet zwei oder mehr Eingangsbedingungen derart miteinander, daß am Ausgang der Verknüpfung nur dann der Wert 1 entsteht, wenn an allen Eingängen gleichzeitig der Wert 1 anliegt.

Aus der Wahrheitstabelle (Bild 2.6) ist ersichtlich, daß der Ausgang nur dann den Signalzustand 1 aufweist, wenn beide Eingänge E 1 und E 2 1-Signal führen. Wenn

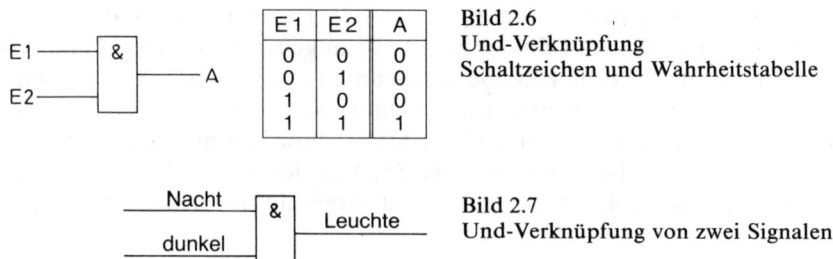

E1	E2	A
0	0	0
0	1	0
1	0	0
1	1	1

Bild 2.6
Und-Verknüpfung
Schaltzeichen und Wahrheitstabelle

Bild 2.7
Und-Verknüpfung von zwei Signalen

an einem oder an mehreren Eingängen ein 0-Signal anliegt, führt der Ausgang den Wert 0.

Funktionsbeispiel

Eine Beleuchtungsanlage wird über einen Dämmerungsschalter und eine Schaltuhr automatisch gesteuert. Die Leuchte soll während der Nachtzeit (19 Uhr bis 24 Uhr) eingeschaltet sein unter der Voraussetzung, daß es dunkel ist.

Die Leuchte ist nur dann eingeschaltet, wenn die Schaltuhr (Nacht) und gleichzeitig der Dämmerungsschalter (dunkel) betätigt sind (Bild 2.7). Eine der beiden Bedingungen ist für das Einschalten der Beleuchtung nicht ausreichend.

2.1.5.2 Oder-Verknüpfung

Bei der Oder-Verknüpfung entsteht am Ausgang der Verknüpfungsschaltung immer dann ein 1-Signal, wenn von mehreren Eingangsvariablen mindestens eine den Wert 1 hat. Dabei spielt es keine Rolle, ob auch andere Eingänge 1-Signal führen. Die Oder-Verknüpfung wird durch das Funktionssymbol ≥ 1 im Schaltzeichen dargestellt. Das Symbol ≥ 1 sagt aus, daß die Ausgangsvariable der Schaltung nur dann den Wert 1 hat, wenn die Summe der 1-Signale an den Eingängen größer oder wenigstens gleich 1 ist. In der Wahrheitstabelle (Bild 2.8) ist dieses Verhalten verdeutlicht.

E1	E2	A
0	0	0
0	1	1
1	0	1
1	1	1

Bild 2.8
Oder-Verknüpfung
Schaltzeichen und Wahrheitstabelle

Der Wert des Ausgangs A 1 ist immer dann 1, wenn wenigstens einer der Eingänge E 1 oder E 2 das Signal 1 führt. Nur für den Fall, daß alle Eingänge den Wert 0 haben, führt auch der Ausgang den Wert 0.

138

Funktionsbeispiel

Ein Elektromotor wird über eine Schützschaltung ein- und ausgeschaltet. Der Motorschutz erfolgt durch ein Bimetallrelais. Außerdem ist eine Sicherungsüberwachung eingebaut. Beim Auftreten einer Störung soll diese durch eine Meldeleuchte angezeigt werden.

Es wird immer dann die Störmeldeleuchte eingeschaltet, wenn entweder das Bimetallrelais ausgelöst oder die Sicherungsüberwachungseinrichtung angesprochen hat. Jeder Fehler für sich, aber auch ein gleichzeitiges Auftreten beider Fehler führt zu einer Störmeldung (Bild 2.9).

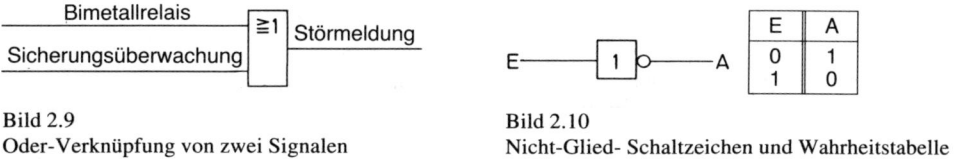

Bild 2.9
Oder-Verknüpfung von zwei Signalen

Bild 2.10
Nicht-Glied- Schaltzeichen und Wahrheitstabelle

2.1.5.3 Nicht-Funktion

Bei der Nicht-Funktion hat die Ausgangsvariable der Schaltung den entgegengesetzten Signalzustand der Eingangsvariablen. Führt der Eingang der Schaltung 0-Signal, dann nimmt der Ausgang den Wert 1 an. Hat aber der Eingang 1-Signal, dann stellt sich am Ausgang der Wert 0 ein. Die Wahrheitstabelle (Bild 2.10) macht dieses Verhalten deutlich.

Funktionsbeispiel

Die Temperatur eines Raumes wird durch einen Raumthermostaten überwacht. Bei Unterschreitung einer eingestellten Temperatur wird dies durch einen Leuchtmelder angezeigt.

Bild 2.11
Negierung eines Signals durch ein Nicht-Glied

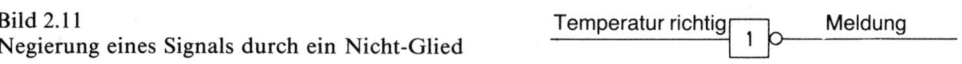

Immer dann, wenn die Raumtemperatur den am Thermostaten eingestellten Wert überschritten hat, erscheint am Eingang der Schaltung ein 1-Signal. Die Nicht-Schaltung kehrt dieses Signal in ein 0-Signal um. Der Leuchtmelder ist ausgeschaltet. Fällt die Raumtemperatur unter den eingestellten Wert (0-Signal am Eingang), wird dieser Wert in ein 1-Signal umgewandelt. Der Leuchtmelder ist eingeschaltet und zeigt die Untertemperatur an.

2.1.5.4 Nand-Funktion

Durch eine Kombination einer Und-Schaltung mit einer nachfolgenden Nicht-Schaltung ergibt sich eine Nand-Schaltung (Not And → Nand; Bild 2.12).

Der Ausgang der Und-Schaltung führt nur dann 1-Signal, wenn beide Eingangsvariablen den Wert 1 haben. Dieses 1-Signal wird durch die nachfolgende Nicht-Schaltung negiert. Daraus ergibt sich für die Nand-Schaltung:

Die Variable am Ausgang einer Nand-Schaltung nimmt immer dann den Wert 0 an, wenn alle Eingangsvariablen den Wert 1 haben. Führt nun einer der Eingänge 0-Signal, dann ist die Verknüpfungsbedingung «Und» nicht mehr erfüllt. Der Ausgang der Nand-Verknüpfung führt jetzt 1-Signal (Bild 2.13).

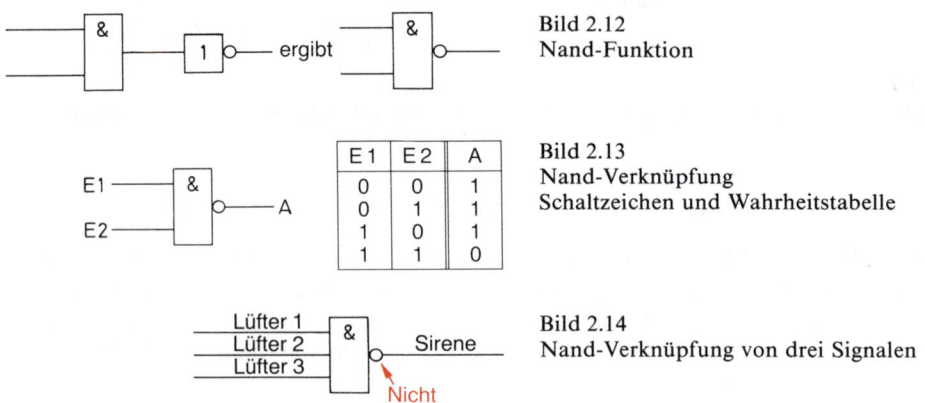

Bild 2.12
Nand-Funktion

E1	E2	A
0	0	1
0	1	1
1	0	1
1	1	0

Bild 2.13
Nand-Verknüpfung
Schaltzeichen und Wahrheitstabelle

Bild 2.14
Nand-Verknüpfung von drei Signalen

Funktionsbeispiel

Eine Entlüftungsanlage besteht aus drei Lüftern. Für jeden Ventilator ist ein Strömungswächter zur Betriebsüberwachung eingebaut. Bei Ausfall eines Lüfters soll dies durch eine Sirene gemeldet werden.

Wenn alle drei Lüfter eingeschaltet und richtig in Betrieb sind, ist die Und-Bedingung erfüllt. Die nachfolgende Negierung kehrt das aus der Und-Verknüpfung entstandene 1-Signal in ein 0-Signal um und verhindert dadurch das Einschalten der Sirene (Bild 2.14). Bei Ausfall eines Lüfters ergibt sich als Ergebnis der Und-Verknüpfung ein 0-Signal. Die Negation dieses Signales ergibt den Wert 1. Die Sirene ist eingeschaltet.

2.1.5.5 Nor-Funktion

Die Nor-Funktion ergibt sich aus einer Kombination einer Oder-Schaltung mit einer nachfolgenden Nicht-Schaltung. Die Eingangssignale der Schaltung werden nach einer Oder-Funktion verknüpft. Das Verknüpfungsergebnis wird anschließend negiert (Bild 2.15).

140

Die Oder-Schaltung führt am Ausgang immer dann 1-Signal, wenn an wenigstens einem der Eingänge ein 1-Signal anliegt. Die nachfolgende Nicht-Schaltung kehrt dieses Signal vom Wert 1 in den Wert 0 um. Für die Nor-Schaltung gilt die folgende Verknüpfungsvorschrift:

Die Variable am Ausgang einer Nor-Schaltung nimmt immer dann den Wert 0 an, wenn an mindestens einem der Eingänge der Wert 1 anliegt. Nur für den Fall, daß alle Eingangsvariablen den Wert 0 führen, nimmt die Ausgangsvariable den Wert 1 an (Bild 2.16).

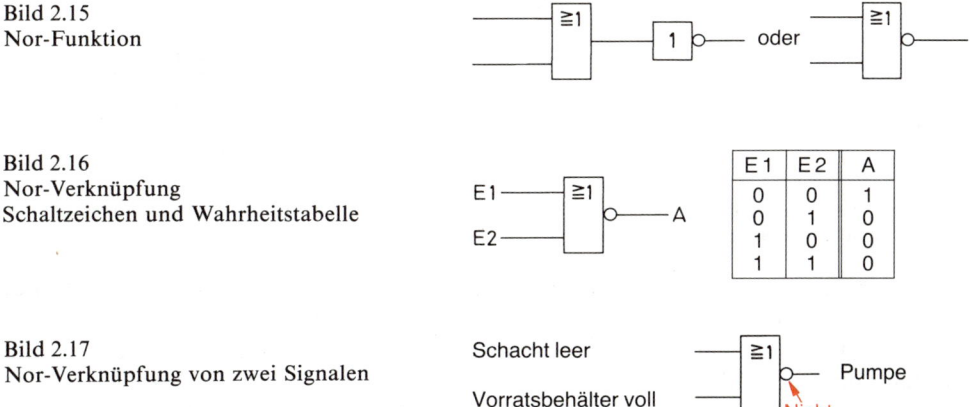

Bild 2.15
Nor-Funktion

Bild 2.16
Nor-Verknüpfung
Schaltzeichen und Wahrheitstabelle

E 1	E 2	A
0	0	1
0	1	0
1	0	0
1	1	0

Bild 2.17
Nor-Verknüpfung von zwei Signalen

Funktionsbeispiel

Eine Wasserpumpe fördert Brauchwasser aus einem Schacht in einen Vorratsbehälter. Sowohl der Schacht als auch der Vorratsbehälter enthalten je einen Schwimmerschalter, die einen Trockenlauf der Pumpe bzw. ein Überlaufen des Vorratsbehälters verhindern sollen.

Um eine Störung in der Anlage zu vermeiden, darf für den Fall, daß eine der beiden Eingangsbedingungen erfüllt ist, die Wasserpumpe nicht eingeschaltet sein (Bild 2.17).

Ein Betrieb der Pumpe ist nicht zulässig, wenn entweder der Schacht leergepumt oder der Vorratsbehälter gefüllt ist.

2.1.5.6 Speicherglieder

In Steuerungen stellt sich häufig die Aufgabe, durch Signale von kurzer Dauer (Impulse) eine Schaltung in einen bestimmten Schaltzustand zu versetzen, der nach dem Ende des Impulses erhalten bleiben soll. Um diese Aufgabe zu erfüllen, sind Schaltglieder mit Speicherverhalten nötig. Ein solches Verhalten zeigt das bistabile Kippglied. Es wird dargestellt durch ein Rechteck, dessen Eingänge durch die Buchstaben S (setzen) und R (rücksetzen) gekennzeichnet sind (Bild 2.18).

141

Wird an den mit S gekennzeichneten Eingang ein 1-Signal angelegt, dann erhält auch der Ausgang den Wert 1. Dieser Signalzustand am Ausgang bleibt auch dann erhalten, wenn das Signal am S-Eingang wieder zu 0 wird. Wird an den mit R gekennzeichneten Eingang ein 1-Signal angelegt, dann erscheint am Ausgang der Wert 0. Dieser Ausgangszustand bleibt nach Wegnahme des 1-Signales am R-Eingang erhalten. Ein eventuell vorhandener negierter Ausgang zeigt den entgegengesetzten Signalzustand, den der Ausgang führt.

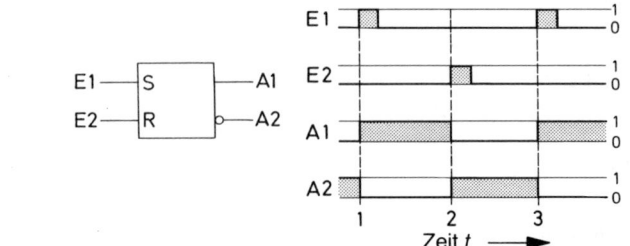

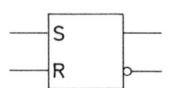

Bild 2.18   Bistabiles Kippglied
            Schaltzeichen

Bild 2.19   Speicherglied mit Funktionsdiagramm

Ein kurzes 1-Signal am Eingang E 1 (Zeitpunkte 1 und 3 im Diagramm in Bild 2.19) hat zur Folge, daß die Ausgangsvariable A 1 den Wert 1 annimmt. Sie behält diesen Wert so lange bei, bis durch ein kurzes 1-Signal am Eingang E 2 (Zeitpunkt 2 im Diagramm in Bild 2.19) der Zustand des Kippgliedes sich umkehrt. Der Ausgang A 2 nimmt 1-Signal an, die Ausgangsvariable A 1 dagegen den Wert 0. Für den Sonderfall, daß an beiden Eingängen E 1 und E 2 gleichzeitig ein 1-Signal anliegt, ist in dieser Darstellung keine Aussage enthalten. Soll auch dieser Fall eindeutig dargestellt werden, ist im Schaltzeichen anzugeben, welcher Eingang von den Ausgängen vorrangig berücksichtigt wird. Dazu wird der Eingang hinter seinem Funktionskennzeichen mit einer Ziffer versehen. Der Ausgang, der diesen Eingang vorrangig berücksichtigt, wird durch die gleiche Ziffer gekennzeichnet. Bei der in Bild 2.20 dargestellten Speicherschaltung wird bei einem 1-Signal an beiden Eingängen das Rücksetzsignal von beiden Ausgängen vorrangig berücksichtigt. Der eigentliche Ausgang führt 0-Signal, der negiert Ausgang führt 1-Signal. Es ist auch denkbar, daß nicht beide Ausgänge den gleichen Eingang vorrangig berücksichtigen. In diesem Fall werden für die Darstellung der vorrangigen Berücksichtigung weitere Ziffern eingesetzt.

Von großer Bedeutung für den Einsatz von Speichergliedern in Steuerungen ist deren Verhalten bei einer Abschaltung der Gesamtanlage bzw. nach einer Wiedereinschaltung oder nach einem Netzausfall. Unter diesem Gesichtspunkt müssen drei Speicherarten unterschieden werden:

a) Beim Einschalten der Anlage nimmt der in Bild 2.21 dargestellte Speicher einen undefinierten Zustand ein. Es läßt sich nicht vorhersagen, welcher der beiden Ausgänge 0-Signal bzw. 1-Signal führen wird. Für den Einsatz in Steuerungen ist dieser Speicher von untergeordneter Bedeutung.

142

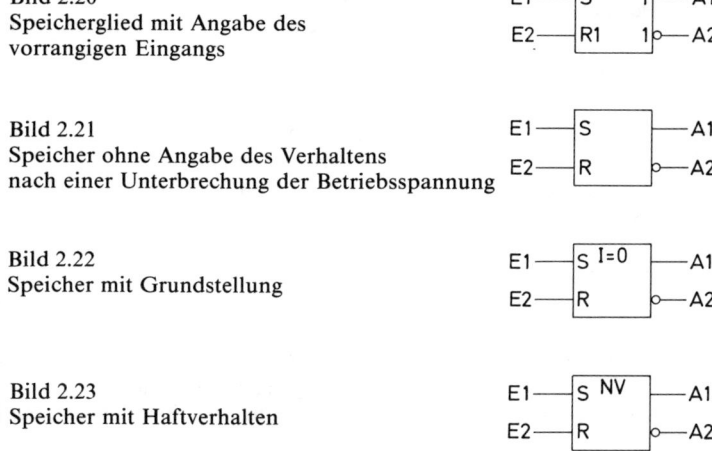

Bild 2.20
Speicherglied mit Angabe des
vorrangigen Eingangs

Bild 2.21
Speicher ohne Angabe des Verhaltens
nach einer Unterbrechung der Betriebsspannung

Bild 2.22
Speicher mit Grundstellung

Bild 2.23
Speicher mit Haftverhalten

b) Bei Speichergliedern, die nach dem Einschalten der Betriebsspannung einen definierten Ausgangszustand annehmen, wird dieser Zustand oben im Schaltsymbol (Bild 2.22) durch den Hinweis «I = 0» oder «I = 1» (Initialisierung auf 0 oder 1) angegeben. Bei der in Bild 2.22 gezeigten Schaltung nimmt der Ausgang A 1 den Wert 0, der Ausgang A 2 den Wert 1 an. Diese Speicherart ist diejenige, die in Steuerungen am häufigsten zur Anwendung kommt. Sie bewirkt, daß der Steuerungsablauf mit bestimmten definierten Zuständen beginnt.

c) Bei einem Speicherglied mit Haftverhalten (Bild 2.23) ist der Schaltzustand nach dem Einschalten der Anlage eindeutig festgelegt. Das Speicherglied stellt sich auf den Wert ein, der vor der Abschaltung zuletzt eingestellt war. Dieser Speicher merkt sich seinen Schaltzustand über eine Unterbrechung der Stromversorgung hinaus. Es wird in solchen Anlagen eingesetzt, in denen nach einer Unterbrechung des Steuerungsablaufs und einer nachfolgenden Wiedereinschaltung eine Fortsetzung des Steuerprogramms an der unterbrochenen Stelle erforderlich ist. Dieses Verhalten wird durch die Buchstaben «NV» (non volatile) im Kopf des Schaltsymbols angegeben.

Funktionsbeispiel

Eine Pumpe wird durch einen Elektromotor angetrieben. Die Schaltung des Motors erfolgt über eine Tasterkombination (Ein – Aus). Bei gleichzeitiger Betätigung beider Taster hat der Aus-Taster Vorrang gegenüber dem Ein-Taster (Bild 2.24). Bei Betätigung des Ein-Tasters wird das Speicherglied gesetzt. Der Motor der Pumpe ist eingeschaltet. Dieser Zustand wird so lange beibehalten, bis der Aus-Taster betätigt wird. Der Aus-Taster setzt den Speicher zurück. Er schaltet den Motor ab. Bei gleichzeitiger Betätigung der beiden Taster ist die Vorrangigkeit des Aus-Tasters im Schaltzeichen angegeben. Beim Einschalten der Anlage bleibt das Speicherglied in der ausgeschalteten Schaltstellung (I = 0, Bild 2.24).

143

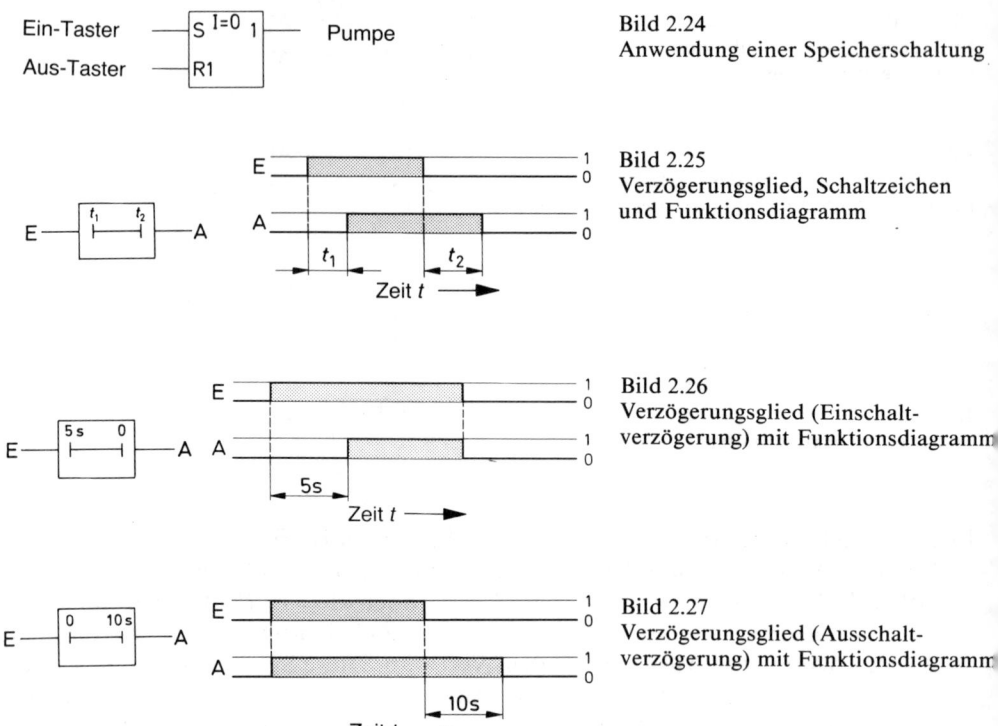

Ein-Taster ——S $^{I=0}$ 1 —— Pumpe

Aus-Taster ——R1

Bild 2.24
Anwendung einer Speicherschaltung

E —[t_1 t_2]— A

Bild 2.25
Verzögerungsglied, Schaltzeichen und Funktionsdiagramm

E —[5s 0]— A

Bild 2.26
Verzögerungsglied (Einschaltverzögerung) mit Funktionsdiagramm

E —[0 10s]— A

Bild 2.27
Verzögerungsglied (Ausschaltverzögerung) mit Funktionsdiagramm

2.1.5.7 Verzögerungsglieder

Zur Realisierung von Zeitverzögerungen in Steuerungsanlagen werden zeitabhängige Schaltglieder benötigt. Ein Verzögerungsglied ist ein solches zeitabhängiges Schaltungsteil, das einen Schaltbefehl verzögert weitergibt. Zur Darstellung eines Verzögerungsgliedes wird das Grundschaltzeichen mit einem Eingang und einem Ausgang verwendet. In dieses Grundschaltzeichen wird die Verzögerung und die Art der Verzögerung eingetragen (Bild 2.25).

Bei der in Bild 2.25 dargestellten Zeitverzögerung erfolgt der Übergang vom Wert 0 zum Wert 1 (Einschalten) am Ausgang der Schaltung nach einer Verzögerungszeit t_1 in bezug auf denselben Signalwechsel am Eingang. Der Übergang vom Wert 1 zum Wert 0 (Ausschalten) der Variablen am Ausgang erfolgt nach einer Verzögerungszeit t_2 in bezug auf denselben Übergang am Eingang. Anstelle von t_1 und t_2 werden die tatsächlichen Verzögerungszeiten eingesetzt. Für t_1 oder t_2 können auch die Werte 0 eingetragen werden, wenn bei einem Signalwechsel entweder von 1 nach 0 oder von 0 nach 1 keine Verzögerung erfolgt.

Wird in ein Schaltzeichen die Zeit $t_2 = 0$ eingetragen (Bild 2.26), dann erfolgt der Signalwechsel vom 1-Signal zum 0-Signal am Ausgang der Schaltung gleichzeitig

144

mit dem entsprechenden Signalwechsel am Eingang. Eine Verzögerung tritt nur beim Signalwechsel vom 0-Signal zum 1-Signal auf.

Beim Anlegen eines 1-Signals an den Eingang der Schaltung folgt unverzögert der Wert 1 am Ausgang des Verzögerungsgliedes, wenn die Zeit $t_1 = 0$ eingetragen ist (Bild 2.27). Die Verzögerung erfolgt, wenn das Eingangssignal vom Wert 1 zum Wert 0 wechselt. Dieser Signalwechsel wird am Ausgang der Schaltung mit einer Verzögerung von 10 Sekunden ausgeführt.

Funktionsbeispiel
Eine automatische Lötstation ist mit eine Absauganlage versehen. Beim Einschalten der Station muß die Absaugung sofort mit in Betrieb gehen. Nach dem Ausschalten läuft sie aber noch 10 Minuten nach, um noch vorhandene Lötdämpfe aus dem Raum zu leiten.

In Bild 2.28 ist diese Funktion dargestellt. Der Einschaltbefehl für die Lötstation wird ohne Verzögerung an die Entlüftungsanlage weitergeleitet. Erst beim Ausschalten der Station tritt eine Verzögerung ein, die diesen Befehl mit einer Nachlaufzeit von 10 Minuten an die Absaugung weiterleitet und diese abschaltet (Ausschaltverzögerung).

Bild 2.28
Beispiel einer Verzögerungseinrichtung

Lötstation ein ——— Absaugung ein

2.2   Steuerungsdarstellung durch Funktionspläne

Funktionspläne nach DIN 40 719 Teil 6 sind anlagenorientierte Darstellungen von Steuerungsfunktionen, unabhängig von deren Realisierung. Sie lassen offen, welche Arten von Betriebsmitteln verwendet werden. Sie ergänzen bzw. ersetzen die verbale Beschreibung. Ein Funktionsplan dient als Verständigungshilfsmittel zwischen dem Hersteller und dem Anwender. Er erleichtert das Zusammenarbeiten verschiedener Fachdisziplinen, z. B. Maschinenbau, Elektrotechnik, Hydraulik, Pneumatik. Durch einen Funktionsplan kann eine Steuerung in ihren wesentlichen Eigenschaften, d. h. in ihrer Grobstruktur oder mit den für die jeweiligen Anwendungen notwendigen Einzelheiten, in ihrer Feinstruktur eindeutig dargestellt werden. Zur Beschreibung logischer Zusammenhänge innerhalb eines Funktionsplanes dienen die Schaltzeichen für Binär- und Digitalschaltungen nach DIN 40 900 Teil 12. Zum Anordnen mehrerer Eingänge am grafischen Schaltsymbol ist es erlaubt, die Eingangsseite über eine oder beide Seiten hinaus zu verlängern (Bild 2.29).

Bild 2.29
Und-Schaltung mit verlängerter Eingangsseite

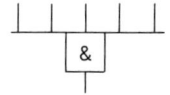

145

2.2.1 Darstellung von Verknüpfungssteuerungen

Verknüpfungssteuerungen sind dadurch gekennzeichnet, daß zu jedem Zeitpunkt jeder beliebigen Kombination von Eingangssignalen eine ganz bestimmte Kombination von Ausgangssignalen zugeordnet ist. Diese Zuordnung erfolgt im Sinne logischer Verknüpfungen, die sich überwiegend aus den elementaren Funktionen «Und», «Oder» und «Nicht» zusammensetzen. Außer diesen Grundverknüpfungen können noch zeitabhängige oder speichernde Funktionselemente vorhanden sein (Bild 2.30).

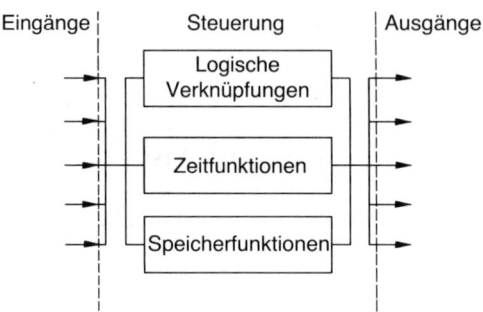

Bild 2.30
Aufbau einer Verknüpfungssteuerung
mit ihren Grundfunktionen

Beispiel einer Verknüpfungssteuerung (Wendeschaltung)
Durch eine kurzzeitige Tasterbetätigung soll ein Motor für die Drehrichtung Rechtslauf bzw. Linkslauf eingeschaltet werden. Das Ausschalten erfolgt durch Betätigung eines Aus-Tasters. Ein Umschalten in die entgegengesetzte Drehrichtung darf nur möglich sein, wenn der Antrieb vorher ausgeschaltet worden ist. Beim Ansprechen des Motorschutzes muß der Motor sofort abgeschaltet werden. Ein automatisches Wiedereinschalten darf nicht erfolgen. Es muß sichergestellt sein, daß nach einer Unterbrechung der Betriebsspannung der Motor nicht selbsttätig eingeschaltet wird.

Bei der Erstellung des Funktionsplanes wird mit dem grundlegenden Teil der Steuerung begonnen. Da die Ein- und Ausschaltung über Taster erfolgt, müssen diese Befehle gespeichert werden (Bild 2.31). Für jede Drehrichtung wird daher ein

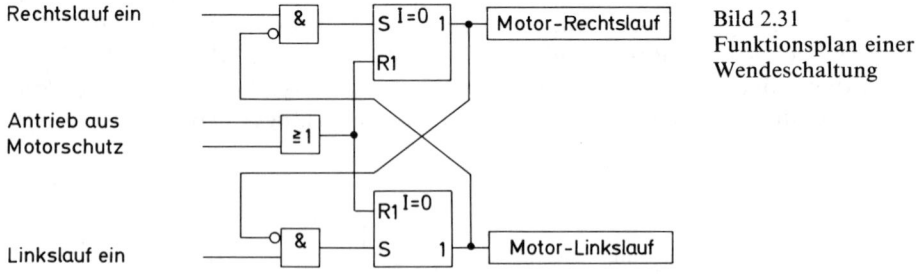

Bild 2.31
Funktionsplan einer
Wendeschaltung

146

Speicherglied benötigt. Die Ausgänge dieser Speicher liefern den Befehl «Motor Rechtslauf» bzw. «Motor Linkslauf». Um zu verhindern, daß beim Einschalten der Anlage oder nach einer Unterbrechung der Betriebsspannung der Motor gleich in einer Drehrichtung anläuft, werden Speicherglieder eingesetzt, deren Grundstellung der rückgesetzte Zustand ist. Damit die gleichzeitige Einschaltung beider Drehrichtungen ausgeschlossen ist, wird der Setzimpuls für die Speicher über eine Und-Verknüpfung verhindert, wenn der entgegengesetzte Ausgang schon eingeschaltet ist. Ein Rücksetzen beider Speicher, d. h. ein Ausschalten des Motors, erfolgt entweder durch die Betätigung des Aus-Tasters oder durch das Ansprechen des Motorschutzes. Der Rücksetzeingang hat bei beiden Speichergliedern Vorrang vor dem Setzeingang. Dadurch ist sichergestellt, daß im Fehlerfall oder bei Betätigung des Aus-Tasters der Antrieb nicht eingeschaltet werden kann.

2.2.2 Darstellung von Befehlen

Jede Verknüpfungsschaltung bildet Ausgangssignale, mit deren Hilfe Anlagenteile eingeschaltet oder ausgeschaltet werden. Bevor Schaltbefehle von einer Steuerung ausgegeben werden, müssen in der Regel umfangreiche Verriegelungen und Sicherheitsschaltungen berücksichtigt werden. Im Laufe der Zeit haben sich einige Standardschaltungen herausgebildet, die immer wieder zum Einsatz kommen. Für diese standardisierten Schaltungen sind Kurzsymbole entstanden, mit deren Hilfe umfangreicherer Ausgabeschaltungen in einfacher Form gezeichnet werden können. Diese Symbole sind in DIN 40 719 Teil 6 festgelegt.

Im folgenden wird zunächst die generelle Darstellung von Befehlen gezeigt. Danach werden die einzelnen Befehlsarten erläutert.

Das Grundsymbol für die Darstellung eines Befehls ist ein Rechteck, das in drei Felder eingeteilt ist (Bild 2.32). In die einzelnen Felder können folgende Informationen eingetragen werden.

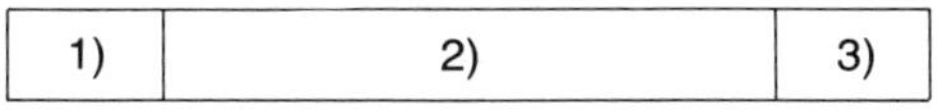

Bild 2.32
Befehlsdarstellung, Einteilung in drei Felder

1)	2)	3)

Feld 1:
Das erste Feld enthält einen Hinweis auf die Art des Befehls, der ausgegeben werden soll. Die unterschiedlichen Möglichkeiten der Befehlsausgabe sind durch Abkürzungen gekennzeichnet.

D: verzögert
S: gespeichert
SD: verzögert und gespeichert
NS: nicht gespeichert
NSD: nicht gespeichert und verzögert
SH: gespeichert, auch wenn die Versorgungsspannung ausfällt
T: zeitlich begrenzt
ST: gespeichert und zeitlich begrenzt

147

Feld 2:

Das zweite Feld, das mindestens doppelt so groß sein soll wie das größere der beiden äußeren Felder, enthält eine stichpunktartige Beschreibung des auszugebenden Befehls. Hier wird angegeben, welcher Antrieb geschaltet werden soll, welche Leuchte angesteuert wird oder welches Ventil betätigt werden soll.

Feld 3:

Im dritten Feld wird eine Numerierung der Befehle durchgeführt. Diese Befehlsnummern werden benötigt, wenn Rückmeldungen der angesteuerten Betriebsmittel als Eingangssignale für Verknüpfungen verwendet werden sollen. In diesem Fall kann durch die Befehlsnummer eine schnelle Zuordnung zu dem Befehl geschaffen werden, durch den die Ansteuerung des Betriebsmittels erfolgt.

In Ablaufsteuerungen (siehe Abschnitt 2.3) besteht die Befehlsnummer aus zwei Teilen (z. B. 2.4). Die 2 stellt die Nummer des Schrittes dar, der diesen Befehl ausgibt. Die 4 besagt, daß dieses der vierte Befehl des Schrittes 2 ist. Dieses Feld kann in der Befehlsdarstellung fehlen, wenn eine Zuordnung über Befehlsnummern nicht gewünscht ist.

An das Grundsymbol können mehrere Wirkungslinien gezeichnet werden. Diese Wirkungslinien stellen Eingangs- und Ausgangssignale für den Befehl dar. Ein Befehl kann mehrere Eingänge haben. Diese Eingänge werden am Symbol oben oder links dargestellt. Sie dienen, wenn sie keine besondere Kennzeichnung haben, der Ansteuerung des in Feld 2 beschriebenen Betriebsmittels. Eingänge mit besonderen Eigenschaften sind durch Buchstaben gekennzeichnet, die die Funktion des betreffenden Eingangs angeben. Dabei sind folgende Buchstaben möglich:

F: Freigabe
R: Rücksetzen

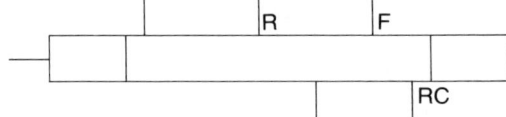

Bild 2.33
Befehl; allgemeine Darstellung mit
Eingängen und Ausgängen

Zusätzlich zu den Eingängen können noch Ausgänge vorhanden sein. Diese Ausgangssignale werden am Befehlssymbol unten gezeichnet. Sie können für Verküpfungen in der Steuerung verwendet werden. Ein Ausgang ohne Kennzeichnung besagt, wenn an ihm 1-Signal anliegt, daß der in Feld 2 bezeichnete Befehl ausgeführt worden ist. Wenn ein Ausgang mit «RC» gekennzeichnet ist, sagt dieses aus, daß das so bezeichnete Signal eine Rückmeldung aus der gesteuerten Anlage darstellt. Die Ausführung des Befehls wird durch Sensoren überwacht.

In den ausführlichen Befehlsdarstellungen ist die Feinstruktur der zugehörigen Verknüpfung dargestellt. Die einzelnen Eingänge sind über Verküpfungen mitein-

148

ander verbunden. Die internen Verknüpfungen sind in ihren Einzelheiten gezeichnet. Wenn einzelne Eingangssignale nicht benötigt werden, können auch die zugehörigen internen Verknüpfungen entfallen. Dadurch ergeben sich in einigen Fällen Vereinfachungen der Schaltungen gegenüber der dargestellten Form. Es ist aber auch möglich, daß zusätzlich zu den gezeichneten Eingangssignalen noch weitere Anschlüsse benötigt werden. In diesen Fällen kann, wenn die Funktion der Anschlüsse in der Befehlsdarstellung eindeutig angegeben werden kann, die Anzahl der Eingänge für die Befehle beliebig erhöht werden. Ist eine eindeutige Funktionskennzeichnung nicht möglich, werden die Funktionen durch zusätzliche Schaltsymbole außerhalb der Befehlsdarstellung gezeichnet.

2.2.2.1 Befehl, nicht gespeichert

Der nicht gespeicherte Befehl wird ausgegeben, wenn alle Eingangsvariablen 1-Signal haben, Er wird nicht mehr ausgegeben, wenn bei wenigstens einer der Eingangsvariablen 0-Signal anliegt.

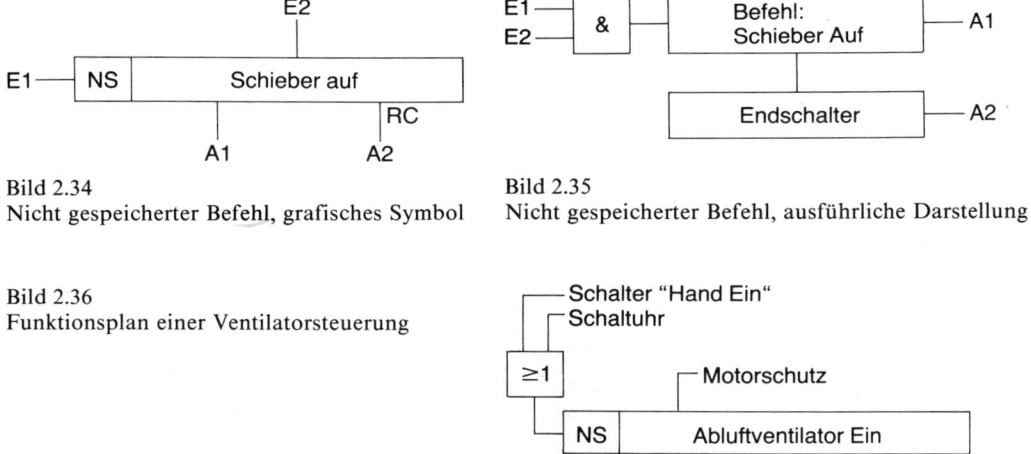

Bild 2.34
Nicht gespeicherter Befehl, grafisches Symbol

Bild 2.35
Nicht gespeicherter Befehl, ausführliche Darstellung

Bild 2.36
Funktionsplan einer Ventilatorsteuerung

Die Und-Verknüpfung am Eingang der Schaltung (Bild 2.35) stellt sicher, daß der Schieber nur dann angesteuert wird, wenn alle Eingangsbedingungen erfüllt sind. Für weitere Verriegelungen innerhalb der Schaltung können die Signale der Ausgänge A 1 (ohne Bezeichnung) und A 2 (RC) verwendet werden.

Funktionsbeispiel

Der Abluftventilator eines Laborraumes soll mit Hilfe eines handbetätigten Schalters und einer Schaltuhr gesteuert werden. Zum Schutz gegen Überlastung des Motors ist ein Motorschutzschalter eingebaut.

149

Die Informationen, die der handbetätigte Schalter und die Schaltuhr liefern, werden mit Hilfe einer Oder-Verknüpfung verbunden. Das Ausgangssignal dieser Verknüpfung hat den Wert 1, wenn entweder der Schalter betätigt ist oder wenn der Ventilator über die Schaltuhr eingeschaltet werden soll. Als zusätzlicher Eingang für den Befehl wird die Information benötigt, daß der Antrieb nicht durch Überlastung gestört ist. Nur wenn auch dieser Eingang 1-Signal führt, wird der Motor eingeschaltet.

2.2.2.2 Befehl, nicht gespeichert und verzögert

Der Befehl (Bild 2.37) wird um die angegebene Zeit verzögert ausgegeben, wenn an den Eingängen E 1 und E 2 1-Signal anliegt. Zusätzlich muß aber an allen Freigabeeingängen (Kennzeichnung F) der Wert 1 anliegen.

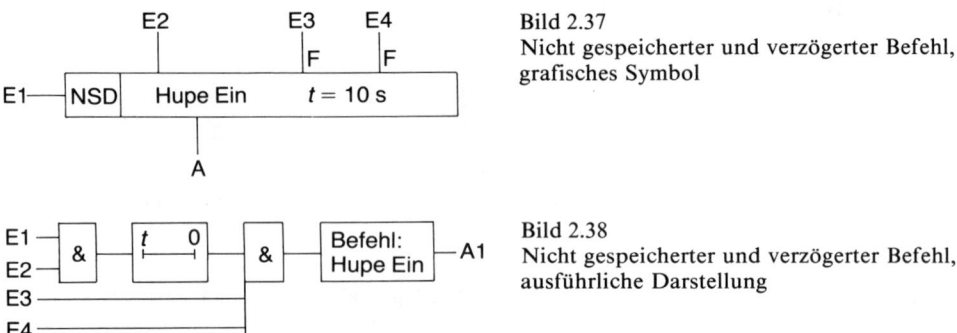

Bild 2.37
Nicht gespeicherter und verzögerter Befehl, grafisches Symbol

Bild 2.38
Nicht gespeicherter und verzögerter Befehl, ausführliche Darstellung

Die Eingangssignale E 1 und E 2 führen über die Und-Verknüpfung (Bild 2.38) zur Ansteuerung der Verzögerungsschaltung. Nach Ablauf der Verzögerungszeit kann der am Ausgang angeschlossene Aktor angesteuert werden, wenn die Freigabeeingänge 1-Signal führen. Die Freigabe für die Ansteuerung eines Aktors sind immer durch eine Und-Verknüpfung direkt vor der Signalausgabe realisiert.

Funktionsbeispiel

Der Abluftventilator eines Laborraumes soll mit Hilfe eines handbetätigten Schalters und einer Schaltuhr gesteuert werden. Zum Schutz gegen Überlastung des Motors ist ein Motorschutzschalter eingebaut (siehe Funktionsbeispiel in Abschnitt 2.2.2.1). Zur Überwachung der Funktion des Ventilators ist ein Strömungswächter eingebaut. Wenn nach dem Verstreichen der Hochlaufzeit der Strömungswächter noch nicht angesprochen hat, soll dieses durch eine Störmeldeleuchte angezeigt werden.

150

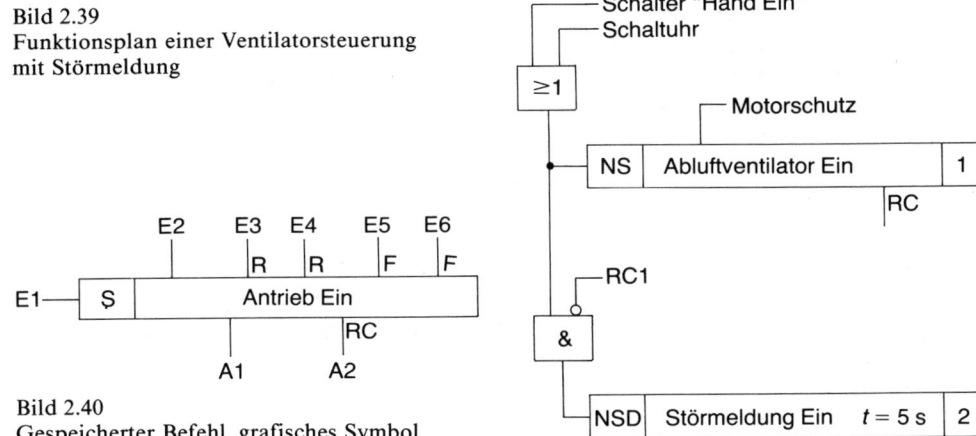

Bild 2.39
Funktionsplan einer Ventilatorsteuerung
mit Störmeldung

Bild 2.40
Gespeicherter Befehl, grafisches Symbol

Die Ansteuerung des Ventilators entspricht dem Funktionsbeispiel in Abschnitt
2.2.2.1. Die Funktion dieser Steuerung wird erweitert um die Darstellung der Ansteuerung für die Störmeldeleuchte. Der Ausgang RC des Befehls «Lüfter ein»
zeigt an, daß eine Überwachung der Befehlsfunktion in der Anlage erfolgt. Diese
Überwachung ist durch den Strömungswächter gewährleistet. Wenn bei vorhandener Lüfteransteuerung der Strömungswächter nicht betätigt wird, erfolgt ein 1-Si-
gnal am Befehl «Störmeldung Ein» (RC 1). Da dieser Befehl aber eine Zeitverzögerung enthält, wird das Signal erst wirksam, nachdem diese Verzögerungszeit verstrichen ist. Damit ist sichergestellt, daß während der Hochlaufzeit des Ventilators
keine Störmeldung ausgegeben wird.

2.2.2.3 Befehl, gespeichert

Der gespeicherte Befehl ist dadurch gekennzeichnet, daß der Befehlsausgang
durch kurzzeitige Signale an den Eingängen eingeschaltet oder ausgeschaltet werden kann.

Bild 2.41
Gespeicherter Befehl,
ausführliche Darstellung

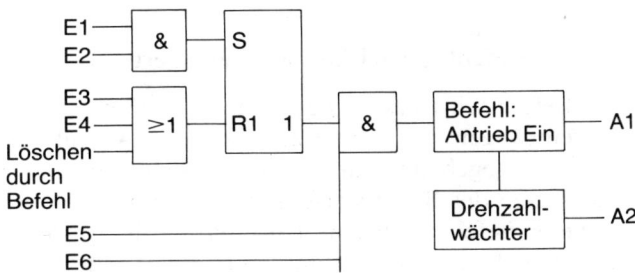

Die Befehlsspeicherung erfolgt durch ein RS-Flipflop. Dieses wird gesetzt, wenn an den beiden nicht gekennzeichneten Eingängen 1-Signal anliegt. Das Rücksetzen erfolgt durch ein 1-Signal an einem der mit R gekennzeichneten Eingänge. Eine Ausgabe des Befehls erfolgt nur, wenn an allen Freigabeeingängen der Wert 1 anliegt.

Funktionsbeispiel

Eine Förderschnecke fördert Getreide aus einem Vorratsbehälter in eine Mühle. Die Schaltung des Motors erfolgt über Ein- und Aus-Taster. Zusätzlich ist im Einlauftrichter der Mühle ein Füllstandsmelder installiert, der ein Überlaufen des Trichters verhindern soll. Zum Schutz des Motors gegen Überlastung ist ein Bimetallrelais eingebaut.

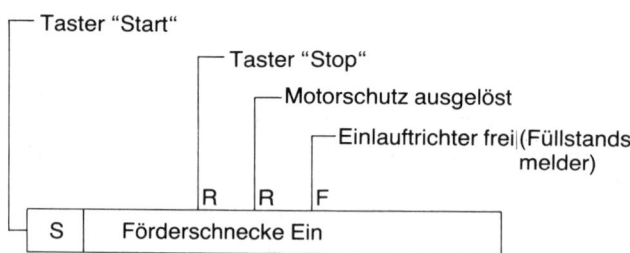

Bild 2.42
Funktionsplan der Steuerung
einer Förderschnecke

Die Förderschnecke wird durch Betätigung des Starttasters eingeschaltet. Das Ausschalten, d. h. das Rücksetzen des RS-Flipflops, erfolgt entweder durch Betätigung des Aus-Tasters oder durch Ansprechen des Bimetallrelais. Zusätzlich kann der Motor über den Füllstandsmelder ausgeschaltet werden. Der Füllstandsmelder setzt aber nicht das RS-Flipflop zurück. Er verhindert ein Weiterlaufen der Förderschnecke bei gefülltem Einlauftrichter. Sobald aber das Niveau im Trichter wieder abgesunken ist, wird die Förderschnecke wieder freigegeben. Sie läuft ohne eine erneute Betätigung des Starttasters wieder an.

2.2.2.4 Befehl, gespeichert und verzögert

Der Befehl wird gespeichert, wenn an allen nicht gekennzeichneten Eingängen (Setzeingängen) der Wert 1 anliegt. Nach Ablauf einer Verzögerungszeit kann der Befehl ausgegeben werden, wenn an allen Freigabeeingängen 1-Signal anliegt. Das Rücksetzen des Befehls erfolgt an einem mit R gekennzeichneten Eingang.
Dieser Befehl stellt eine Erweiterung des gespeicherten Befehls dar. Das Ausgangssignal des RS-Flipflops muß, bevor eine Signalausgabe erfolgen kann, ein

152

Bild 2.43
Gespeicherter und verzögerter
Befehl, grafisches Symbol

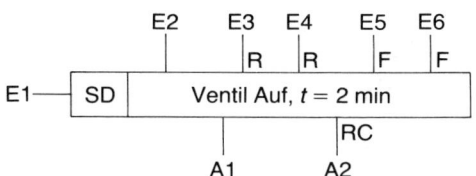

Bild 2.44
Gespeicherter und verzögerter
Befehl, ausführliche Darstellung

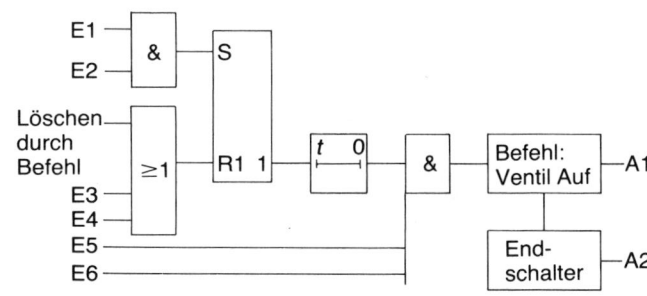

Verzögerungsglied durchlaufen. Das RS-Flipflop muß so lange ununterbrochen gesetzt sein, bis die Verzögerungszeit verstrichen ist. Erst danach kann, wenn alle Freigabesignale vorhanden sind, eine Befehlsausgabe erfolgen.

Funktionsbeispiel
Eine Förderschnecke fördert Getreide aus einem Vorratsbehälter in eine Mühle (siehe Funktionsbeispiel in Abschnitt 1.2.2.4). Die Schaltung der Förderschnecke und der Mühle erfolgt gemeinsam über einen Ein- und einen Aus-Taster. Nach Betätigung des Ein-Tasters wird die Förderschnecke sofort eingeschaltet. Der Antrieb der Mühle beginnt danach automatisch mit einer Zeitverzögerung von 10 Sekunden. Durch Betätigung des Aus-Tasters wird die Förderschnecke sofort ausgeschaltet, der Mühlenantrieb läuft, um den Einfülltrichter zu leeren, noch 20 Sekunden nach. Zum Schutz der Motoren gegen Überlastung sind Bimetallrelais eingebaut.
Der Antrieb der Förderschnecke entspricht Bild 2.42. Der Funktionsplan, der in Bild 2.45 dargestellt ist, wurde um den Antrieb der Mühle erweitert. Das Einschalten des Mühlenantriebs erfolgt mit dem gleichen Signal wie bei der Förderschnecke. Da aber der Befehl «Mühle Ein» ein verzögerter Befehl ist, erfolgt der Start der Mühle erst, nachdem eine Zeit $t = 10$ s verstrichen ist. Das Ausschalten des Mühlenantriebs erfolgt im Normalbetrieb 20 Sekunden, nachdem die Förderschnecke ausgeschaltet worden ist. Die Ziffer 1 am Eingang der Zeitverzögerung stellt den Zusammenhang zwischen dem Befehl «Förderschnecke Ein» und dem Zeitglied her. Sobald der Befehl «Förderschnecke Ein» nicht mehr ausgegeben wird, beginnt die Zeitverzögerung. Nach Ablauf der Zeit wird der Mühlenantrieb ausgeschaltet. Das Bimetallrelais des Mühlenantriebs bewirkt ebenfalls ein Ausschalten der Mühle.

153

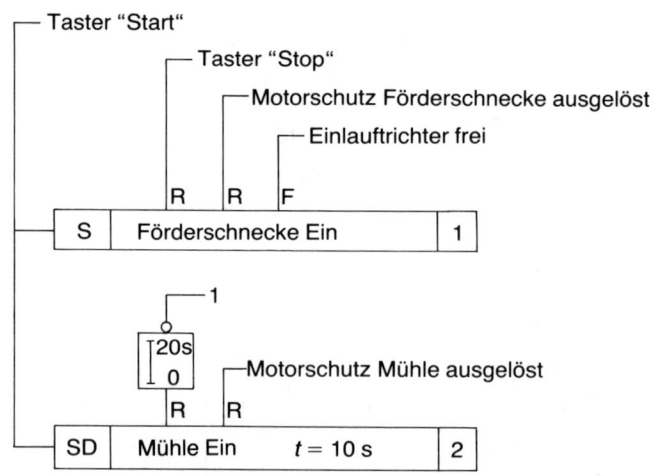

Taster "Start"

Taster "Stop"

Motorschutz Förderschnecke ausgelöst

Einlauftrichter frei

	R	R	F	
S	Förderschnecke Ein			1

Motorschutz Mühle ausgelöst

	R	R	
SD	Mühle Ein $t = 10$ s		2

Bild 2.45
Funktionsplan der Steuerung
einer Mühle mit Förderschnecke

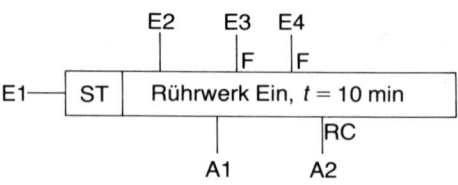

E2   E3   E4

	F	F
E1— ST	Rührwerk Ein, $t = 10$ min	

RC

A1   A2

Bild 2.46
Gespeicherter und zeitlich
begrenzter Befehl, grafisches
Symbol

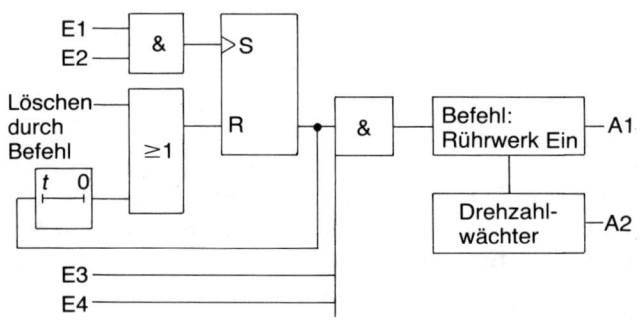

Bild 2.47
Gespeicherter und zeitlich
begrenzter Befehl, ausführliche
Darstellung

154

2.2.2.5 Befehl, gespeichert und zeitlich begrenzt

Der Befehl wird für eine begrenzte Zeit ausgegeben, nachdem die Eingänge E 1 und E 2 den Wert 1 angenommen haben. Nach Ablauf der vorgegebenen Zeit wird die Befehlsausgabe abgeschaltet.

Das RS-Flipflop enthält einen dynamischen Eingang. Dieser Eingang wertet einen Signalwechsel am Ausgang der Und-Verknüpfung aus. Nur wenn das Ausgangssignal der Und-Verknüpfung von 0-Signal nach 1-Signal wechselt, erfolgt ein Setzen des Flipflops. Nachdem das Flipflop eingeschaltet worden ist, erfolgt nach Ablauf der Verzögerungszeit automatisch der Rücksetzbefehl. Eine Befehlsausgabe erfolgt nur, wenn an allen Freigabeeingängen der Wert 1 anliegt.

Funktionsbeispiel

Die Flüssigwaschmittel-Zugabe für die Waschmaschine einer Großwäscherei erfolgt über Dosierpumpen. Die Dosierung des Hauptwaschmittels soll zu Beginn des Hauptwaschgangs erfolgen. Um die richtige Waschmittelmenge einzufüllen, ist eine Dosierzeit von 4,5 Sekunden erforderlich. Der Antrieb der Dosierpumpe ist durch einen Thermokontakt geschützt. Der Betrieb der Pumpe soll durch eine Meldeleuchte angezeigt werden.

Bild 2.48
Funktionsplan einer
Dosierpumpensteuerung

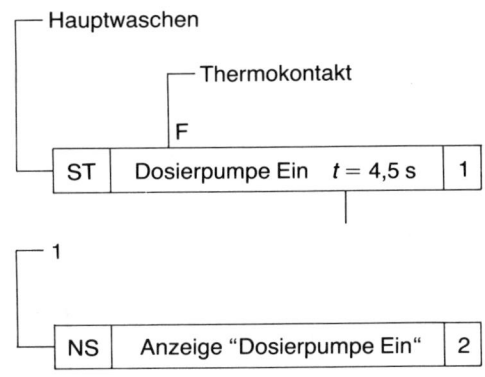

Der gespeicherte und zeitlich begrenzte Befehl gibt die Funktion der Dosierpumpe eindeutig wieder. Zu Beginn des Hauptwaschgangs wird durch das Signal «Hauptwaschen» das RS-Flipflop gesetzt. Die Dosierpumpe ist eingeschaltet. Nach Ablauf der vorgegebenen Dosierzeit erfolgt ein Rücksetzen durch das vorhandene Zeitglied. Damit der Antrieb eingeschaltet werden kann, muß der Thermokontakt geschlossen sein. Das Ausgangssignal «Dosierpumpe Ein» steuert gleichzeitig die Meldeleuchte an. Diese Funktion ist in Bild 2.48 durch den NS-Befehl dargestellt.

155

2.2.3 Darstellung von Ablaufsteuerungen

In vielen Fällen läßt sich eine Steuerungsfunktion in einzelne, zeitlich aufeinander-
folgende Schritte einteilen. Eine Steuerung mit diesem schrittweisen Ablauf wird
als Ablaufsteuerung bezeichnet. Bei der Darstellung solcher Ablaufsteuerungen
wird jeder einzelne Ablaufschritt durch ein Symbol (Bild 2.49) gekennzeichnet.

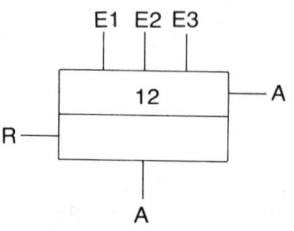

Bild 2.49
Schaltzeichen eines Ablaufschrittes,
Kurzdarstellung

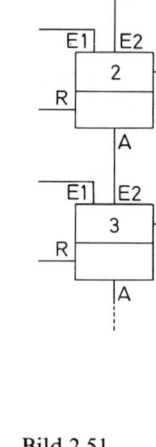

Bild 2.50
Ablaufsteuerung mit
drei Ablaufschritten

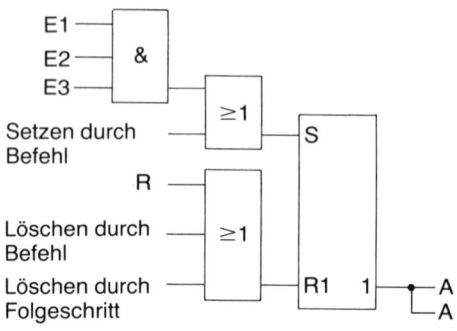

Bild 2.51
Darstellung eines Ablaufschrittes
in Feinstruktur

Das grafische Symbol eines Ablaufschrittes besteht aus einem Rechteck mit waa-
gerechter Trennungslinie. Im oberen Feld des Symbols befindet sich die Schritt-
nummer. In das untere Feld kann ein beliebiger Text eingetragen werden. Ein
Schritt wird dann speichernd gesetzt, wenn die Variablen an allen Eingängen (Bild
2.49, E 1 bis E 3) den Wert 1 haben. Ist ein Schritt gesetzt, hat die Variable am Ausgang den Wert 1. Durch eine Aneinanderreihung mehrerer einzelner Ablaufschritte
entsteht eine Ablaufsteuerung (Bild 2.50). Die Ausgangsvariable eines Ablaufschrittes kann als Ansteuersignal für Befehle (Abschnitt 2.2.3) dienen, außerdem
dient sie als Eingangssignal für den folgenden Schritt.

156

Das Symbol eines Ablaufschrittes (Bild 2.49) bildet die vereinfachte Darstellung einer umfangreicheren Schaltung. Bild 2.51 zeigt die ausführliche Struktur eines Ablaufschrittes. Der Kern eines Schrittes ist ein RS-Flipflop. Dieses Flipflop wird gesetzt, wenn alle Eingangsvariablen den Wert 1 haben. Als Eingangsvariable dient zum einen das Ausgangssignal des vorherigen Schrittes, zum anderen eine oder mehrere Weiterschaltbedingungen, die sich aus der Anlage oder aus der Steuerung ergeben. Der Schritt wird zurückgesetzt durch das Ausgangssignal des nachfolgenden Schrittes. In den meisten Fällen sind zusätzliche Bedingungen vorhanden, bei denen ein Schritt zurückgesetzt wird (Bild 2.51, Eingang R). Diese Bedingungen können sich aus dem gesteuerten Prozeß oder bewußt aus einer Bedienfunktion ergeben.

Regeln für Ablaufsteuerungen

Eine Ablaufsteuerung wird in konventioneller Schaltungstechnik auf unterschiedliche Art realisiert. In einigen Fällen werden Remanenzschütze oder Haftrelais eingesetzt, die über Kontaktverriegelungen so geschaltet werden, daß sie eine Schrittkette (Aneinanderreihung von Ablaufschritten) bilden. In den meisten Fällen jedoch wird für eine Ablaufsteuerung ein mechanisches Schrittschaltwerk (Programmgeber) verwendet. Dieses Schrittschaltwerk schaltet abhängig von internen Zeitverzögerungen oder von externen Signalen von einem Programmschritt in den nächsten und durchläuft auf diese Art ein mehr oder minder umfangreiches Schaltprogramm. Bei der Entwicklung von Ablaufsteuerungen wird das Verhalten eines solchen Programmgebers zugrunde gelegt. Aus seiner Funktion können die folgenden Regeln abgeleitet werden, die bei der Realisierung von Ablaufsteuerungen berücksichtigt werden müssen.

□ In einer linearen (geradlinigen) Schrittkette darf zur Zeit nur ein Schritt gesetzt sein.

□ Jeder Schritt in einer Schrittkette kann nur dann gesetzt werden, wenn der vorherige Schritt gesetzt ist und alle Weiterschaltbedingungen erfüllt sind. Eine Ausnahme von dieser Regel gilt nur beim ersten Schritt einer Schrittkette. Dieser kann nur gesetzt werden, wenn in der Schrittkette kein anderer Schritt gesetzt ist und die Startbedingungen erfüllt sind.

□ Jeder Schritt in einer Schrittkette setzt, sobald er 1-Signal erhält, den vorherigen Schritt zurück.

□ In einer Schrittkette können Verzweigungen auftreten. Bei Schrittketten mit einer Oder-Verzweigung (Bild 2.52) wird von den vorhandenen Zweigen nur ein Zweig durchlaufen. Schritt 5 wird rückgesetzt, wenn Schritt 16 oder Schritt 26 oder Schritt 36 ein 1-Signal erhält. Die Schritte 18, 28 oder 37 geben den Schritt 9 frei.

Bei Schrittketten mit einer Und-Verzweigung (Bild 2.53) werden alle vorhandenen Zweige durchlaufen. Die Schritte 14, 24 und 34 werden durch den Schritt 3 freigegeben.

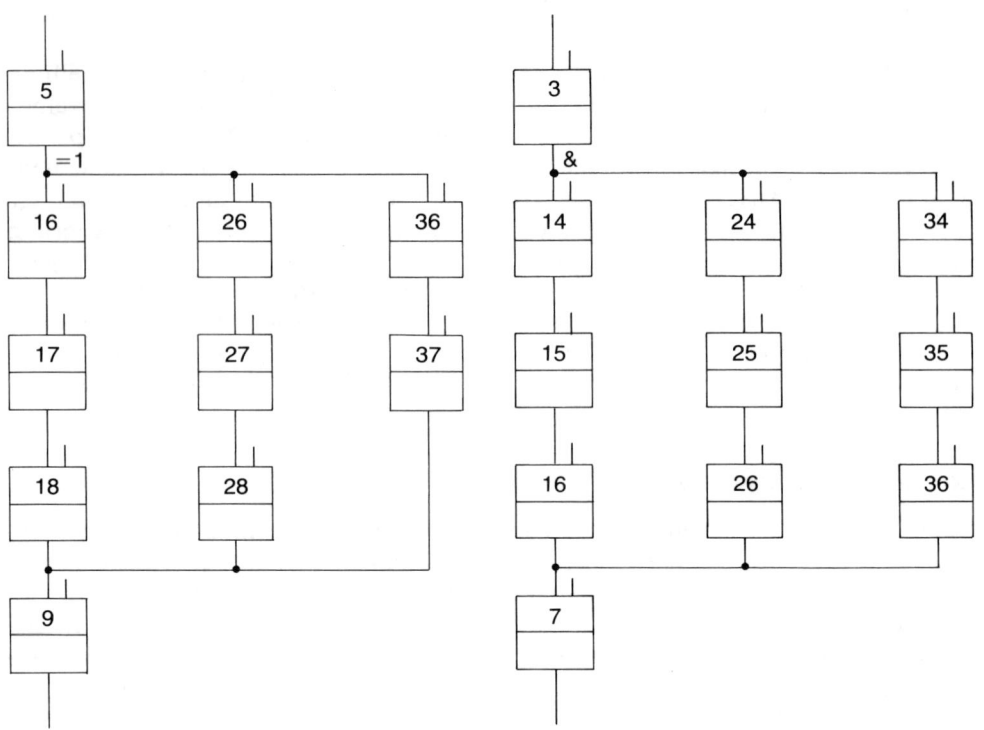

Bild 2.52   Schrittkette mit Oder-Verzweigung   Bild 2.53   Schrittkette mit Und-Verzweigung

Erst wenn diese drei Schritte gesetzt sind, wird der Schritt 3 gelöscht. Der Schritt 7 wird erst freigegeben, wenn die Schritte 16, 26 und 36 gesetzt sind. Nachdem der Schritt 7 1-Signal erhalten hat, werden alle vorherigen Schritte gelöscht.
Diese Verhaltensweisen müssen bei der Festlegung der Weiterschaltbedingungen und der Rücksetzbedingungen berücksichtigt werden.

☐ Die Schritte einer Ablaufsteuerung haben Befehle zur Folge. Für die Darstellung der Befehle gelten die in Abschnitt 1.2.2 beschriebenen Symbole und Regeln. In Sonderfällen können einzelne Schritte vorhanden sein, die nur zur Überbrückkung von Wartezeiten eingerichtet sind. Diese Schritte lösen keine Befehle aus.

Funktionsbeispiel (Schalten eines Schleifringläufermotors)
Ein Schleifringläufermotor mit drei Widerstandsstufen wird über Taster ein- und ausgeschaltet. Der Schutz des Motors vor Überlast erfolgt durch ein Bimetallrelais. Der Schritt 1 wird gesetzt, wenn bei ausgeschaltetem Motor der Ein-Taster betätigt wird. Daraufhin erfolgt, wenn das Bimetallrelais und der Aus-Taster nicht betätigt sind, die Einschaltung des Netzschützes. Gleichzeitig beginnt eine Wartezeit von 1,5 Sekunden. Der Ablauf dieser Verzögerungszeit ist die Weiterschaltbedingung

158

für den Schritt 2, das Überbrücken der ersten Widerstandsstufe. Nach Ablauf der folgenden Wartezeit wird der Schritt 3 mit dem Überbrücken der zweiten Widerstandsstufe und danach der Schritt 4, der das Kurzschließen der Läuferwicklung zur Folge hat, ausgeführt. Mit diesem Schritt ist der Einschaltvorgang des Motors beendet. Das Ausschalten des Motors erfolgt über den Aus-Taster oder über das Bimetallrelais. Diese wirken auf die Rücksetzeingänge der einzelnen Ablaufschritte. Außerdem müssen sie das Netzschütz ausschalten, da dieser Befehl als gespeicherter Befehl ausgeführt ist und deshalb durch das Rücksetzen der Schritte nicht automatisch mit ausgeschaltet wird.

Durch diese einfache Darstellung ergibt sich ein Funktionsplan, der den Einschaltvorgang eindeutig und übersichtlich beschreibt. Er läßt sich leicht in eine Schützschaltung, eine elektronische Schaltung oder in ein Programm für eine speicherprogrammierbare Steuerung umsetzen.

Bild 2.54
Beispiel einer Ablaufsteuerung

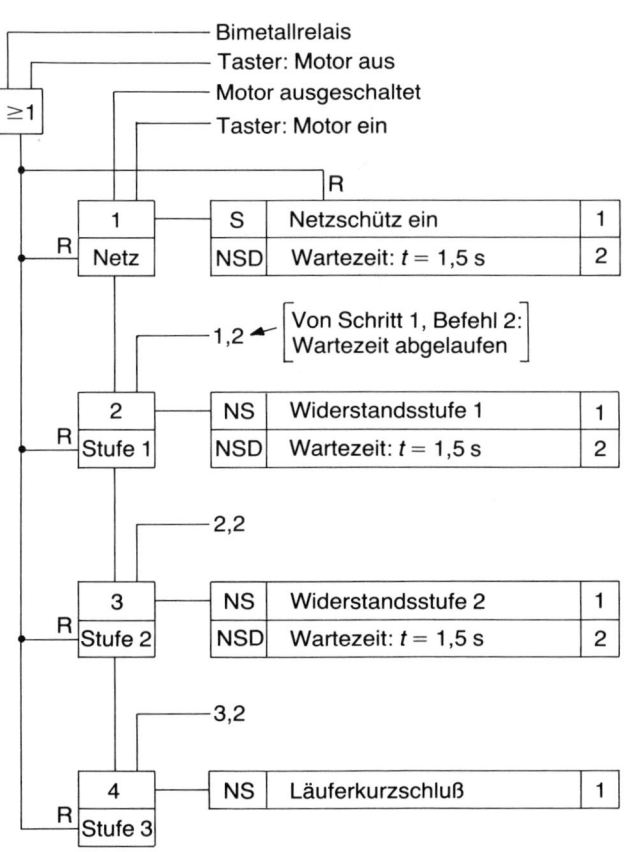

159

3 Speicherprogrammierbare Steuerungen

3.1 Allgemein

In der Steuerungstechnik werden zwei Arten von Steuerungen unterschieden:
Verbindungsprogrammierte und speicherprogrammierte Steuerungen. Eine Relais- oder Schützsteuerung ist verbindungsprogrammiert (Bild 3.1a), ebenso verdrahtete elektronische Steuerungen. Bei einer verbindungsprogrammierten Steuerung liegt das «Programm» der Steuerung in den Verbindungen zwischen den einzelnen Schaltgliedern. Durch Reihen- oder Parallelschaltungen von Kontakten werden logische Verknüpfungen, z. B. Und-, Oder- und Speicherschaltungen, aufgebaut. Eine Änderung der Funktion der Steuerung hat eine andere Verdrahtung zur Folge.

Bei speicherprogrammierten Steuerungen (Bild 3.1b) sind die Verdrahtung und der Aufbau des Automatisierungsgerätes unabhängig von der gewünschten Steuerungsfunktion. Die in der Anlage angeordneten Geber und Stellgeräte werden an die Eingänge und Ausgänge des Automatisierungsgerätes angeschlossen. Die Vorschriften für die Verknüpfungen der Eingänge und der Ausgänge sind in der Verdrahtung nicht enthalten. Sie müssen dem Automatisierungsgerät in Form eines Programms eingegeben werden. Dieses Programm legt fest, in welcher Reihenfolge Eingänge abgefragt, Verknüpfungen ausgeführt und Ausgänge bearbeitet werden. Eine Änderung der Verknüpfungsvorschrift erfordert keine Verdrahtungsänderung, sondern in diesem Fall muß dem Automatisierungsgerät ein neues Programm eingegeben werden, das die geänderten Vorschriften enthält.

Bild 3.1
Steuerungsarten

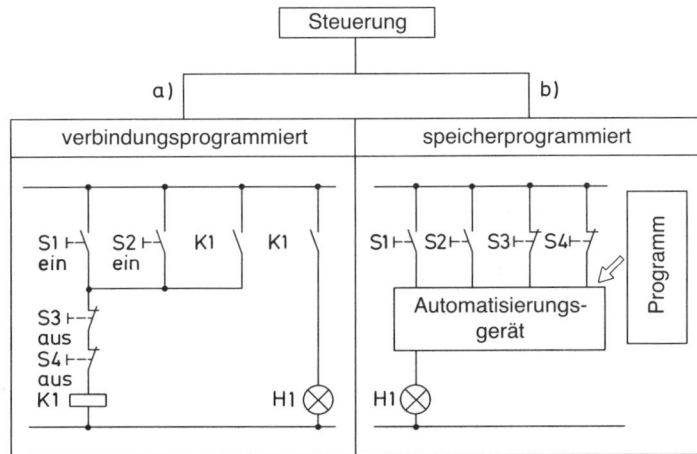

3.2 Funktion speicherprogrammierbarer Steuerungen

Die speicherprogrammierbare Steuerung ist ein Gerät, das Verknüpfungsaufgaben nach einem Programm, d. h. nach einer Liste von Anweisungen, ausführt. Diese Anweisungen werden einzeln der Reihe nach bearbeitet. Im Gegensatz zu verdrahtungsprogrammierten Steuerungen, die mehrere Verknüpfungen gleichzeitig verarbeiten können, lassen sich die einzelnen Anweisungen bei einem Automatisierungsgerät nur seriell, d. h. zeitlich aufeinanderfolgend, ausführen. Dabei sind für eine Verknüpfung stets mehrere Anweisungen notwendig.

Beispiel
Die Signale an den beiden Eingängen E1 und E2 sollen nach einer «Und-Funktion» verknüpft werden. Das Ergebnis der Verknüpfung soll am Ausgang A1 ausgegeben werden (Bild 3.2).
Für die Bearbeitung durch das Automatisierungsgerät muß diese Verknüpfung in drei Schritte unterteilt werden.

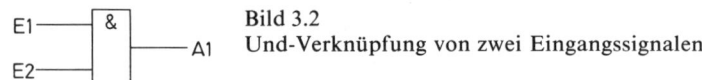

Bild 3.2
Und-Verknüpfung von zwei Eingangssignalen

Schritt 1
Der Signalpegel am Eingang E1 wird über die entsprechende Eingabebaugruppe (Abschnitt 3.3.2) abgefragt und danach in der Zentraleinheit (Abschnitt 3.3.4) des Automatisierungsgerätes gespeichert.

Schritt 2
Der Signalpegel am Eingang E2 wird über die Eingabebaugruppe abgefragt. Das Ergebnis der Abfrage (1, wenn am Eingang Spannung anliegt; 0, wenn am Eingang keine Spannung anliegt) wird mit dem in der Zentraleinheit gespeicherten Wert Und-verknüpft. Danach wird der zuvor gespeicherte Wert gelöscht und durch das Verknüpfungsergebnis ersetzt.

Schritt 3
Das gespeicherte Verknüpfungsergebnis wird über die Ausgabebaugruppe (Abschnitt 3.3.3), die den Ausgang A1 enthält, ausgegeben.
Nach der Beendigung des dritten Schrittes ist die Bearbeitung dieser Und-Verknüpfung abgeschlossen. In gleicher Weise wird danach das weitere Programm bearbeitet. Am Ende des Programms sind alle für den Steuerungsvorgang benötigten Anweisungen ausgeführt. Da sich aber in einer Anlage die Schaltzustände an den Gebern (Tastern, Endschaltern usw.) ständig ändern, ist eine andauernde Abfrage der zugehörigen Signale notwendig. Um dieses zu gewährleisten, wird der Programmablauf nach jedem Durchlauf automatisch wieder neu gestartet. Die Zeit,

162

die das Automatisierungsgerät für einen Programmdurchlauf benötigt, wird als Zykluszeit bezeichnet. Diese Zykluszeit hängt ab von der Anzahl der Anweisungen im Programm und von der Zeit, die das Automatisierungsgerät für eine Anweisung benötigt. Die Zykluszeit beträgt je nach Fabrikat und Programmlänge ca. 0,5 ms bis zu etwa 20 ms. Das bedeutet, daß in einer Sekunde zwischen 50- und 2000mal alle Eingänge und alle Ausgänge bearbeitet werden. Aufgrund dieser hohen Zahl von Programmdurchläufen erscheint es nach außen, als würden alle Verknüpfungen und Abfragen gleichzeitig ausgeführt.

3.3 Aufbau einer speicherprogrammierbaren Steuerung

Eine speicherprogrammierbare Steuerung besteht aus den Signalgebern (Endschalter, Taster, Näherungsschalter), dem Automatisierungsgerät und den Stellgeräten (Hauptschütze, Magnetventile) sowie den Anzeigegeräten (Meldeleuchten, Ziffernanzeigen) (Bild 3.9).

Das Automatisierungsgerät kann als Kompaktgerät oder als modulares Gerät ausgeführt sein. Kompaktgeräte (Bilder 3.3 und 3.4) sind kleine Automatisierungs-

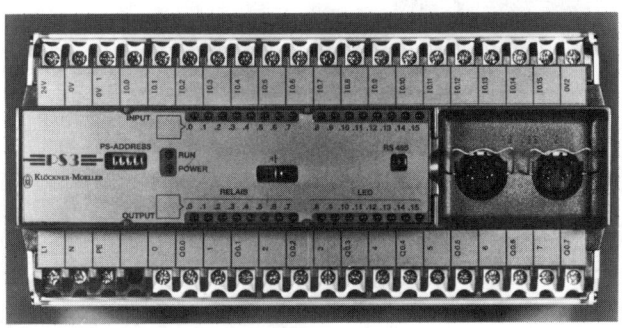

Bild 3.3
SPS-Kompaktgerät PS 3
(Werkbild: Klöckner-Moeller)

Bild 3.4
SPS-Kompaktgerät systron S 400
(Werkbild: Schiele)

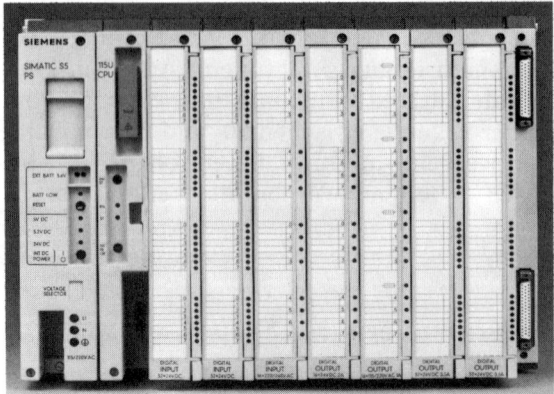

Bild 3.5
Modulares SPS-Gerät in Blockbauweise
(Werkbild: Siemens)

Bild 3.6
Modulares SPS-Gerät im
Baugruppenträger
(Werkbild: Schiele)

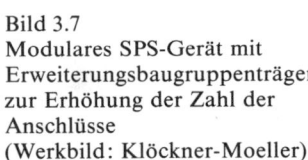

Bild 3.7
Modulares SPS-Gerät mit
Erweiterungsbaugruppenträger
zur Erhöhung der Zahl der
Anschlüsse
(Werkbild: Klöckner-Moeller)

164

geräte mit einer festgelegten Anzahl an Eingängen und Ausgängen, bei denen alle Funktionseinheiten in einem Gerät fest vorhanden sind. Sie sind besonders vorgesehen für den Aufbau kleiner preiswerter Steuerungsanlagen.

Modulare Geräte (Bilder 3.5, 3.6 und 3.7) bestehen aus einzelnen Funktionseinheiten (Modulen), die vom Errichter der Steuerungsanlage nach den jeweiligen Erfordernissen zusammengestellt werden können. Dadurch lassen sich Automatisierungsgeräte mit z. T. mehr als 1000 Ein- und Ausgängen zum Steuern sehr großer Anlagen aufbauen. Daneben gibt es Geräte, die von ihrer Größenordnung her in den Bereich der Kompaktgeräte gehören, die aber aus einzelnen Modulen aufgebaut sind (Bild 3.8).

Die wichtigsten Teile eines SPS-Gerätes sind die Stromversorgung, die Zentralbaugruppe und die Ein- und Ausgabebaugruppen. Daneben gibt es noch spezielle Baugruppen, die für besondere Anwendungsfälle entwickelt worden sind.

Bild 3.8
SPS-Kleinsteuerung
in modularer Bauweise
(Werkbild: Siemens)

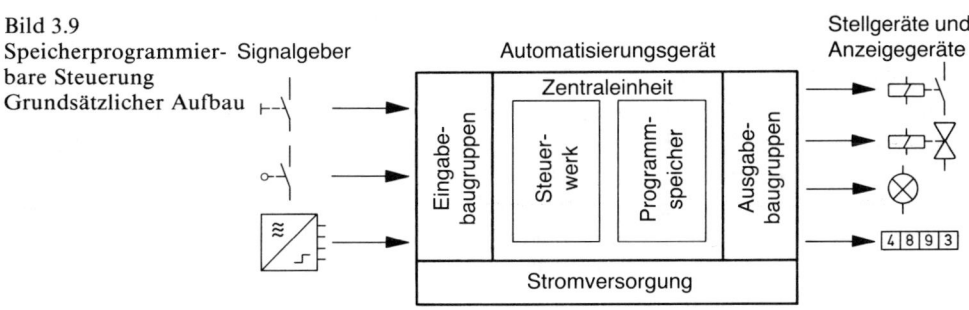

Bild 3.9
Speicherprogrammier-
bare Steuerung
Grundsätzlicher Aufbau

165

3.3.1 Stromversorgung

Die Stromversorgungseinheit versorgt die elektronischen Baugruppen des Automatisierungsgerätes mit allen Spannungen, die für den Betrieb benötigt werden. Dieses sind in der Regel stabilisierte Gleichspannungen von 5 Volt und 24 Volt. Diese Gleichspannungen werden entweder aus 220-Volt-Wechselspannung oder aber in einigen Fällen aus 24-Volt-Gleichspannung erzeugt. Die Spannungsversorgung für die extern angeschlossenen Geräte (Stellgeräte und Signalgeber) erfolgt nicht durch die Stromversorgungseinheit des Automatisierungsgerätes. Diese Steuerspannung (üblich ist 24-Volt-Gleichspannung) muß außerhalb des Gerätes durch ein separates Netzteil erzeugt werden. Ausnahmen hiervon bilden einige Kompaktgeräte. Deren eingebaute Netzteile sind so ausgelegt, daß sie in der Lage sind, den Strom für Signalgeber (Taster, Schalter, Endschalter), die keinen oder nur einen geringen eigenen Leistungsbedarf haben, zu liefern.

3.3.2 Digitale Eingabebaugruppen

Digitale Eingabebaugruppen haben die Aufgabe, die externe Signalspannung auf den internen Signalpegel des Automatisierungsgerätes umzusetzen. Die ankommenden Signale werden durch Verzögerungsschaltungen von Störsignalen befreit und danach für die Zentraleinheit zur Verfügung gestellt. Bei fast allen speicherprogrammierbaren Steuerungen ist jedem Eingang eine Leuchtdiode zur Anzeige des Signalzustandes zugeordnet. Zur Ansteuerung der einzelnen Eingänge werden herkömmliche Schaltgeräte eingesetzt, die auch bei Schützsteuerungen zum Einsatz kommen. Dabei sind vorzugsweise Schalter mit Sprungkontakten, Momentschalter (Abschnitt 1.2.3.2) zu verwenden, da diese bei den sehr kleinen Steuerströmen eine größere Kontaktsicherheit gewährleisten.

Man unterscheidet potentialgebundene und potentialfreie Eingabebaugruppen.

Potentialgebundene Eingabebaugruppen haben keine galvanische Trennung zwischen den internen Signalen und der externen Signalspannung. Beide Spannungen besitzen ein gemeinsames Bezugspotential (Bild 3.10). Die Schaltung besteht im einfachsten Fall aus einer RC-Schaltung zur Verzögerung des Eingangssignals bzw. zur Unterdrückung von kurzen Störimpulsen und aus einem Spannungsteiler zur Anpassung der Signalspannung.

Potentialfreie Eingabebaugruppen verfügen über eine galvanische Trennung zwischen der externen Signalspannung und den internen Signalen. Die Schaltung entspricht im wesentlichen der Darstellung in Bild 3.11. Die Potentialtrennung wird üblicherweise durch optoelektronische Koppelelemente erreicht. Vor dem Optokoppler befindet sich ein Strombegrenzungswiderstand. Durch die Dimensionierung dieses Widerstandes erfolgt eine Anpassung an die verwendete Steuerspannung. Die Unterdrückung von Störimpulsen erfolgt durch RC-Schaltungen. Wenn ein gemeinsames Bezugspotential vorhanden ist, wird pro Signaleingang eine, wenn aber beide Anschlüsse eines Eingangs potentialfrei sind, werden zwei RC-Schaltungen verwendet.

166

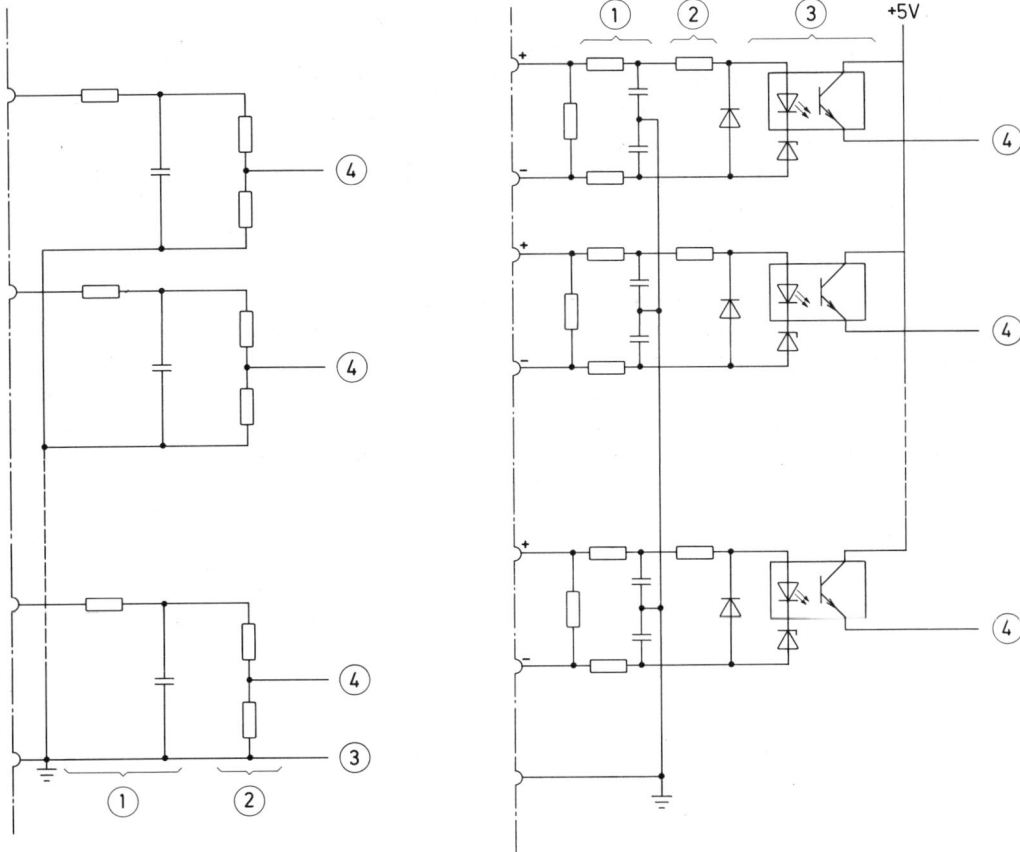

Bild 3.10   Eingangsschaltung, potentialgebunden
1 Verzögerungsschaltung
2 Spannungsanpassung
3 gemeinsames Bezugspotential
4 interne Signalspannung

Bild 3.11   Eingangsschaltung, potentialfrei
1 Verzögerungsschaltung
2 Spannungsanpassung
3 galvanische Trennung
4 interne Signalspannung

3.3.3   Digitale Ausgabebaugruppen

Über die digitalen Ausgabebaugruppen gelangen Signale vom Automatisierungsgerät an die Anlage zur Ansteuerung von Schützen, Stellgliedern, Magnetventilen
und dergleichen. Diese Signale werden in ihren Spannungen und Strömen den Erfordernissen der zu steuernden Anlage angepaßt. Der Signalzustand der einzelnen
Ausgänge wird üblicherweise durch Leuchtdioden zur besseren Übersicht über den
Schaltzustand der Anlage und zur Erleichterung der Fehlersuche im Störungsfall
angezeigt.

167

Neben der Unterteilung in potentialgebundene und potentialfreie Ausgabebaugruppen erfolgt noch eine Unterscheidung nach dem Kurzschlußverhalten.

Kurzschlußfeste Baugruppen haben Ausgangsschaltungen, die auch bei zeitlich unbegrenzt anstehenden Kurzschlüssen den Ausgang vor Zerstörung schützen. Nach dem Beheben des Kurzschlusses schaltet der Ausgang wieder wie vor dem Fehler. Der Schutz erfolgt durch elektronische Schaltungen, die im Fehlerfall den Ausgang schützen.

Nicht kurzschlußfeste Baugruppen sind im Kurzschlußfalle nicht vor Zerstörung geschützt.

Das Schalten des Laststromes in den Ausgabebaugruppen erfolgt durch unterschiedliche, in den meisten Fällen elektronische Schaltglieder. Zum Schalten von Gleichspannung werden in der Regel Transistoren verwendet. Die Transistoren werden entweder durch die interne Signalspannung direkt (Bild 3.12) oder aber durch einen Optokoppler von dieser getrennt (Bild 3.13) angesteuert. Außerdem enthalten die Ausgabebaugruppen in fast allen Fällen Bauelemente zum Schutz der

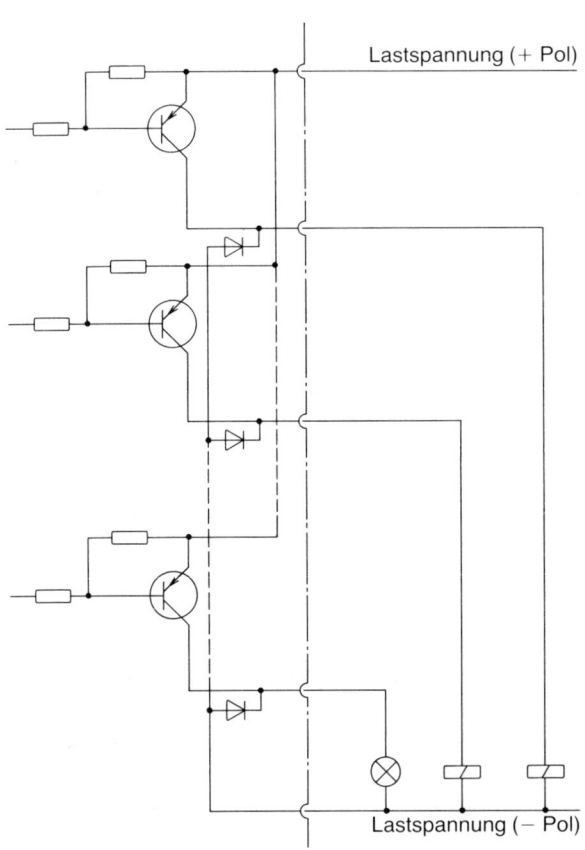

Bild 3.12
Ausgangsschaltung mit Transistoren, potentialgebunden
(ohne Schutzeinrichtungen)

Lastspannung (+ Pol)

Lastspannung (− Pol)

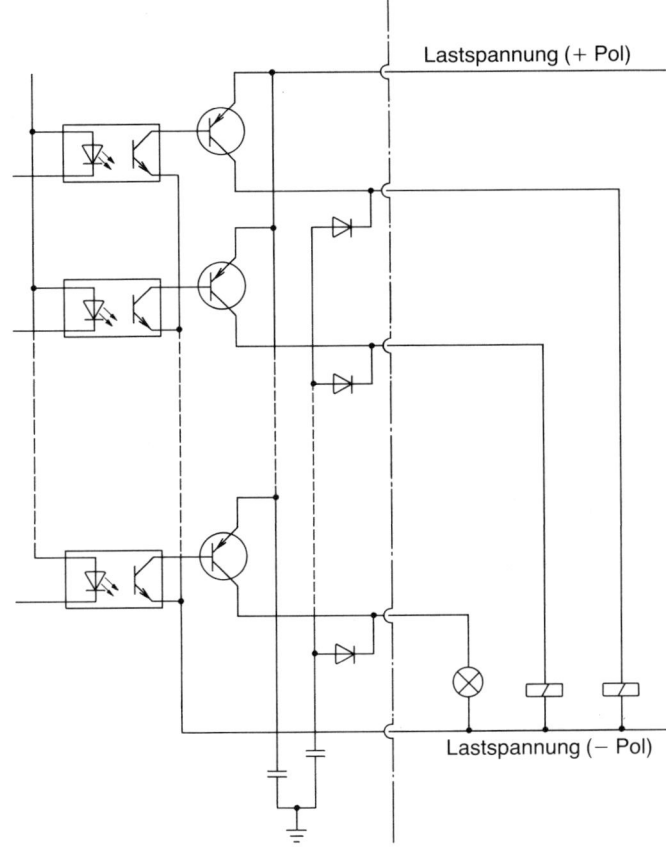

Bild 3.13
Ausgangsschaltung mit
Transistoren, potentialfrei
(ohne Schutzeinrichtungen)

Lastspannung (+ Pol)

Lastspannung (– Pol)

Leistungsschaltglieder, um diese vor Zerstörung durch Überspannungen, besonders beim Schalten induktiver Lasten, zu bewahren (Bilder 3.12 und 3.13).

Zum Schalten von Wechselspannung werden neben Schaltrelais Triacs oder Thyristoren eingesetzt. Diese ermöglichen ein direktes Schalten von Verbrauchsmitteln, die mit 220-V-Wechselspannung betrieben werden. Die Ausgänge dieser Baugruppen sind in fast allen Fällen potentialfrei und galvanisch voneinander getrennt. Manchmal ist ein Anschluß der Kontakte für mehrere Ausgänge zusammengefaßt.

Bei der Auswahl der Ausgabebaugruppen ist neben der Art der Ausgänge auch deren Belastbarkeit zu berücksichtigen. Für die verschiedenen Lasten, die geschaltet werden können, werden Baugruppen mit unterschiedlichen Schaltleistungen von den Herstellern angeboten. Bei vielen Herstellern vorkommende Schaltleistungen sind 0,1 A; 0,5 A; 1 A; 2 A und 4 A bei einer Steuerspannung von 24 Volt. Sollen Verbrauchsmittel mit größeren Strömen oder mit anderen Spannungen geschaltet werden, sind zusätzliche Leistungsschaltglieder nötig, die über die Ausgabebaugruppen angesteuert werden. Zur Anwendung kommen dafür kontaktbehaftete Schaltgeräte, z. B. Hauptschütze und Leistungsschalter, oder in zunehmendem

169

Maße kontaktlose Schaltelemente. Diese schalten den Hauptstrom über elektronische Leistungsschaltglieder, wie Thyristoren und Triacs. Der Vorteil dieser elektronischen Schalter besteht darin, daß sie keinem Kontaktverschleiß unterworfen sind und ein geräuschloses Schalten ermöglichen.

3.3.4 Zentralbaugruppe

Die Zentralbaugruppe setzt sich aus mehreren Funktionseinheiten zusammen.

Der Programmspeicher enthält in verschlüsselter Form die einzelnen Anweisungen, nach denen das Steuerungsprogramm ausgeführt wird.

Das Steuerwerk liest diese Anweisungen und führt sie in der Reihenfolge aus, in der sie im Programmspeicher hinterlegt sind. Für interne Zwischenergebnisse stehen der Zentraleinheit Merker zur Verfügung. Sie dienen hauptsächlich zur Zwischenspeicherung von Verknüpfungs- oder Rechenergebnissen, die für eine spätere weitere Verarbeitung benötigt werden. Außerdem ist jedem Eingang und jedem Ausgang ein Signalspeicher zugeordnet, der immer den gleichen Signalzustand hat wie der zugehörige Anschluß. Dieses Prozeßabbild dient als Zwischenspeicher bei der Abfrage der Eingänge und bei der Zuweisung der Ausgänge.

3.3.5 Zeitbaugruppen

Zur Realisierung von Zeitverzögerungen bestehen in SPS-Geräten zwei unterschiedliche Möglichkeiten.

Programmierbare Zeitglieder sind in der Zentralbaugruppe integriert. Die Realisierung dieser Zeitglieder geschieht meistens durch den Prozessor, der neben den Steuerungsfunktionen diese Aufgabe zusätzlich ausführt. Dazu ist je Zeitglied ein Zähler vorhanden, der über spezielle Befehle auf einen vorgewählten Wert (Verzögerungszeit) eingestellt werden kann. In festgelegten Zeitabständen (Zeiteinheit) wird der Zählerinhalt durch den Prozessor um 1 erniedrigt. Sobald der Zählerstand den Wert 0 erreicht hat, ist die Verzögerungszeit abgelaufen. Zur Erhöhung der Verarbeitungsgeschwindigkeit der Zentralbaugruppe ist diese Funktion bei einigen Geräten durch eine getrennte Baugruppe ausgeführt.

Analog einstellbare Zeitbaugruppen enthalten Zeitglieder, deren Verzögerungszeiten von außen über Potentiometer einstellbar sind. Diese Zeitglieder werden von der SPS wie Zeitrelais behandelt, die über Ausgabebefehle angesteuert und deren Signalzustände über Eingabebefehle abgefragt werden. Im Gegensatz zu programmierbaren Zeitgliedern lassen sich bei analogen Zeitbaugruppen die Verzögerungszeiten nachträglich während des Betriebes beliebig ohne Eingriff in das Steuerungsprogramm verändern.

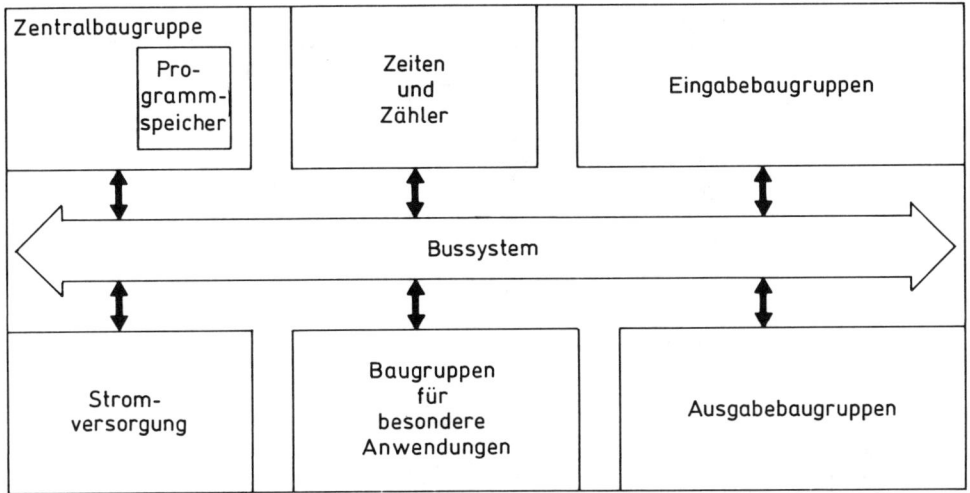

Bild 3.14 Aufbau eines Automatisierungsgerätes

3.3.6 Bussystem

Das Bussystem (Bild 3.14) besteht aus einer Anzahl paralleler Leitungen, an die alle Baugruppen angeschlossen sind. Über das Bussystem findet der gesamte Datenaustausch der einzelnen Baugruppen untereinander statt.

Über die Busleitungen werden Eingangssignale von den Eingabebaugruppen zur Zentraleinheit geleitet. Nach der Verarbeitung werden die Ausgangssignale von der Zentraleinheit zu den Ausgabebaugruppen geschaltet. Dabei enthält ein Teil der Leitungen jeweils verschlüsselt die Anschlußnummer des gerade benötigten Ein- oder Ausgangs. Ein anderer Teil enthält die Signale, und ein dritter Teil wird für die interne Steuerung des Automatisierungsgerätes benötigt. Außerdem erfolgt die Spannungsversorgung aller Baugruppen über dieses Bussystem.

3.3.7 Speicherbaugruppen

Der Programmspeicher (Bild 3.15) ist von seiner Funktion her betrachtet ein Teil der Zentralbaugruppe. Er enthält die einzelnen Anweisungen, nach denen das Steuerwerk die Verknüpfungen der Signale vornimmt. Diese Anweisungen sind in aufsteigender Folge, mit 0 beginnend, durchnumeriert. Die Nummer des jeweiligen Speicherplatzes wird als Adresse bezeichnet. Jede Adresse kann einzeln vom Steuerwerk angewählt werden. Sobald ein bestimmter Speicherplatz vom Steuerwerk über den Adreßbus angewählt ist, stellt der Speicherbaustein die Anweisung, die unter dieser Adresse abgelegt ist, der Zentraleinheit zur Verfügung.

171

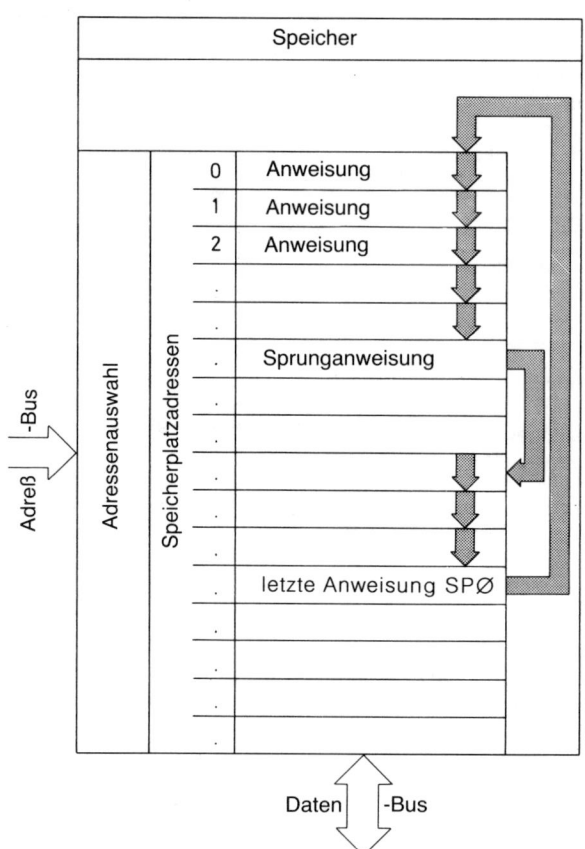

Bild 3.15
Prinzipieller Aufbau eines
Programmspeichers

Arten von Halbleiterspeichern

In SPS-Geräten werden unterschiedliche Arten von Speicherbaugruppen verwendet. Diese unterscheiden sich nicht in ihrer grundlegenden Funktion, sondern in der Art der verwendeten Speicherbausteine.

RAM   Random-Access-Memory
         Speicher mit wahlfreiem Zugriff

In RAM-Speicher können durch elektrische Impulse Informationen (Befehle) abgespeichert werden, die anschließend jederzeit wieder zur Verfügung stehen. Diese Informationen können später beliebig korrigiert oder geändert werden. Es können einzelne Befehle gelöscht oder hinzugefügt werden. Diese Bausteine verlieren aber ihre Information, wenn ihre Versorgungsspannung ausfällt. Daher müssen beim Einsatz in SPS-Geräten Batterien oder Akkus vorhanden sein, die sie bei einem

172

Netzausfall oder bei einer Unterbrechung der Betriebsspannung vor Informations-
verlust schützen.

NVRAM   Non Volatile Random-Access-Memory
         Nichtflüchtiger Speicher mit wahlfreiem Zugriff

Im NVRAM-Speicher können durch elektrische Impulse Informationen (Befehle)
abgespeichert werden, die anschließend jederzeit wieder zur Verfügung stehen.
Diese Informationen können später beliebig korrigiert oder geändert werden. Es
können einzelne Befehle gelöscht oder hinzugefügt werden. Diese Bausteine verlieren ihre Information nicht, wenn ihre Versorgungsspannung ausfällt.

ROM   Read-Only-Memory
         Nur-Lese-Speicher

ROM-Speicher können nur gelesen werden. Die Information, die in einem ROM-
Baustein gespeichert ist, kann nicht verändert werden. Eine Programmierung dieses Speichers ist nach seiner Fertigstellung nicht möglich. Schon bei der Herstel-
lung muß das Programm in den Baustein hineingebracht werden.

PROM   Programmable Read-Only-Memory
         Programmierbarer Nur-Lese-Speicher

PROM-Bausteine können mit Hilfe eines speziellen Programmiergerätes programmiert werden. Nachdem das Programmieren erfolgt ist, ist eine Änderung des Speicherinhalts nicht mehr möglich. Nach einer einmaligen Programmierung kann der
Speicherinhalt nur noch gelesen werden.

EPROM   Erasable Programmable Read-Only-Memory
         Löschbarer, programmierbarer Nur-Lese-Speicher

EPROM-Bausteine können mit Hilfe eines speziellen Programmiergerätes programmiert werden. Nachdem das Programmieren erfolgt ist, ist eine Änderung des
Speicherinhalts nicht mehr möglich. Nach einer einmaligen Programmierung kann
der Speicherinhalt nur noch gelesen werden. Durch intensive Bestrahlung mit UV-
Licht ist es möglich, den gesamten Inhalt eines EPROM-Speichers zu löschen. Der
Löschvorgang dauert ca. 30 Minuten. Nach dem Löschen kann der Speicherbaustein neu programmiert werden.

EEPROM   Electrically Erasable Programmable Read-Only-Memory
         Elektrisch löschbarer programmierbarer Nur-Lese-Speicher

EEPROM-Bausteine können mit Hilfe eines speziellen Programmiergerätes programmiert werden. Nachdem das Programmieren erfolgt ist, ist eine Änderung des

Speicherinhalts nicht mehr möglich. Nach einer einmaligen Programmierung kann der Speicherinhalt nur noch gelesen werden. Unter Zuhilfenahme eines Programmiergerätes ist es möglich, den gesamten Inhalt eines EEPROM-Speichers durch elektrische Signale zu löschen. Der Löschvorgang dauert wenige Sekunden. Nach dem Löschen kann der Speicherbaustein neu programmiert werden.

EAROM Electrically Alterable Read-Only-Memory
    Elektrisch änderbarer Nur-Lese-Speicher

EAROM-Bausteine können mit Hilfe eines speziellen Programmiergerätes programmiert werden. Nachdem das Programmieren erfolgt ist, ist eine Änderung des Speicherinhalts unter Zuhilfenahme des Programmiergeräts möglich. Diese Bausteine verlieren – im Gegensz zu RAM-Bausteinen – ihre Information aber nicht, wenn die Versorgungsspannung ausfällt. Sie stellen jedoch keine vollwertige Alternative zu RAM-Bausteinen dar, da eine Änderung des Speicherinhalts wesentlich länger dauert als bei einem RAM-Speicher.

3.3.8 Baugruppen für besondere Anwendungen

Analoge Eingabebaugruppen dienen zum Erfassen analoger elektrischer Signale. Die meisten Baugruppen sind in der Lage, Gleichspannungen im Bereich von 0 Volt bis 10 Volt zu erfassen. Über Analog-Digital-Umsetzer, die sich auf der Baugruppe befinden, werden die Spannungswerte der Zentralbaugruppe als digitale Zahlen zur Verfügung gestellt und können dort entsprechend dem Programm verarbeitet werden. Die Ansteuerung analoger Eingabebaugruppen erfolgt in den meisten Fällen durch Meßwandler, mit deren Hilfe Temperaturen, Füllstände, Motordrehzahlen und viele andere Größen erfaßt werden können.

 Analoge Ausgabebaugruppen wandeln über Digital-Analog-Umsetzer Zahlenwerte, die die SPS ermittelt hat, in analoge Signale um. Häufig werden auch hier Ausgangsspannungen zwischen 0 Volt und 10 Volt verwendet. Durch diese Ausgangsspannungen können andere Geräte (z. B. Anzeigeinstrumente, Schaltungen der Regelungstechnik) angesteuert werden.

 Schnelle Zählbaugruppen sind in der Lage, Impulse zu zählen, die aufgrund ihrer hohen Frequenz für eine SPS sonst nicht erfaßbar sind. Dadurch können z. B. Drehimpulsgeber von Motoren direkt ausgewertet werden. Aus diesen Impulsen läßt sich ermitteln, ob ein Antrieb eingeschaltet ist oder wieviel Umdrehungen er ausgeführt hat.

 Positionierbaugruppen dienen zum präzisen Positionieren von drehzahlgeregelten Antrieben bei Werkzeugmaschinen, Transporteinrichtungen, Zuführautomaten usw. Während die Zentraleinheit übergeordnete Steuerungsaufgaben wahrnimmt, steuern Positionierbaugruppen einen Antrieb selbständig, wenn sie von der Zentralbaugruppe dazu beauftragt werden. Sie melden die Ausführung einer Bewegung der Zentralbaugruppe zurück.

Ansteuerungsbaugruppen für Drucker, Bildschirme oder ähnliche Geräte werden benötigt, wenn das Bedienungspersonal einer Anlage mit umfangreichen Informationen versorgt werden muß oder wenn in einer Anlage automatisch von der SPS Schaltprotokolle erstellt werden sollen.

Baugruppen zum Anschluß an andere speicherprogrammierbare Steuerungen oder an Computersysteme ermöglichen einen Betrieb im Verbund mit anderen Maschinen oder Anlagenteilen.

3.4 Programmierung speicherprogrammierbarer Steuerungen

Für den Einsatz speicherprogrammierbarer Steuerungen wird eine Steuerungsaufgabe in einzelne Steuerungsanweisungen unterteilt. Diese Anweisungen werden nacheinander im Programmspeicher unter je einer Adresse abgelegt.

Jedes Automatisierungsgerät besitzt nur einen begrenzten Vorrat an Anweisungen, die es ausführen kann. In den folgenden Abschnitten werden die wichtigsten von ihnen erläutert.

3.4.1 Aufbau einer Anweisung

Eine Anweisung ist der kleinste Teil eines Steuerungsprogramms. Sie bildet eine Vorschrift für das Steuerwerk. Die Anweisung setzt sich aus zwei Teilen zusammen: dem Operationsteil und dem Operandenteil. Dieser wiederum besteht aus dem Kennzeichen und dem Parameter (Bild 3.16).

Der Operationsteil gibt die auszuführende Funktion an. Er gibt an, was das Steuerwerk tun soll.

Der Operandenteil enthält die Angaben, die für die Ausführung der Funktion notwendig sind. Er gibt an, womit das Steuerwerk die Funktion ausführen soll. Der erste Teil des Operanden ist das Kennzeichen. Das Kennzeichen stellt eine Aussage

Bild 3.16
Aufbau einer Anweisung

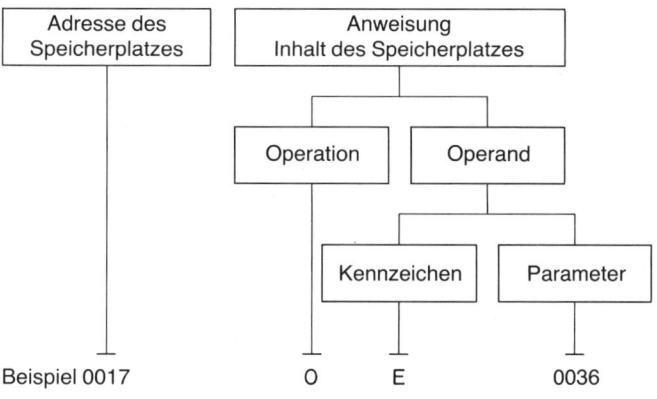

175

dar über die Art der Variablen, mit der etwas geschehen soll, ob ein Eingang, ein Ausgang oder ein Merker beeinflußt werden soll (siehe Kennzeichen von Operanden, Abschnitt 2.9.4.2). Der Parameter gibt die Nummer der Variablen an, z. B. die Nummer des abzufragenden Eingangs.

3.4.2   Operationsvorrat speicherprogrammierbarer Steuerungen

Die für speicherprogrammierbare Steuerungen zur Verfügung stehenden Operationen setzen sich zusammen aus logischen Verknüpfungsbefehlen, Zeitbefehlen, Ausgabebefehlen und Sprungbefehlen. Neben diesen Operationen sind bei vielen Geräten zusätzlich Zählfunktionen, Vergleichsfunktionen und arithmetische Operationen möglich. In Tabelle 3.1 ist eine Zusmmenstellung der wichtigsten binären Operationen aufgeführt mit ihren Kurzzeichen, der mnemotechnischen Benennung und einer kurzen Erläuterung der jeweiligen Anweisung. Außer dem Kurzzeichen und der Benennung ist wegen der häufigen Verwendung in Klammern die englische Ausführung angegeben. Tabelle 3.2 enthält die wichtigsten Operanden, die bei der Ausführung von Befehlen angesprochen werden können.

In diesen Tabellen sind nicht alle möglichen binären Operationen und Operanden speicherprogrammierbarer Steuerungen erfaßt. Komplexe Geräte überschreiten den hier dargestellten Umfang erheblich. Einfache Automatisierungsgeräte beherrschen nur einen Teil der dargestellten Operationen. In diesen Fällen müssen alle darüber hinausgehenden Funktionen durch die vorhandenen Funktionen nachgebildet werden.

Tabelle 3.1   Binäre Operationen speicherprogrammierbarer Steuerungen

Kurz-zeichen	Operation	Erläuterung
L (L)	Laden (load)	Dient der Bereitstellung des ersten Operanden für die nachfolgenden Operationen und kennzeichnet den Beginn einer Anweisungsfolge. Das Abfrageergebnis ist der Signalzustand des bei dieser Operation stehenden Operanden. Anstelle der Operation L wird hierfür häufig die Operation U oder O verwendet.
LN (LN)	Laden nicht (load not)	Dient der Bereitstellung des ersten Operanden für die nachfolgenden Operationen und kennzeichnet den Beginn einer Anweisungsfolge. Das Abfrageergebnis ist der negierte Signalzustand des bei dieser Operation stehenden Operanden. Anstelle der Operation LN wird hierfür häufig die Operation UN oder ON verwendet.
U (A)	Und (and)	Das Abfrageergebnis ist der Signalzustand des bei dieser Operation stehenden Operanden. Dieses Abfrageergebnis wird mit dem in der Zentraleinheit gespeicherten Ergebnis nach einer Und-Funktion verknüpft.

Tabelle 3.1   (Fortsetzung)

Kurz-zeichen	Operation	Erläuterung
UN (AN)	Und nicht (and not)	Das Abfrageergebnis ist der negierte Signalzustand des bei dieser Operation stehenden Operanden. Dieses Ergebnis wird mit dem in der Zentraleinheit gespeicherten Ergebnis nach einer Und-Funktion verknüpft.
O (O)	Oder (or)	Das Abfrageergebnis ist der Signalzustand des bei dieser Operation stehenden Operanden. Dieses Abfrageergebnis wird mit dem in der Zentraleinheit gespeicherten Ergebnis nach einer Oder-Funktion verknüpft.
ON (ON)	Oder nicht (or not)	Das Abfrageergebnis ist der negierte Signalzustand des bei dieser Operation stehenden Operanden. Dieses Ergebnis wird mit dem in der Zentraleinheit gespeicherten Ergebnis nach einer Oder-Funktion verknüpft.
= (=)	Zuweisung (assignment)	Der bei dieser Operation stehende Operand erhält den Signalzustand, den das in der Zentraleinheit gespeicherte Ergebnis hat.
=N (=N)	Zuweisung (assignment)	Der bei dieser Operation stehende Operand erhält den negierten Signalzustand, den das in der Zentraleinheit gespeicherte Ergebnis hat.
S (S)	Setzen (set)	Der bei dieser Operation stehende Operand erhält den Signalzustand 1, wenn das in der Zentraleinheit gespeicherte Ergebnis 1 ist. Der Operand wird nicht beeinflußt, wenn das in der Zentraleinheit gespeicherte Ergebnis 0 ist.
R (R)	Rücksetzen (reset)	Der bei dieser Operation stehende Operand erhält den Signalzustand 0, wenn das in der Zentraleinheit gespeicherte Ergebnis 1 ist. Der Operand wird nicht beeinflußt, wenn das in der Zentraleinheit gespeicherte Ergebnis 0 ist.
SP (JP)	Sprung (jump)	Die lineare Bearbeitung des Programms wird unterbrochen. Das Programm wird mit der Operation fortgesetzt, die unter der Adresse im Programmspeicher steht, die der Operand angibt.
SPB (JPC)	Sprung bedingt (jump conditionally)	Die lineare Bearbeitung des Programms wird unterbrochen, wenn das in der Zentraleinheit gespeicherte Ergebnis den Wert 1 hat. Dann wird das Programm mit der Operation fortgesetzt, die unter der Adresse im Programmspeicher steht, die der Operand angibt.
ZV (CU)	Zählen vorwärts (count up)	Beim Wechsel des Verknüpfungsergebnisses von 0 nach 1 wird der im Operanden angegebene Zähler um 1 erhöht.
ZR (CD)	Zählen rückwärts (count down)	Beim Wechsel des Verknüpfungsergebnisses von 0 nach 1 wird der im Operanden angegebene Zähler um 1 erniedrigt.
NOP (NOP)	Nulloperation (no operation)	Diese Anweisung wird von der Zentraleinheit nicht bearbeitet. Sie ruft keine Wirkung hervor. Sie dient zum Freihalten von Speicherplätzen für eventuell zu erwartende Erweiterungen und Einfügungen einzelner Anweisungen.

177

Tabelle 3.2 Kennzeichen von binären Operanden

Kurz-zeichen	Operand	Erläuterung
E (I)	Eingang (input)	Ein Eingang führt Signalzustand 1, wenn an ihm die Steuerspannung anliegt. Er führt Signalzustand 0, wenn an ihm keine Spannung anliegt. (Dieses ist zu beachten, wenn im Signalgeber am Eingang Öffner verwendet werden.)
A (O)	Ausgang (output)	Bei Signalzustand 1 am Ausgang wird der angeschlossene Verbraucher an Spannung gelegt. Bei Signalzustand 0 ist der Ausgang gesperrt.
M (M)	Merker (memory)	Merker sind interne Signalspeicher. Sie lassen sich ansteuern wie Ausgänge. Der Signalzustand der Merker kann an beliebiger Stelle im Programm verwendet werden.
T (T)	Zeitglied (timer)	Zeitglieder lassen sich als einschaltverzögerte Zeitglieder, ausschaltverzögerte Zeitglieder oder als Impulsglieder programmieren. Bei vielen Steuerungen ist nur die Programmierung von Einschaltverzögerungen möglich.
Z (C)	Zähler (counter)	Zähler können vorwärts oder rückwärts gezählt werden. Der Ausgang eines Zählers führt Signalzustand 1, solange der Wert des Zählers nicht null ist. Ist der Wert des Zählers null, dann ist auch der Signalzustand seines Ausgangs 0.

3.4.3 Programmierung der Grundverknüpfungen als Anweisungsliste

Voraussetzung für die Erstellung eines Programms ist eine eindeutige Beschreibung der Steuerungsfunktion. Hierfür besonders geeignet ist der Funktionsplan (Kapitel 2), denn er setzt sich aus den Grundverknüpfungsgliedern zusammen, die im Operationsvorrat speicherprogrammierbarer Steuerungen enthalten sind. Neben dem Funktionsplan ist eine Beschreibung durch einen vorhandenen Stromlaufplan möglich. Dieser kann aber nur in Ausnahmefällen direkt in eine Anweisungsliste umgesetzt werden, da die programmierbaren Funktionen nicht immer direkt aus dem Stromlaufplan ersichtlich sind.

Das Programm einer speicherprogrammierbaren Steuerung setzt sich aus einer Reihe von Grundbausteinen zusammen. Ein Grundbaustein stellt jeweils eine abgeschlossene Verknüpfung dar, entsprechend einem Strompfad in einem Stromlaufplan. Diese Grundbausteine eines SPS-Programms werden bei den Herstellern speicherprogrammierbarer Steuerungen unterschiedlich bezeichnet: Netzwerk, Sequenz, Satz. Jeder Grundbaustein beginnt mit einer Erstabfrage zur Ermittlung des ersten Operanden. Danach folgen eine oder mehrere Verknüpfungen. Das Ende eines Grundbausteins bildet eine Anweisung zur Beeinflussung eines Operanden (Ausgang, Merker, Zeit, Zähler).

3.4.3.1 Und-Verknüpfung

Stromlaufplan (Bild 3.17)
Die Und-Funktion wird durch die beiden in Reihe geschalteten Kontakte E1 und E2 verwirklicht. Nur wenn beide Kontakte gleichzeitig geschlossen sind, ist die Meldeleuchte eingeschaltet.

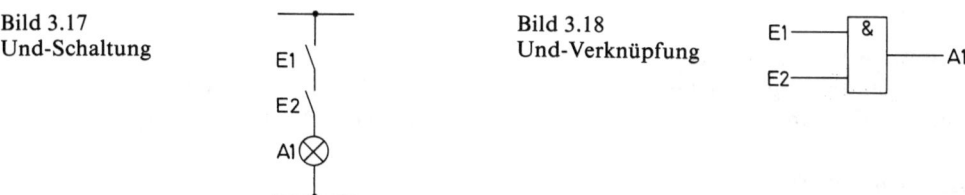

Bild 3.17
Und-Schaltung

Bild 3.18
Und-Verknüpfung

Funktionsplan (Bild 3.18)
Die Und-Bedingung ist erfüllt, wenn an beiden Eingängen gleichzeitig Spannung anliegt. In diesem Fall ist der Ausgang A1 mit der angeschlossenen Meldeleuchte eingeschaltet.

Anweisungsliste

L	E1	Lade Eingang 1
U	E2	Und Eingang 2
=	A1	Verknüpfungsergebnis nach Ausgang 1

Durch die erste Anweisung (L E1) wird der Signalzustand am Eingang 1 abgefragt und in der Zentraleinheit gespeichert. Danach wird durch die zweite Anweisung (U E2) der Signalzustand am Eingang 2 abgefragt und die Und-Verknüpfung der beiden Signale gebildet. Anschließend erfolgt die Zuweisung (= A1) des Verknüpfungsergebnisses an den Ausgang 1. Der Ausgang erhält dann ein 1-Signal, wenn das Verknüpfungsergebnis 1 war. War die Und-Bedingung aber nicht erfüllt, erhält der Ausgang 0-Signal, d. h., die angeschlossene Meldeleuchte ist ausgeschaltet.

3.4.3.2 Oder-Verknüpfung

Stromlaufplan (Bild 3.19)
Die Oder-Funktion wird durch die Parallelschaltung der beiden Kontakte E1 und E2 realisiert. Immer wenn einer der beiden Kontakte geschlossen ist, ist die angeschlossene Meldeleuchte eingeschaltet.

179

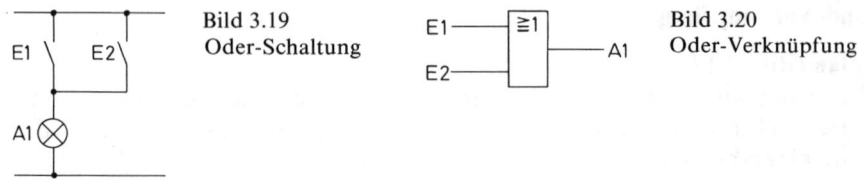

Bild 3.19
Oder-Schaltung

Bild 3.20
Oder-Verknüpfung

Funktionsplan (Bild 3.20)
Die Oder-Bedingung ist erfüllt, wenn an einem der beiden Eingänge Spannung anliegt. In diesem Fall ist die Meldeleuchte am Ausgang A1 eingeschaltet.

Anweisungsliste
L   E1   Lade Eingang 1
O   E2   Oder Eingang 2
=   A1   Ergebnis nach Ausgang 1

Nach dem Laden des Signalzustandes am Eingang E1 wird dieser anschließend mit dem Signalzustand des Eingangs E2 nach der Oder-Bedingung verknüpft. Das Verknüpfungsergebnis erscheint dann am Ausgang A1.

3.4.3.3 Nicht-Verknüpfung

Stromlaufplan (Bild 3.21)
Beim Schließen des Kontaktes E1 wird die Spule des Relais an Spannung gelegt. Dadurch wird über den Öffner dieses Relais' die Meldeleuchte ausgeschaltet.

Funktionsplan (Bild 3.22 und 3.23)
Der Ausgang A1 führt immer dann 1-Signal, wenn der Eingang E1 ein 0-Signal hat. Hat der Eingang E1 aber 1-Signal, führt der Ausgang A1 ein 0-Signal. Da das Schaltsymbol nur einen Eingang hat, ergibt sich die gleiche Funktion – unabhängig davon, ob die Negierung vor dem Funktionssymbol oder danach stattfindet.

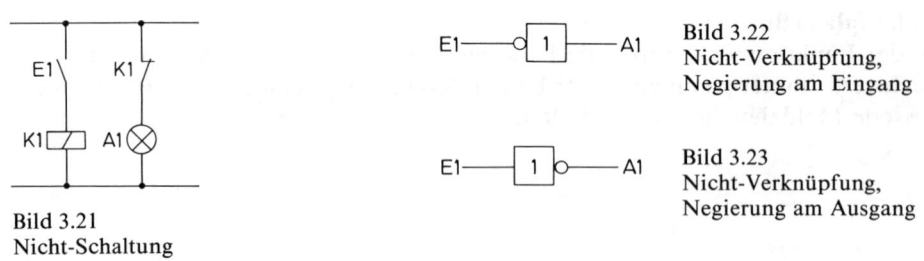

Bild 3.22
Nicht-Verknüpfung,
Negierung am Eingang

Bild 3.23
Nicht-Verknüpfung,
Negierung am Ausgang

Bild 3.21
Nicht-Schaltung

180

Anweisungsliste

a)

L	E1	Lade Eingang 1
= N	A1	negiertes Ergebnis nach Ausgang 1

b)

LN	E1	Lade den negierten Zustand des Eingangs 1
=	A1	Ergebnis nach Ausgang 1

Die Nicht-Verknüpfung läßt sich entsprechend der Darstellung im Funktionsplan (Bilder 3.22 und 3.23) auf zwei Arten programmieren. Im ersten Fall (Bild 3.23) wird als nächstes der Signalzustand des Eingangs E1 direkt in die Zentraleinheit geladen. Das Ergebnis wird anschließend negiert an den Ausgang A1 weitergeleitet. Diese Programmierung ist aber in vielen Fällen nicht möglich, da die Geräte vieler Hersteller die Negierung im Zusammenhang mit der Zuweisung nicht beherrschen. In diesen Fällen muß die Programmierung entsprechend dem Funktionsplan in Bild 3.22 gewählt werden. Der negierte Signalzustand des Eingangs E1 wird in die Zentraleinheit geladen. Anschließend erfolgt die Ausgabe des gespeicherten Ergebnisses über den Ausgang A1.

3.4.3.4 Nand-Verknüpfung

Stromlaufplan (Bild 3.24)

Wenn beide Kontakte E1 und E2 gleichzeitig betätigt sind, ist das Relais angezogen. Dadurch wird die Meldeleuchte A1 ausgeschaltet.

Bild 3.24
Nand-Schaltung

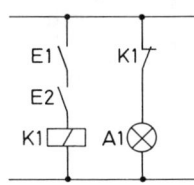

Bild 3.25
Nand-Verknüpfung

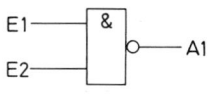

Funktionsplan (Bild 3.25)

Der Ausgang A1 führt immer dann 0-Signal, wenn die beiden Eingänge E1 und E2 gleichzeitig 1-Signal haben.

Anweisungsliste

a)

L	E1	Lade Eingang 1
U	E2	Und Eingang 2
= N	A1	negiertes Ergebnis nach Ausgang 1

181

b)

L	E1	Lade Eingang 1
U	E2	Und Eingang 2
=	M1	Ergebnis nach Merker 1
LN	M1	Lade den negierten Zustand von Merker 1
=	A1	Ergebnis nach Ausgang 1

Die Nand-Verknüpfung wird zu Anfang so programmiert, wie es bei der Und-Verknüpfung (Bild 3.18) dargestellt ist. Nach der Ausführung der Und-Verknüpfung darf aber in diesem Fall das Ergebnis nicht direkt ausgegeben werden. Vor dem Weiterleiten des Verknüpfungsergebnisses an den Ausgang A1 muß eine Negierung erfolgen. Dieses geschieht in der Anweisungsliste a) durch die Anweisung «= N A1». Wenn aber die Anweisung «= N» im Operationsvorrat nicht enthalten ist, muß bei dieser Verknüpfung ein Hilfsmerker verwendet werden. Durch die Anweisung «= M1» in der Anweisungsliste b) erhält der Merker 1 das Ergebnis der Und-Verknüpfung. Durch die beiden folgenden Anweisungen «LN M1» und «= A1» wird dieses Ergebnis negiert und an den Ausgang A1 ausgegeben.

3.4.3.5 Nor-Verknüpfung

Stromlaufplan (Bild 3.26)
Bei Betätigung eines der beiden Kontakte E1 oder E2 ist das Relais angezogen. Dadurch wird über einen Öffner die Meldeleuchte ausgeschaltet.

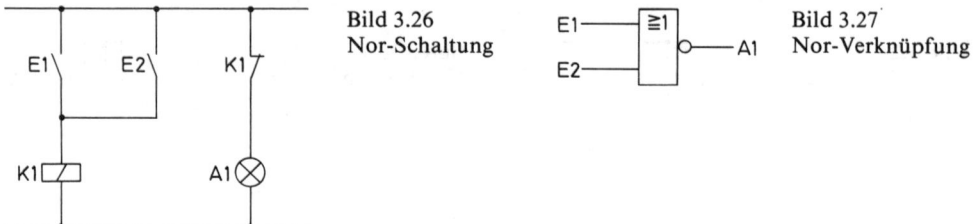

Bild 3.26
Nor-Schaltung

Bild 3.27
Nor-Verknüpfung

Funktionsplan (Bild 3.27)
Der Ausgang A1 führt 0-Signal, d. h., die angeschlossene Leuchte ist immer dann ausgeschaltet, wenn einer der beiden Eingänge E1 oder E2 ein 1-Signal führt.

Anweisungsliste
a)

L	E1	Lade Eingang 1
O	E2	Oder Eingang 2
= N	A1	negiertes Ergebnis nach Ausgang 1

182

b)
L	E1	Lade Eingang 1
O	E2	Oder Eingang 2
=	M1	Ergebnis nach Merker 1
LN	M1	Lade den negierten Zustand von Merker 1
=	A1	Ergebnis nach Ausgang 1

Die Nor-Verknüpfung wird zu Anfang wie eine Oder-Verknüpfung programmiert. Nach der Ausführung der Oder-Verknüpfung muß vor der Weitergabe des Verknüpfungsergebnisses an den Ausgang A1 eine Negierung erfolgen, entweder durch die Anweisung « = N A1» oder unter Verwendung eines Hilfsmerkers.

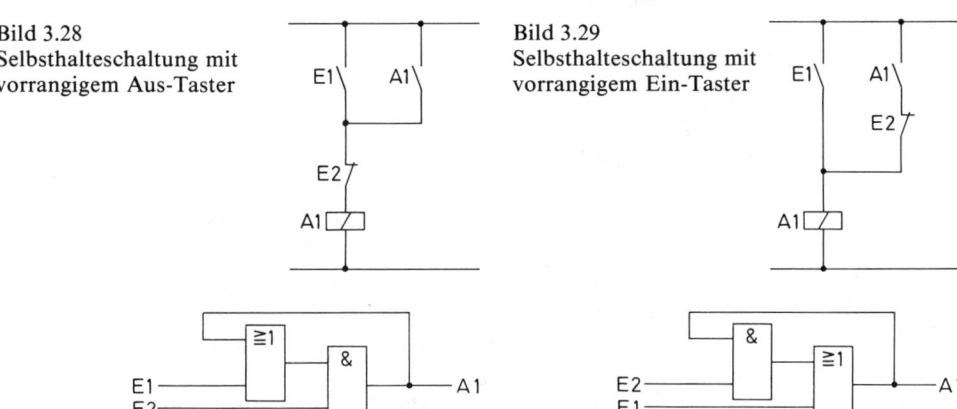

Bild 3.28
Selbsthalteschaltung mit
vorrangigem Aus-Taster

Bild 3.29
Selbsthalteschaltung mit
vorrangigem Ein-Taster

Bild 3.30   Verknüpfungsschaltung mit
Speicherverhalten, Aus-Taster vorrangig

Bild 3.31   Verknüpfungsschaltung mit
Speicherverhalten, Ein-Taster vorrangig

3.4.3.6 Speicherglieder

Stromlaufplan (Bilder 3.28 und 3.29)
Die in Schützsteuerungen übliche Schaltung für Speicherfunktionen ist die Selbsthalteschaltung von Schützen. Hierbei wird parallel zum Taster, der die Einschaltung bewirkt, ein Schließerkontakt des Schützes geschaltet. Der Taster für die Ausschaltung unterbricht den Strompfad und läßt damit die Speicherschaltung abfallen. Hierbei sind zwei unterschiedliche Schaltungen möglich. In der in Bild 3.28 dargestellten Schaltung wird der Aus-Taster vorrangig vor dem Ein-Taster berücksichtigt. In der Schaltung in Bild 3.29 hat die Einschaltung des Schützes Vorrang vor der Ausschaltung.

Funktionsplan (Bilder 3.30 und 3.31)
Durch ein 1-Signal am Eingang E1 erhält der Ausgang A1 ebenfalls ein 1-Signal unter der Voraussetzung, daß der Aus-Taster (Öffner), der sich am Eingang E2 befin-

det, nicht betätigt ist. Das 1-Signal des Ausgangs A1 wird wieder auf den Eingang der Schaltung zurückgeführt, entweder auf die Oder-Verknüpfung (Bild 3.30) oder auf die Und-Verknüpfung (Bild 3.31). Durch den Wegfall des 1-Signals am Eingang E2, d. h. durch die Betätigung des Aus-Tasters, wird die Speicherschaltung in den Ausschaltzustand zurückgesetzt.

Anweisungsliste
a) (zu Bild 3.30)
L   E1   Lade Eingang 1
O   A1   Oder Ausgang 1
U   E2   Und Eingang 2
=   A1   Ergebnis nach Ausgang 1
b) (zu Bild 3.31)
L   E2   Lade Eingang 2
U   A1   Und Ausgang 1
O   E1   Oder Eingang 1
=   A1   Ergebnis nach Ausgang 1

Zur Programmierung der Selbsthaltung läßt sich der Funktionsplan direkt in eine Anweisungsliste umsetzen. Beim Funktionsplan nach Bild 3.30 wird zuerst die Oder-Verknüpfung programmiert (L E1; O A1). Das Verknüpfungsergebnis kann in der folgenden Anweisung direkt weiterverarbeitet werden. Es wird mit dem Signal des Eingangs E2 Und-verknüpft. Die Ausgabe des Verknüpfungsergebnisses erfolgt am Ausgang A1.

Anstatt eines Ausgangs läßt sich für die Programmierung einer Selbsthaltung auch ein Merker verwenden, wenn das gespeicherte Signal nicht direkt für eine Schalthandlung verwendet wird.

3.4.3.7 Bistabile Kippglieder

Neben der in Schützschaltungen gebräuchlichen Selbsthalteschaltung werden in der Elektronik eigens entwickelte Speicherglieder mit einem Setz- und einem Rücksetzeingang verwendet. Diese Speicherglieder lassen sich in vielen speicherprogrammierbaren Steuerungen mit Hilfe von Merkern oder Ausgängen einfach programmieren.

Funktionsplan (Bild 3.32)
Durch ein 1-Signal am Eingang E1 erhält der Ausgang A1 ebenfalls ein 1-Signal. Rückgesetzt wird der Speicher durch ein kurzes 1-Signal am Eingang E2.

Bild 3.32
Bistabiles Kippglied

184

Anweisungsliste

L	E1	Lade Eingang 1
S	A1	Setze Ausgang 1
L	E2	Lade Eingang 2
R	A1	Rücksetze Ausgang 1

Durch die erste Anweisung «L E1» wird der Signalzustand des Eingangs E1 in die Zentraleinheit geladen. Hat der Eingang ein 1-Signal, dann hat dieses ein Einschalten des Ausgangs A1 zur Folge. Ein 0-Signal am Eingang E1 beeinflußt den Ausgang nicht. Ein Rücksetzen des Ausgangs erfolgt durch ein 1-Signal am Eingang E2. Ein 0-Signal an diesem Eingang beeinflußt den Ausgang nicht. Das Verhalten bei gleichzeitiger Betätigung von E1 und E2 läßt sich nicht generell beschreiben. Dieses unterscheidet sich bei den verschiedenen Fabrikaten. Bei einigen Geräten muß durch die Programmierung ausgeschlossen werden, daß beide Signale an das Speicherglied gelangen. Zum Teil hängt es auch von der Reihenfolge der Anweisungen (S–R; R–S) ab, welcher der beiden Eingänge vor dem anderen Vorrang hat.

3.4.3.8 Zeitglieder

Stromlaufplan (Einschaltverzögerung)
In Schütz- und Relaisschaltungen werden Zeitverzögerungen durch Zeitrelais realisiert (Bild 3.33). Die Eingangsspannung wird auf das Antriebssystem eines Zeitrelais geführt. Über den Kontakt des Zeitrelais erfolgt daraufhin verzögert eine Schalthandlung.

Bild 3.33
Verzögerungsschaltung

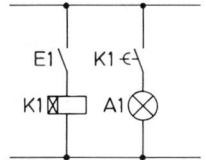

Bild 3.34
Verzögerungsfunktion

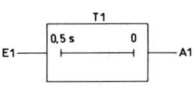

Funktionsplan (Einschaltverzögerung)
Das Signal am Ausgang A1 folgt dem Signal am Eingang E1 um die angegebene Zeit verzögert. Die Zeitverzögerung erfolgt entweder bei der ansteigenden Flanke (Einschaltverzögerung: Bild 3.34) oder bei der abfallenden Flanke (Ausschaltverzögerung) des Signals.

Anweisungsliste (Einschaltverzögerung)

L	E1	Lade Eingang 1
=	T1	Verknüpfungsergebnis an die Zeit T1
L	T1	Lade die Rückmeldung der Zeit T1
=	A1	Verknüpfungsergebnis an Ausgang 1

185

Die Behandlung von Zeitgliedern wird bei den einzelnen Gerätefabrikaten unterschiedlich gehandhabt. Im hier aufgeführten Beispiel (Bilder 3.33 und 3.34) ist eine Einschaltverzögerung dargestellt. Durch ein 1-Signal am Eingang E1 wird das Zeitglied angestoßen. Nach dem Ablauf der Zeit erfolgt eine Rückmeldung vom Zeitglied, die durch die Anweisung «L T1» abgefragt wird. Abhängig von dieser Rückmeldung wird der Ausgang A1 ein- bzw. ausgeschaltet. Die Angabe des Zeitwertes erfolgt bei den meisten Geräten durch eine spezielle Anweisung. In anderen Fällen kann der Zeitwert über externe Zahleneinsteller eingestellt werden.

3.4.4 Programmeingabe in speicherprogrammierbare Steuerungen

Das Eingeben des Steuerungsprogramms in speicherprogrammierbare Steuerungen erfolgt mit Hilfe von Programmiergeräten (Bilder 3.35 bis 3.37). Diese besitzen ein Tastenfeld für die Eingabe der einzelnen Anweisungen in der Reihenfolge der Anweisungsliste in einen RAM-Speicher. Dieser Speicher kann sich entweder im Programmiergerät selbst oder aber im Automatisierungsgerät befinden. Im letzteren Fall ist für das Eingeben des Programms immer zusätzlich zum Programmiergerät auch das Automatisierungsgerät erforderlich. Neben der Tastatur besitzt jedes Programmiergerät eine Anzeigeneinheit, mit deren Hilfe die eingegebenen Anweisungen überprüft werden können. Mit der Eingabe des Programms in den Programmspeicher ist aber die Aufgabe des Programmiergerätes noch nicht erfüllt. Es wird weiterhin benötigt für die Inbetriebnahme von Anlagen und Geräten und für die Fehlersuche in gestörten Anlagen. Zur Überprüfung externer Geber und Stellgeräte lassen sich Eingänge einzeln abfragen und Ausgänge einzeln setzen oder rücksetzen. Ebenso lassen sich innerhalb des Programms Signale verfolgen und Verknüpfungsergebnisse darstellen. Außerdem können während des Betriebes der Steuerung Anweisungen eingefügt, ausgefügt oder geändert werden. Dieses ist aber nur möglich, solange das Programm noch nicht in einen EPROM-Speicher übertragen worden ist, denn nur der RAM-Speicher ist beliebig beschreibbar.

Neben diesen Aufgaben übernimmt das Programmiergerät auch die Übertragung des Programms aus dem RAM-Speicher in einen EPROM-Speicher, wenn die Inbetriebnahme abgeschlossen ist. Zu diesem Zeitpunkt kann auch die zum Programm gehörige aktuelle Dokumentation erstellt werden. Dieses übernimmt in der Regel ebenfalls das Programmiergerät mit Hilfe eines zusätzlich anzuschließenden Druckers. Nicht alle dargestellten Funktionen werden von jedem Programmiergerät erfüllt. Einfachste Handprogrammiergeräte besitzen nur eine begrenzte Tastatur mit den für die Programmeingabe notwendigen Funktionen und eine einzeilige, aus wenigen Stellen bestehende Anzeigeneinheit. Bei komfortablen Bildschirmprogrammiergeräten (Bilder 3.36 und 3.37) erfolgt die Bedienung über eine Schreibmaschinentastatur und die Anzeigen bzw. Rückmeldungen und Fehlermeldungen auf einem Bildschirm. Mit diesen Geräten ist neben der Darstellung von Programmen als Anweisungsliste auch die Darstellung als Funktionsplan oder als Kontaktplan, einer stromlaufplanähnlichen Darstellung, möglich.

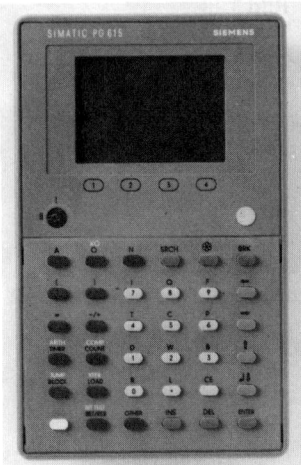

Bild 3.36
Bildschirmprogrammiergerät (Werkbild: Siemens)

Bild 3.35 (oben)
Handprogrammiergerät
(Werkbild: Siemens)

Bild 3.37 (rechts)
Portabler Personalcomputer
als Programmiergerät
(Werkbild: Schiele)

Für den Einsatz als Programmiergerät können in vielen Fällen auch Personalcomputer (PC) verwendet werden. Wenn SPS-Hersteller für einen PC ein Betriebsprogramm liefern, das ihm die Funktion eines Programmiergerätes verleiht, wird er dadurch zu einem komfortablen Bildschirmprogrammierplatz.

Steuerungsbeispiel
Der Wasserstand in einem Vorratsbehälter soll durch eine Pumpe mit einer Leistung von 1,1 kW und eine zweite Pumpe mit einer Leistung von 2,2 kW geregelt werden. Die Ein- und Ausschaltung der beiden Pumpen erfolgt über 4 Schwimmerschalter, die bei 4 unterschiedlichen Wasserständen betätigt werden (Bild 3.38). Abhängig von den Wasserständen erfolgt das Einschalten der kleinen Pumpe (Stufe 1), der großen Pumpe (Stufe 2) oder beider Pumpen gemeinsam (Stufe 3).

187

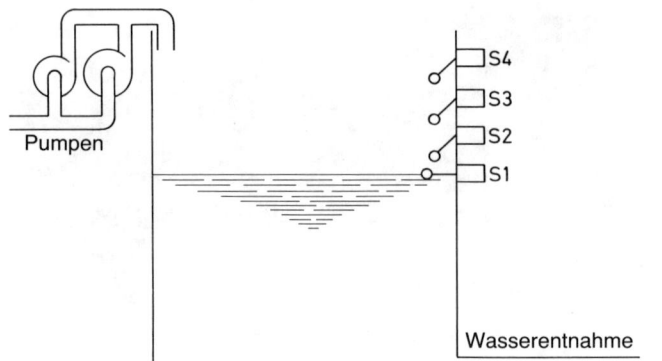

Bild 3.38
Wasserbehälter

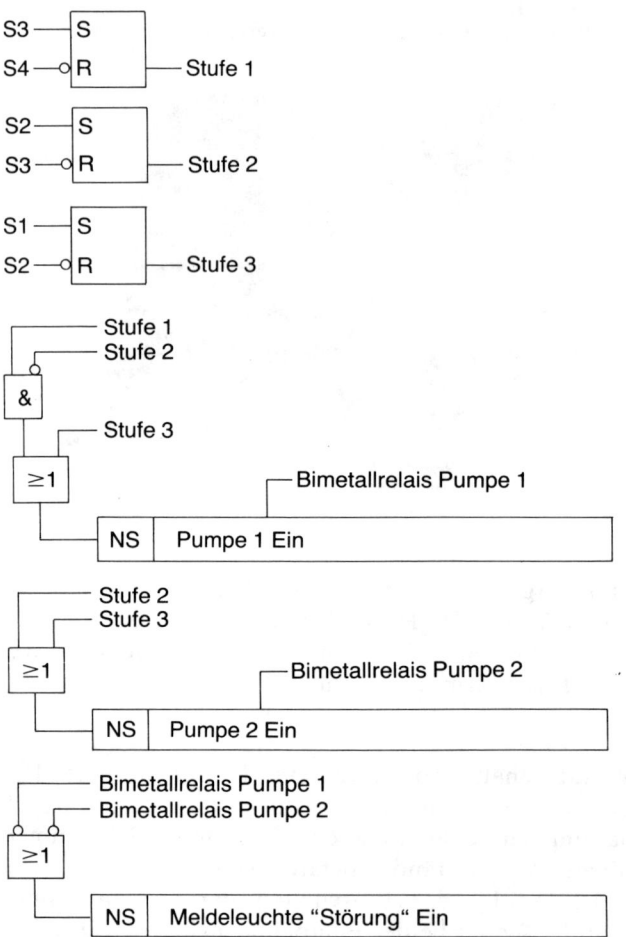

Bild 3.39
Funktionsplan der
Wasserpumpensteuerung

188

Stufe 1 wird eingeschaltet durch den Schwimmerschalter S3 und ausgeschaltet durch S4. Stufe 2 wird eingeschaltet durch S2 und ausgeschaltet durch S3. Stufe 3 wird eingeschaltet durch S1 und ausgeschaltet durch S2. Beide Motoren sind durch ein Bimetallrelais thermisch geschützt. Im Störungsfall werden beide Pumpen abgeschaltet. Die Störmeldung erfolgt durch eine Kontrolleuchte.

Die Entwicklung der Schaltung erfolgt mit Hilfe des Funktionsplans (Bild 3.39). Aus der Aufgabenstellung ist ersichtlich, daß die Pumpen in drei Stufen geschaltet werden sollen. Das Einschalten der einzelnen Stufen erfolgt jeweils durch Betätigung des tiefergelegenen Schwimmerschalters. Wenn der höher angeordnete Endschalter nicht mehr betätigt ist, wird die jeweilige Pumpenstufe wieder ausgeschaltet. Dieses Verhalten läßt sich mit 3 RS-Speichern realisieren. Das Setzen des Speichers erfolgt durch ein 1-Signal (Betätigungszustand) des unteren Schwimmerschalters. Zum Rücksetzen wird das 0-Signal (unbetätigter Zustand) des betreffenden oberen Schwimmerschalters genutzt. Durch die 3 Speicherschaltungen entstehen die Signale «Stufe 1», «Stufe 2» und «Stufe 3».

Diese Signale werden zur Steuerung der beiden Pumpen verwendet. Das Einschaltsignal für die kleine Pumpe ergibt sich, wenn nur die Stufe 1 oder die Stufe 3 eingeschaltet ist. Die große Pumpe ist in Betrieb, wenn die Stufe 2 oder die Stufe 3 eingeschaltet ist. Voraussetzung für den Betrieb der beiden Pumpen ist auf jeden Fall die Freigabe durch das jeweilige Bimetallrelais.

Die Störmeldeleuchte wird eingeschaltet, wenn eines der beiden Bimetallrelais 0-Signal liefert.

In Bild 3.40 ist der Hauptstromlaufplan der Steuerung dargestellt. Die beiden Antriebe der Pumpen bilden jeweils einen eigenen Hauptstromkreis. Die Pumpen

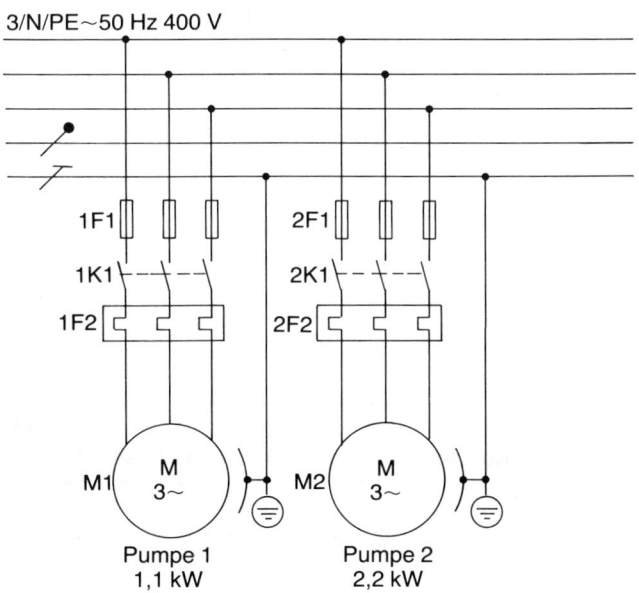

Bild 3.40
Hauptstromlaufplan

3/N/PE~50 Hz 400 V

1F1   2F1
1K1   2K1
1F2   2F2

M1   M   M2   M
     3~   3~

Pumpe 1   Pumpe 2
1,1 kW   2,2 kW

189

werden geschaltet mit Hilfe der Hauptschütze 1K1 und 2K1. An die Schütze sind die Bimetallrelais 1F2 und 2F2 zum Schutz der Motoren angebaut. Diese beiden Hauptstromkreise müssen auf jeden Fall aufgebaut werden, unabhängig davon, ob der Steuerstromkreis in konventioneller Technik oder mit Hilfe einer SPS aufgebaut wird.

Bild 3.41 zeigt die Ausführung der Steuerung als Schützschaltung. Zur Realisierung der drei Pumpenstufen 1 bis 3 ist je ein Hilfsschütz eingesetzt. Diese 3 Hilfsschütze werden durch die Schwimmerschalter ein- und ausgeschaltet. Durch diese Selbsthalteschaltungen sind die Speicherglieder gebildet, die im Funktionsplan (Bild 3.39) dargestellt sind. Abhängig von den jeweils eingeschalteten Hilfsschützen erfolgt die Einschaltung der beiden Pumpen.

In Bild 3.42 ist die Steuerung nicht durch Schütze, sondern mit Hilfe einer speicherprogrammierbaren Steuerung realisiert. Der Funktionsplan (Bild 3.39) dient als Vorlage für die Erstellung des Programms der Steuerung. Für die Signale Stufe 1, Stufe 2 und Stufe 3 werden Merker verwendet. Diese Merker werden mit Hilfe der Befehle «S» und «R» in Speicherschaltung geschaltet. Abhängig von diesen Merkersignalen werden die Hauptschütze 1K1 und 2K1 unter Berücksichtigung der zusätzlichen Freigaben geschaltet.

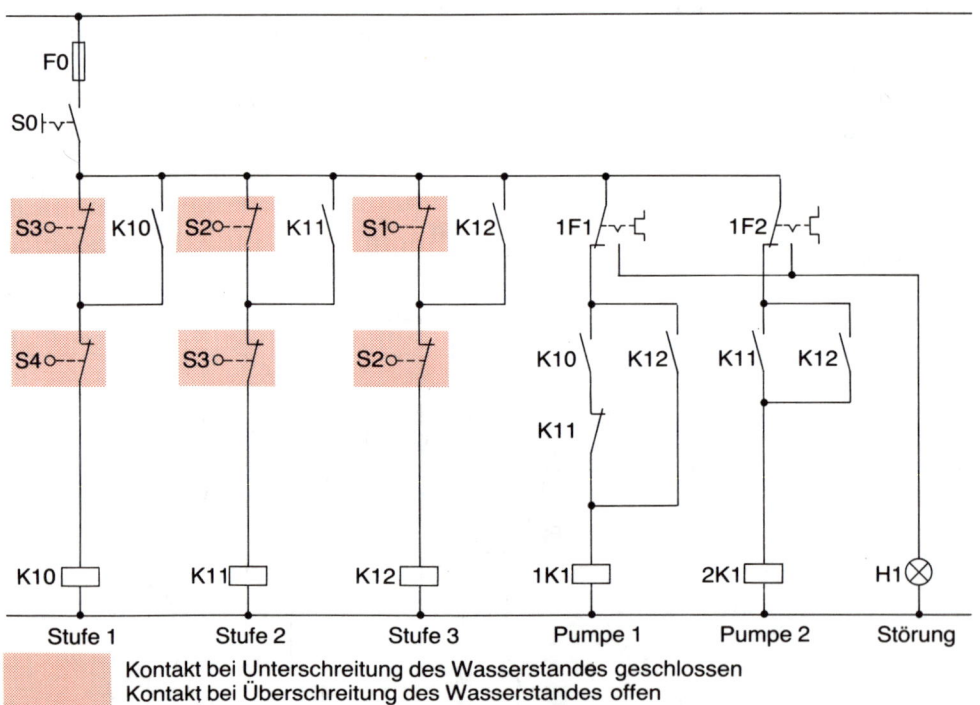

Kontakt bei Unterschreitung des Wasserstandes geschlossen
Kontakt bei Überschreitung des Wasserstandes offen

Bild 3.41   Hilfsstromlaufplan in konventioneller Technik

190

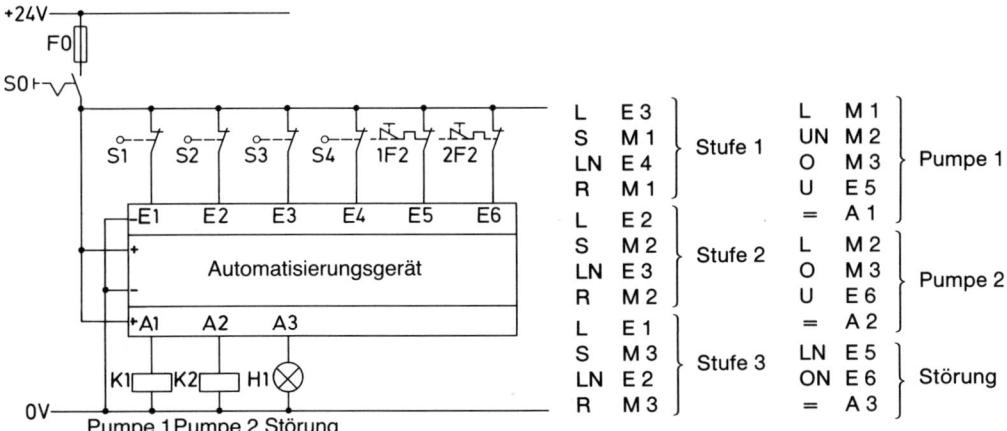

Bild 3.42   Hilfsstromlaufplan mit speicherprogrammierbarer
Steuerung und Steuerungsprogramm als Anweisungsliste

191

4 Grundlagen der Leistungselektronik

In der Antriebstechnik hat der Thyristorstromrichter als Speisegerät für elektrische Maschinen die früher verwendeten Transduktoren (Magnetverstärker) und Quecksilberdampfgleichrichter abgelöst. Nebem dem großen Gebiet der geregelten Gleichstromantriebe werden Thyristorstromrichter auch zur Speisung von Drehstrommotoren eingesetzt. Als Stromrichter bezeichnet man elektrische Einrichtungen, die elektrische Energie unter Verwendung von Dioden, Thyristoren und Transistoren umformen oder steuern.

4.1 Grundbegriffe der Stromrichtertechnik

Gleichrichten
Die Energierichtung verläuft vom Wechselstromsystem in das Gleichstromsystem (Bild 4.1).

Wechselrichten
Die Energierichtung verläuft vom Gleichstrom- zum Wechselstromsystem (Bild 4.2).

Wechselstromumrichten
Hierbei wird ein Wechselstromsystem mit vorgegebener Spannung, Frequenz und Phasenzahl in ein Wechselstromsystem mit anderer (variabler) Spannung, Frequenz und Phasenzahl umgewandelt. Der Energiefluß kann in beiden Richtungen erfolgen (Bild 4.3).

Gleichstromumrichten
Hierbei wird aus einem Gleichstromsystem mit vorgegebener Spannung in ein Gleichstromsystem anderer Spannung und eventuell anderer Polarität umgeformt. Der Energiefluß erfolgt in zwei Richtungen (Bild 4.4).

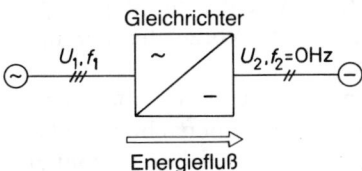

Bild 4.1
Blockschaltbild Gleichrichter

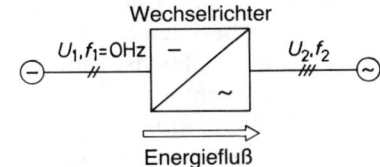

Bild 4.2
Blockschaltbild Wechselrichter

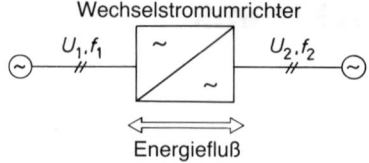

Wechselstromumrichter

U_1, f_1 $\sim$ / $\sim$ U_2, f_2

Energiefluß

Bild 4.3
Blockschaltbild Wechselstromumrichter

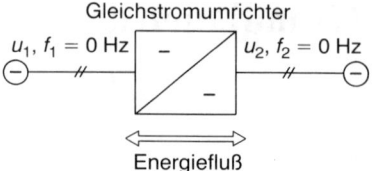

Gleichstromumrichter

$u_1, f_1 = 0\ \text{Hz}$ − / − $u_2, f_2 = 0\ \text{Hz}$

Energiefluß

Bild 4.4
Blockschaltbild Gleichstromumrichter

4.1.1 Steuern der Energieflußrichtung

Stromrichter können ungesteuert und gesteuert (Abschnitt 4.2) ausgeführt werden. Bei ungesteuerten Stromrichtern (z. B. Gleichrichtern) ist das Verhältnis von Eingangsspannung zur Ausgangsspannung fest vorgegeben, während bei gesteuerten Stromrichtern die Ausgangsspannung einstellbar ist.

Unter bestimmten Voraussetzungen kann die Energierichtung bei einem Stromrichter umgekehrt werden, d. h., es ist bei einem Stromrichter möglich, die Energie vom Wechselstromnetz in das Gleichstromnetz und umgekehrt zu liefern (Abschnitt 4.3.2). Zur Verdeutlichung kann dieses auch in einem 4-Quadranten-System (Bild 4.5) mit den entsprechenden Vorzeichen für die Gleichspannung U_d und den Gleichstrom I_d eingetragen werden.

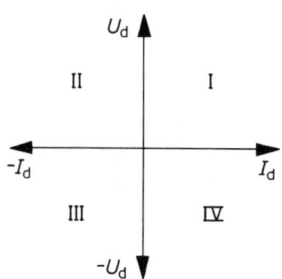

Bild 4.5 4-Quadranten-System mit Gleichspannung U_d und Gleichstrom

Das 4-Quadranten-System hat seinen Namen aus dem Koordinatenkreuz erhalten. Im I. und III. Quadranten haben die Ausgangsspannung und der Strom gleiches Vorzeichen, d. h., die Energie wird ins Gleichstromsystem eingespeist. Im II. und IV. Quadranten besitzen Spannung und Strom ungleiche Vorzeichen, d. h., die Energie wird aus dem Gleichstromnetz entnommen.

Arbeitet ein Stromrichter nur in einem Quadranten, so ist auch nur eine Energierichtung möglich. 2-Quadranten-Stromrichter arbeiten in zwei benachbarten Quadranten (I und II oder I und IV). 4-Quadranten-Stromrichter erlauben sowohl eine Umkehr der Spannung als auch des Stromes. Diese Möglichkeit setzt jedoch bereits eine Gerätekombination voraus.

194

4.1.2   Einteilung der Stromrichter nach der Art der Kommutierung

Die Kommutierung in einem Stromrichter ist der Übergang des Stromes von einem Zweig der Stromrichterschaltung auf den Folgezweig. Kurzzeitig führen beide Zweige Strom. Die Kommutierung beginnt mit dem Zünden des Folgeventils und endet mit dem Nullwerden des Stromes im ablösenden Ventil. Die Dauer dieses Übergangs wird Überlappungszeit oder Überlappungswinkel genannt und mit u bezeichnet. Bei der *natürlichen (netzgeführten) Kommutierung* wird der Beginn der Kommutierung von der Netzspannung bestimmt (Abschnitt 4.2.2.4). Bei der *selbstgeführten (erzwungenen) Kommutierung* wird mittels eines aufgeladenen Kondensators das Löschen eines Thyristors, zu einem beliebigen Zeitpunkt, erzwungen (Abschnitt 4.4.3.1). Bei Leistungstransistoren ist diese aufwendige Art der Löschung nicht erforderlich, da ohne Basisstrom kein Kollektorstrom fließt. Zu den Stromrichtern mit natürlicher Kommutierung zählen:

      Gleichrichter
      Wechselstromsteller
      Drehstromsteller
      Direktumrichter

Zu den Stromrichtern mit erzwungener Kommutierung zählen:
      Gleichstromschalter und Steller
      Wechselrichter
      Umrichter mit Zwischenkreis

Zu den Stromrichtern ohne Kommutierung zählen:
      Wechsel- und Drehstromschalter

Bei ihnen findet keine Kommutierung statt. Ein neues Ventil wird erst nach dem Löschen des vorherigen Ventils gezündet.

4.1.3   Schutz von Stromrichtern

Auf die Funktion sowie die Kenn- und Grenzdaten von Thyristoren, Triacs und Leistungstransistoren soll in diesem Rahmen nicht mehr eingegangen werden, es sei jedoch auf den erforderlichen Schutz dieser Bauelemente besonders hingewiesen.

    Die Halbleiterbauelemente müssen vor folgenden Überbeanspruchungen geschützt werden:

      zu hohen Spannungen, zu schnellen Spannungsänderungen
      zu großen Strömen, zu schnellen Stromänderungen

Schutz gegen Überspannungen

Die *Überspannungen* können, im Stromrichter selbst, durch den Trägerstaueffekt (TSE) entstehen (Rückstromabriß in Verbindung mit der Lastinduktivität), oder aber sie können von außen, d. h. vom Netz her, in den Stromrichter gelangen.

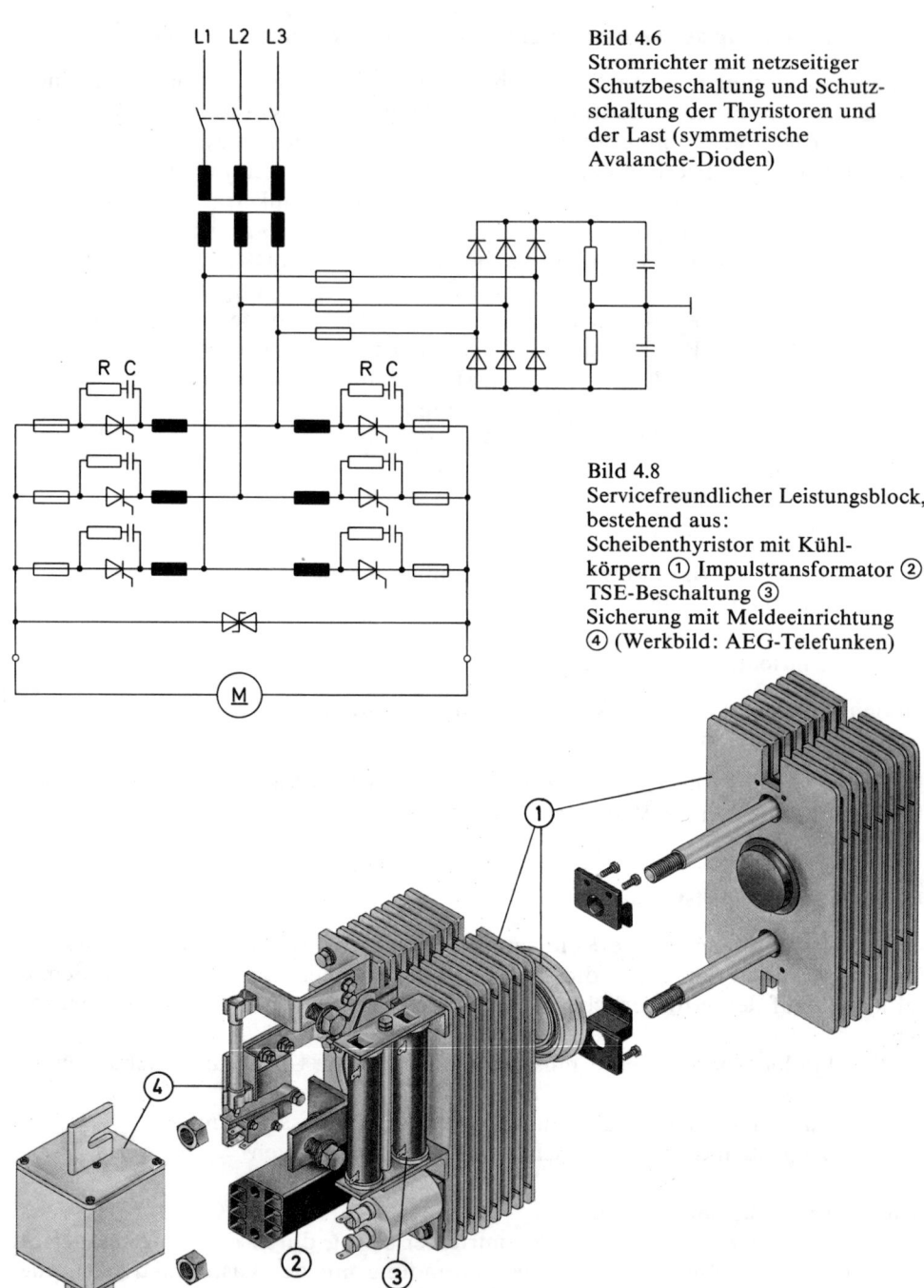

L1 L2 L3

R C   R C

M

Bild 4.6
Stromrichter mit netzseitiger
Schutzbeschaltung und Schutz-
schaltung der Thyristoren und
der Last (symmetrische
Avalanche-Dioden)

Bild 4.8
Servicefreundlicher Leistungsblock,
bestehend aus:
Scheibenthyristor mit Kühl-
körpern ① Impulstransformator ②
TSE-Beschaltung ③
Sicherung mit Meldeeinrichtung
④ (Werkbild: AEG-Telefunken)

196

Zum Schutz gegen die durch den TSE-Effekt verursachten Spannungen werden die einzelnen Halbleiterventile mit einer RC-Schaltung (TSE-Beschaltung) versehen (Bild 4.6).

Zum Schutz gegen Überspannungen des Netzes, sowohl der Außenleiter gegeneinander wie gegen Null, wird meist eine Hilfsbrücke mit Kondensatoren eingesetzt. Diese ist preiswerter als alle Außenleiter untereinander und gegen Null mit einer RC-Beschaltung zu schützen.

Die Last selbst kann ebenfalls noch mit einer Schutzbeschaltung versehen werden. Die Bauelemente selbst sollten jedoch spannungsmäßig mit einem Sicherheitsfaktor von K ≈ 2 gegenüber der auftretenden Sperrspannung ausgelegt werden.

$$U_{RRM} \approx K \cdot \sqrt{2} \cdot U_{Netz}$$

Schutz gegen zu große Ströme

Zu große Ströme können durch Kurzschlüsse im Stromrichter oder an der Last bzw. durch Versagen der Strombegrenzung oder Ausfall des Stromreglers entstehen.

Hier sind superflinke Sicherungen erforderlich, da die Wärmekapazität eines Thyristors innerhalb von 10 ms erreicht werden kann.

Die Wärmemenge, die zum Schmelzen und Auslösen der Sicherung führt, muß daher kleiner sein als die Wärmemenge, die der Thyristor vertragen kann, ohne Schaden zu nehmen. Diese Wärmemenge des Thyristors wird in den Datenblättern als das Grenzlastintegral $\int i^2\, dt$ bezeichnet. Die Hersteller der Bauelemente geben jedoch vielfach in ihren Listen geeignete Sicherungen für die einzelnen Bauelemente an (Bild 4.7). Bild 4.8 zeigt einen Leistungsblock mit Scheibenthyristor, TSE-Beschaltung, Sicherung usw.

Diodentyp	V	Hersteller	maximal zulässige Sicherung
D 6, D 8	250	English Electric	GSB 15
	380	English Electric	GSB 15
		English Electric	GSG 1000/16
	500	English Electric	GSB 10
D 22	250	Ferraz	600 CP URE 22 Q 50
	380	Ferraz	600 CP URE 22 Q 40
		English Electric	849 GSG 1000/45
	500	English Electric	849 GSG 1000/40
		Ferraz	600 CP URE 22 Q 32
D 33	250	English Electric	849 GSG 1000/55
		Ferraz	600 CP URE 22 Q 50
	380	English Electric	849 GSG 1000/45
		Ferraz	600 URE 22 Q 40
	500	English Electric	849 GSG 1000/45
		Ferraz	600 CP URE 22 Q 32
D 60	250	English Electric	850 GSG 1000/110
		Ferraz	600 CP URF 22 Q 80
	380	English Electric	850 GSG 1000/75
		Ferraz	600 CP URE 22 Q 63
	500	English Electric	850 GSG 1000/75
		Ferraz	600 CP URE 22 Q 63

Bild 4.7
Zulässige Sicherungen
für die Dioden
D6–D60 der Fa. AEG-
Telefunken. Die angegebenen
Sicherungstypen sind
Firmenbezeichnungen.

4.1.4 Ungesteuerte Stromrichter (Gleichrichter)

Die gleichrichtende Wirkung der Diode findet Anwendung in der Gleichrichtung von technischem Wechselstrom aus dem Versorgungsnetz in Stromversorgungsanlagen mit Gleichstromverbrauchern.

Für Leistungsgleichrichter werden hohe Durchlaßströme bei hoher Sperrspannung gefordert. Hier besitzt die Siliziumdiode entscheidende Vorteile.

Der Anwendungsfall, d. h. die Art der Belastung und die Forderung an Spannung, Strom und Stromwelligkeit, entscheidet über die Art der Gleichrichterschaltung. Da die erzeugte Gleichspannung und der Strom nicht gleichförmig, sondern pulsierend sind, muß bei den Bauelementen zwischen dem arithmetischen Mittelwert und dem Effektivwert unterschieden werden (siehe Grundlagenband). Für die Ausgangsgrößen werden nur der arithmetische Mittelwert für Spannung (U_d) und Strom (I_d) angegeben, da nur die Wirkleistung am Motor von Interesse ist. Durch induktive Last wird der Strom geglättet, so daß der Ventilstrom von der Wellenform in die Rechteckform übergeht.

4.1.4.1 Einpulsschaltung (Einwegschaltung) M 1

Anwendung: Die Einwegschaltung wird zur Gleichrichtung kleinster Leistungen bei sehr geringen Anforderungen an die Welligkeit von Strom und Spannung eingesetzt (Leistungshalbierung).

Vorteil: Die Schaltung ist sehr einfach aufgebaut, es wird nur eine Diode benötigt. Die Schaltung kann ohne Transformator direkt an das Netz angeschlossen werden.

Nachteil: Da nur eine Halbwelle der Sinusspannung ausgenutzt wird, ist die Welligkeit von Strom und Spannung sehr groß. Hieraus resultiert auch die große Bauleistung des Transformators. Die Sperrspannungsbeanspruchung der Diode ist ebenfalls sehr hoch (Bilder 4.9a, b).

4.1.4.2 Zweipuls-Mittelpunktschaltung M 2

Anwendung: Die Mittelpunktschaltung wird hauptsächlich bei kleinen Spannungen und kleinen Leistungen eingesetzt. Durch die preiswerten Halbleiter und einen relativ teuren Transformator mit vollbelastbarem Mittelabgriff hat die Schaltung keine große Bedeutung mehr.

Vorteil: Die zwei erforderlichen Dioden können ohne Isolierung auf einen gemeinsamen Kühlkörper gesetzt werden.

Nachteil: Die Sperrspannungsbeanspruchung ist sehr groß. Der Transformator muß eine Mittelanzapfung besitzen (Bilder 4.10a und 4.10b).

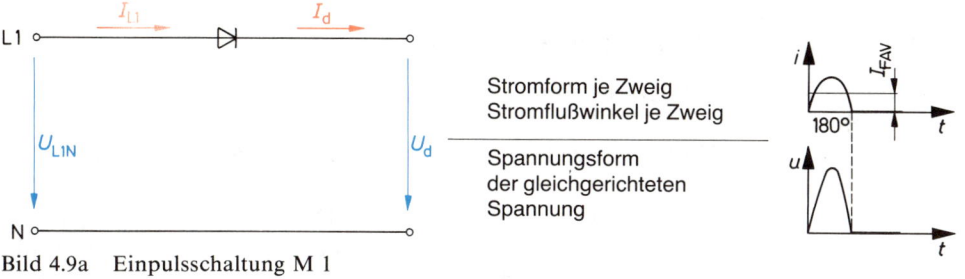

Bild 4.9a   Einpulsschaltung M 1
Bild 4.9b   Strom- und Spannungsform der Einpulsschaltung, Widerstandslast

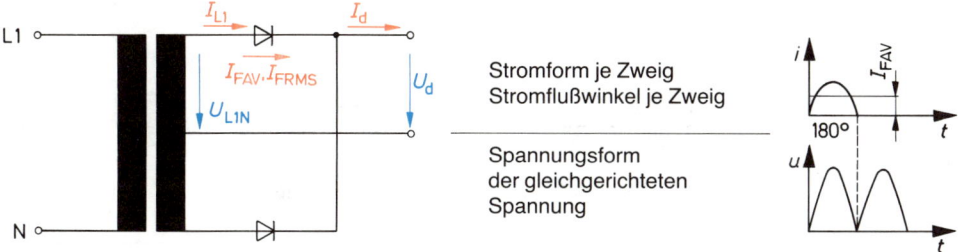

Bild 4.10a   Zweipuls-Mittelschaltung M 2
Bild 4.10b   Strom- und Spannungsform der Zweipuls-Mittelpunktschaltung, Widerstandslast

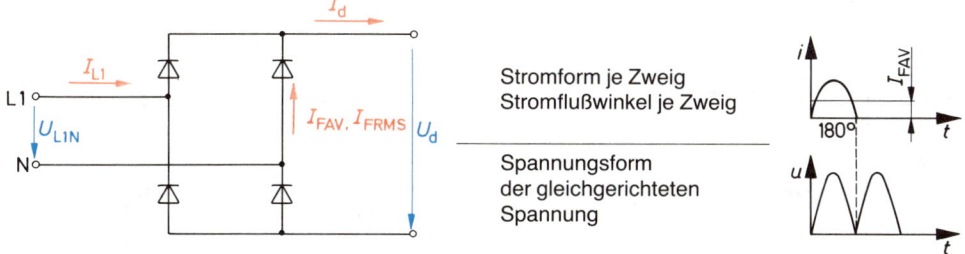

Bild 4.11a   Zweipuls-Brückenschaltung B 2
Bild 4.11b   Strom- und Spannungsform der Zweipuls-Brückenschaltung, Widerstandslast

4.1.4.3   Zweipuls-Brückenschaltung B 2

Anwendung: Hauptsächlich bei kleinen Leistungen bis ca. 10 kW, bei Einphasennetzen, z. B. Bundesbahn bzw. Straßenbahn, bis zu einigen hundert kW.

Vorteile: Die Sperrspannungsbeanspruchung der Dioden ist geringer als bei der Mittelpunktschaltung. Die Transformatorausnutzung ist die günstigste unter den Einphasenschaltungen. Die Bauleistung des Transformators ist nur gering größer als die Gleichstromleistung. Die Schaltung kann ohne Transformator direkt ans Netz angeschlossen werden.

Nachteile: Die Ausgangsspannung ist um den Spannungsfall an zwei Dioden geringer. Die Schaltung belastet ein Drehstromnetz unsymmetrisch (Bilder 4.11a und 4.11b).

199

4.1.4.4 Dreipuls-Mittelpunktschaltung M 3

Anwendung: Bei kleinen Drehstromleistungen, bei der die Welligkeit von $w = 18,3\%$ nicht stört.

Vorteile: Nur drei Dioden notwendig, die auf dem gleichen Kühlkörper montiert werden können.

Nachteile: Die Sperrspannungsbeanspruchung der Dioden ist groß. Es muß ein Drehstromnetz bzw. ein Transformator mit voll belastbarem Null- bzw. Sternpunkt zur Verfügung stehen (Bilder 4.12a und 4.12b).

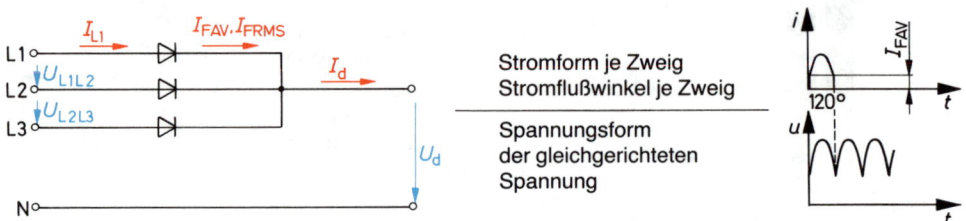

Bild 4.12a   Dreipuls-Mittelpunktschaltung M 3
Bild 4.12b   Strom- und Spannungsform der Dreipuls-Mittelpunktschaltung, Widerstandlast

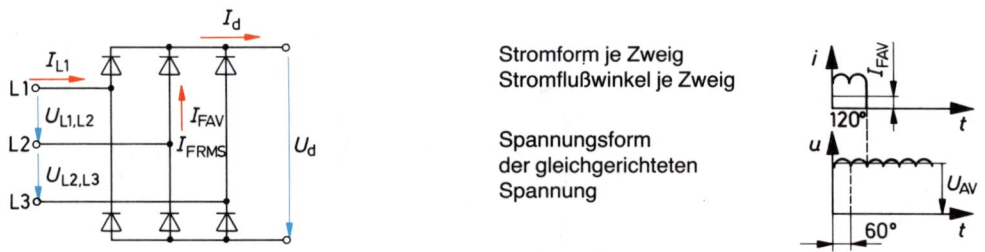

Bild 4.13a   Sechspuls-Brückenschaltung B 6
Bild 4.13b   Strom- und Spannungsform der Sechspuls-Brückenschaltung, Widerstandslast

4.1.4.5 Sechspuls-Brückenschaltung (Drehstrom-Brückenschaltung) B 6

Anwendung: Für alle Drehstromleistungen geeignet. Geringe Welligkeit $w = 4,2\%$.

Vorteile: Gute Diodenausnutzung, gering erhöhte Transformatorleistung. Kleine Sperrspannungsbeanspruchung der Dioden. Die Schaltung kann ohne Trafo direkt am Netz betrieben werden (Bilder 4.13a und b).

Nachteile: Ausgangsspannung um den Spannungsabfall von zwei Dioden geringer, 6 Dioden erforderlich.

200

4.1.5 Dimensionierungshinweise für Gleichrichterschaltungen

In Tabelle 4.1 sind die wichtigsten Berechnungsformeln der einzelnen Gleichrichterschaltungen für ohmsche und induktive Last aufgeführt.

Aus den Vor- und Nachteilen der einzelnen Gleichrichterschaltungen ist ersichtlich, daß die Einphasen-Brückenschaltung B 2 und die Drehstrom-Brückenschaltung B 6 die in der Praxis am häufigsten eingesetzten Schaltungen sind.

Tabelle 4.1   Gleichrichtertabelle

	Schaltungskennzeichen nach DIN 41 761	M 1	M 2	B 2		M 3	B 6
	Lastart	$\dfrac{L}{R} = 0$	$\dfrac{L}{R} = 0$	$\dfrac{L}{R} = 0$	$\dfrac{L}{R} = \infty$	$\dfrac{L}{R} = \infty$	$\dfrac{L}{R} = \infty$
Stromrichter	Welligkeit in %	121	48,2	48,2		18,3	4,2
	Pulszahl	1	2	2		3	6
	$\dfrac{U}{U_d}$	2,22	1,11	1,11		1,48	0,74
	$\dfrac{I}{I_d}$	1,57	0,785	1,11	1	0,577	0,816
Ventil	$\dfrac{U_{RRM}}{U_d}$	3,14	1,57	1,57		2,09	1,05
	$\dfrac{I_{FAV}}{I_d}$	1,0	0,5	0,5		0,333	0,333
	$\dfrac{I_{FRMS}}{I_d}$	1,57	0,785	0,785	0,707	0,577	0,577
	Stromflußwinkel	180°	180°	180°		120°	120°
	$\dfrac{S_{Trafo}}{P_d}$	3,09	1,48	1,23	1,11	1,345	1,05

U = Effektivwert der Eingangsspannung
U_d = Arithmetischer Mittelwert der Ausgangsspannung
U_{RRM} = Periodische Spitzensperrspannung in der Schaltung ohne Sicherheitsfaktor
I_{FAV} = Arithmetischer Mittelwert des Diodenstromes
I_{FRMS} = Effektivwert des Diodendurchlaßstromes
I_d = Arithmetischer Mittelwert des Ausgangsgleichstromes
P_{Trafo} = Typenleistung des Transformators
P_d = Arithm. Mittelwert der Gleichrichterausgangsleistung ($U_d \cdot I_d$)

4.1.5.1 Spannungsbeanspruchung der Dioden

Da die periodischen Spitzensperrspannungen U_{RRM} von Dioden Grenzwerte sind, dürfen diese Werte im Betrieb nicht überschritten werden. Daher muß zwischen dem Scheitelwert der Netznennspannung und der periodischen Spitzensperrspannung ein Sicherheitsabstand eingehalten werden. Je nach der Größe der im Netz auftretenden Überspannungen liegt dieser Sicherheitsabstand bei einem Faktor von 1,5 bis 2,5, d. h., die zulässige periodische Spitzenspannung einer Diode sollte folgenden Wert keinesfalls unterschreiten:

$$U_{RRM} \approx 1,5 \text{ bis } 2,5 \cdot \sqrt{2} \cdot U_{Netz}$$

Überspannungen, die diesen Faktor übersteigen, sollten nicht durch Überdimensionierung der Diodensperrspannung, sondern durch eine geeignete Schutzschaltung bedämpft werden (Diodenschutzbeschaltung, Netzschutzbeschaltung siehe Abschnitt 4.1.3).

4.1.5.2 Strombeanspruchung der Dioden

Je nach Schaltung wird die Diode vom gesamten oder nur von einem Teilstrom durchflossen.

Die Grenzdaten des Herstellers der Diode, der Mittelwert des Diodendauergrenzstromes I_{FAVM} und der Grenzeffektivwert I_{FRMS} müssen in jedem Fall eingehalten werden, d. h., die in der Schaltung auftretenden Werte müssen in jedem Fall kleiner sein.

Da bei höherpulsigen Schaltungen der Effektivwert des Diodenstromes im Verhältnis zum arithmetischen Mittelwert groß wird, reicht die Auslegung nur nach arithmetischem Mittelwert nicht aus.

Es müssen daher immer beide Werte, I_{FAV} und I_{FRMS}, kleiner sein als die angegebenen Grenzwerte des Bauelements.

4.1.5.3 Sicherungsauslegung

Um die Dioden sicher gegen einen Kurzschluß zu schützen, muß die Sicherung der Diode angepaßt sein.

Die meisten Hersteller geben zu den Dioden auch noch eine Auswahltabelle der zugehörigen Sicherungen an. Der Nennstrom der Sicherung muß aber größer sein als der errechnete Strom I_{FRMS}.

Das Grenzlastintegral der Sicherung muß jedoch kleiner sein als das der Diode.

Wird die Sicherung bei einer Brückenschaltung im Strang angeordnet, so muß der Nennwert der Sicherung um den Faktor $\sqrt{2}$ gegenüber dem errechneten Diodenstrom I_{FRMS} vergrößert werden.

202

4.2 Gesteuerter Stromrichter

Werden die Dioden einer Gleichrichterschaltung ganz oder teilweise durch Thyristoren ausgetauscht, so besteht die Möglichkeit, durch Verzögern des Zündzeitpunktes gegenüber dem «natürlichen Zündzeitpunkt» die Ausgangsspannung zu verändern. Der «natürliche Zündzeitpunkt» ist der Zeitpunkt, bei dem die Dioden den Strom übernehmen.

Der Zündwinkel α wird in elektrischen Graden oder im Bogenmaß angegeben und vom natürlichen Zündzeitpunkt ausgehend gezählt.

Bei einem Zündwinkel von $\alpha = 0°$ ist der Betrag der Ausgangsspannung gleich groß einer ungesteuerten Schaltung.

Der arithmetische Mittelwert der gesteuerten Ausgangsgleichspannung wird mit dem Formelzeichen $U_{d\alpha}$ bezeichnet.

Der arithmetische Mittelwert des Ausgangsgleichstromes wird mit dem Formelzeichen $I_{d\alpha}$ bezeichnet.

4.2.1 Gesteuerte Einpuls-Mittelpunktschaltung M1C

Diese Stromrichterschaltung (Bild 4.14) enthält nur ein gesteuertes Ventil. Sie bietet eine schlechte Ausnutzung der Wechselspannung und liefert einen sehr welligen Gleichstrom, deshalb wird diese Schaltung in der Praxis kaum eingesetzt. Eine Erklärung soll hier trotzdem erfolgen, weil damit das Verständnis der nachfolgenden Schaltungen vertieft wird.

Bild 4.14
M1C-Schaltung, Strom- und
Spannungsbildung mit Widerstandslast

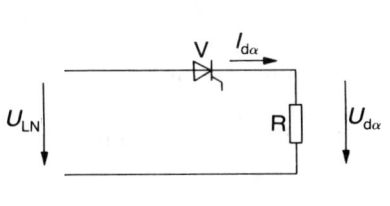

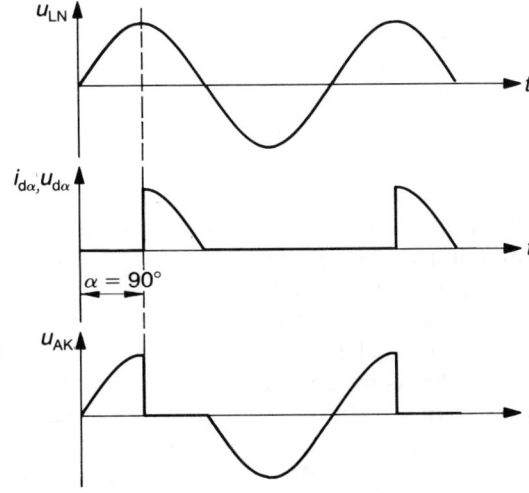

203

4.2.1.1 M1C-Schaltung mit Widerstandslast

Der Thyristor kann in diesem Fall nur in der positiven Halbwelle gezündet werden. Der Zündwinkel α ist von $\alpha = 0°$ bis $\alpha = 180°$ zu verändern. Bei $\alpha = 0°$ ergibt sich für die Ausgangsgleichspannung $U_{d\alpha}$ der Maximalwert. Bei $\alpha = 180°$ ist die Ausgangsgleichspannung $U_{d\alpha} = 0$ V.

Die max. erreichbare Spannung bei $\alpha = 0°$ errechnet sich:

$U_{d0} = 0,45 \cdot U_{LN}$

U_{LN}: Netzwechselspannung

U_{d0}: Ausgangsgleichspannung (bei $\alpha = 0°$)

Aufgrund der reinen Widerstandslast (ohmsche Last) sind Strom und Spannung stets in Phase. Selbstverständlich wird der Strom bei Vollaussteuerung, d. h. bei $\alpha = 0°$, seinen Maximalwert erreichen.

4.2.1.2 M1C-Schaltung mit induktiver Last

Die Schaltung soll in diesem Fall mit einer idealen Induktivität betrachtet werden. Eine ideale Induktivität ist dadurch gekennzeichnet, daß an ihr keine Verluste auftreten. Im Grundlagenband ist erklärt, daß Induktivitäten Energie speichern können. Die gespeicherte Energie läßt sich nach folgender Formel berechnen:

$$W_{magn} = \frac{1}{2} \cdot L \cdot I^2$$

W_{magn}: Gespeicherte Energie in Ws

L: Induktivität in H

I: Strom in A

Eine ideale Induktivität wird also bei positiver Spannung und positivem Strom Energie aufnehmen und bei negativer Spannung und positivem Strom Energie abgeben, wobei die aufgenommene und abgegebene Energie gleich groß ist.

Aus dieser Tatsache erklärt sich der Spannungs- und Stromverlauf, wie in Bild 4.15 angegeben. Nach dem Zünden des Thyristors während der positiven Spannungshalbwelle steigt der Strom an. Spannung und Strom besitzen gleiche Richtung, d. h., die Induktivität nimmt Energie vom Netz auf.

Kehrt sich die Polarität der Netzspannung um (negative Halbwelle), so bleibt der Strom positiv, der Thyristor bleibt ebenfalls leitend (erst wenn der Strom den Nulldurchgang durchläuft, sperrt der Thyristor). Da in dieser Phase Spannung und Strom unterschiedliche Vorzeichen besitzen, bedeutet das Energieabgabe der Induktivität in das speisende Netz. Der Strom wird bei dieser «Entladung» der Induktivität natürlich sinken.

Da, wie bereits erwähnt, Energieaufnahme und -abgabe der Induktivität gleich groß sind, ergeben sich gleich große positive und negative Spannungszeitflächen. In der Praxis treten häufig gemischte Belastungsfälle mit ohmsch-induktiven Verbrauchern auf. In diesem Fall wird die Energieabgabe des Verbrauchers natürlich kleiner sein als die Energieaufnahme (Wirkverluste). Deshalb wird hier die negative Spannungszeitfläche kleiner sein als die positive (Bild 4.16).

Bild 4.15
M1C-Schaltung, Strom- und
Spannungsbildung mit idealer
induktiver Last

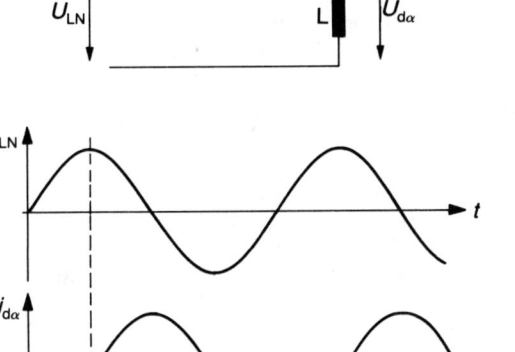

$\alpha = 90°$

Bild 4.16
M1C-Schaltung, Strom- und
Spannungsbildung mit ohmsch-
induktiver Last

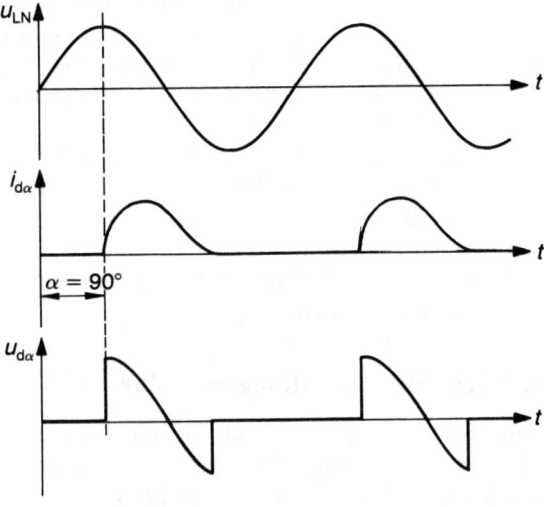

$\alpha = 90°$

4.2.2 Gesteuerte Dreipuls-Mittelpunktschaltung M3C

Die Schaltung erhielt ihren Namen, weil der Verbraucher einseitig immer mit dem Mittelpunkt des Transformators verbunden ist (Bild 4.17).

Die M3C-Schaltung wird in der Praxis selten eingesetzt. Sie soll hier trotzdem gründlich erklärt werden, da an ihr beispielhaft und sehr übersichtlich fast alle Stromrichtereffekte erklärt werden können.

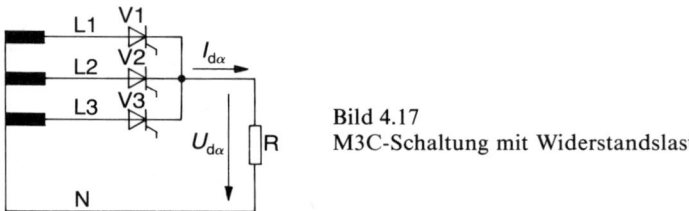

Bild 4.17
M3C-Schaltung mit Widerstandslast

4.2.2.1 M3C-Schaltung mit Widerstandslast

Der Steuersatz der Thyristoren muß drei jeweils um 120° versetzte Impulse pro Periode abgeben.

Der Thyristor V1 kann frühestens im natürlichen Zündzeitpunkt gezündet werden. Dieser Punkt fällt *nicht* mit dem Nulldurchgang der Netzwechselspannung u_{L1N} zusammen, sondern liegt um 30° nach rechts verschoben (Bild 4.18). Bei $\alpha = 0°$ erreicht die Ausgangsspannung $U_{d\alpha}$ ihren maximalen Wert und entspricht vom Verlauf her der Ausgangsspannung einer ungesteuerten M3-Schaltung. Wird der Zündwinkel von $\alpha = 0°$ ausgehend vergrößert (alle drei Zündimpulse werden nach rechts geschoben), so erfolgt das Einschalten der Thyristoren zu einem späteren Zeitpunkt der Netzspannung. Die Ausgangsspannung $U_{d\alpha}$ sinkt.

Bei einem Zündwinkel von $\alpha = 30°$ erreicht der Augenblickswert der Netzspannung die Nullinie. Damit wird der Strom ebenfalls zu Null, und die Thyristoren sperren. Diesen Betriebszustand nennt man «Lückbetrieb» oder «lückenden Strom». Das bedeutet, daß bei einem Zündwinkel von $\alpha > 30°$ ein Lücken des Stromes auftritt. Bei einer weiteren Vergrößerung des Zündwinkels wird bei $\alpha = 150°$ die Ausgangsspannung $U_{d\alpha} = 0$ V.

Die mit dieser Schaltung max. erreichbare Ausgangsspannung beträgt:

$$U_{d\alpha} = 0,676 \cdot U_{LL}$$

4.2.2.2 M3C-Schaltung mit induktiver Last

Die Betrachtungen gelten für eine ideale Induktivität. Die ideale Induktivität ($L/R = \infty$) erzwingt einen konstanten Ausgangsgleichstrom (ideal geglättet), der auch nach dem negativen Nulldurchgang der Augenblickswerte der treibenden Netzwechselspannung noch weiterfließt. In Bild 4.19 sind die Zusammenhänge für unterschiedliche Zündwinkel aufgetragen.

206

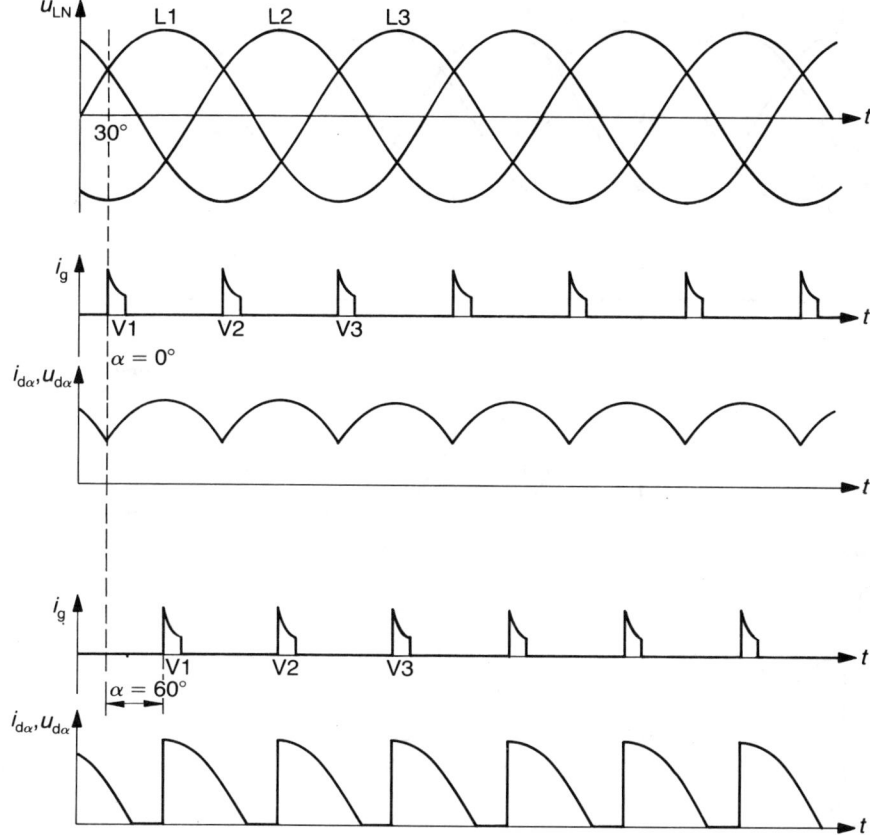

Bild 4.18 M3C-Schaltung, Strom- und Spannungsbildung mit ohmscher Last und unterschiedlichen Zündwinkeln

Bei Zündwinkeln $\alpha > 30°$ beginnt bei ohmscher Last der Strom zu lücken. Bei einer induktiven Belastung fließt der Strom in gleicher Richtung weiter; das bedeutet, daß der stromführende Thyristor leitend bleibt. Damit ergeben sich an der Last negative Spannungsaugenblickswerte.

Vergleicht man die Ausgangsspannungen $U_{d\alpha}$ bei den unterschiedlichen Lastarten, so ist zu erkennen, daß bei $\alpha < 30°$ die Ausgangsspannungen unabhängig von der Art der Belastung sind. Bei $\alpha > 30°$ ergibt sich bei der induktiven Last eine negative Spannungszeitfläche, während bei der ohmschen Last die Augenblickswerte 0 Volt annehmen. Bei der Bildung des arithmetischen Mittelwertes von $U_{d\alpha}$ bei induktiver Last muß von der positiven Spannungszeitfläche die negative Spannungszeitfläche abgezogen werden. Deshalb werden die Spannungswerte bei induktiver Last für $U_{d\alpha}$, ab $\alpha > 30°$ kleiner sein als bei ohmscher Last.

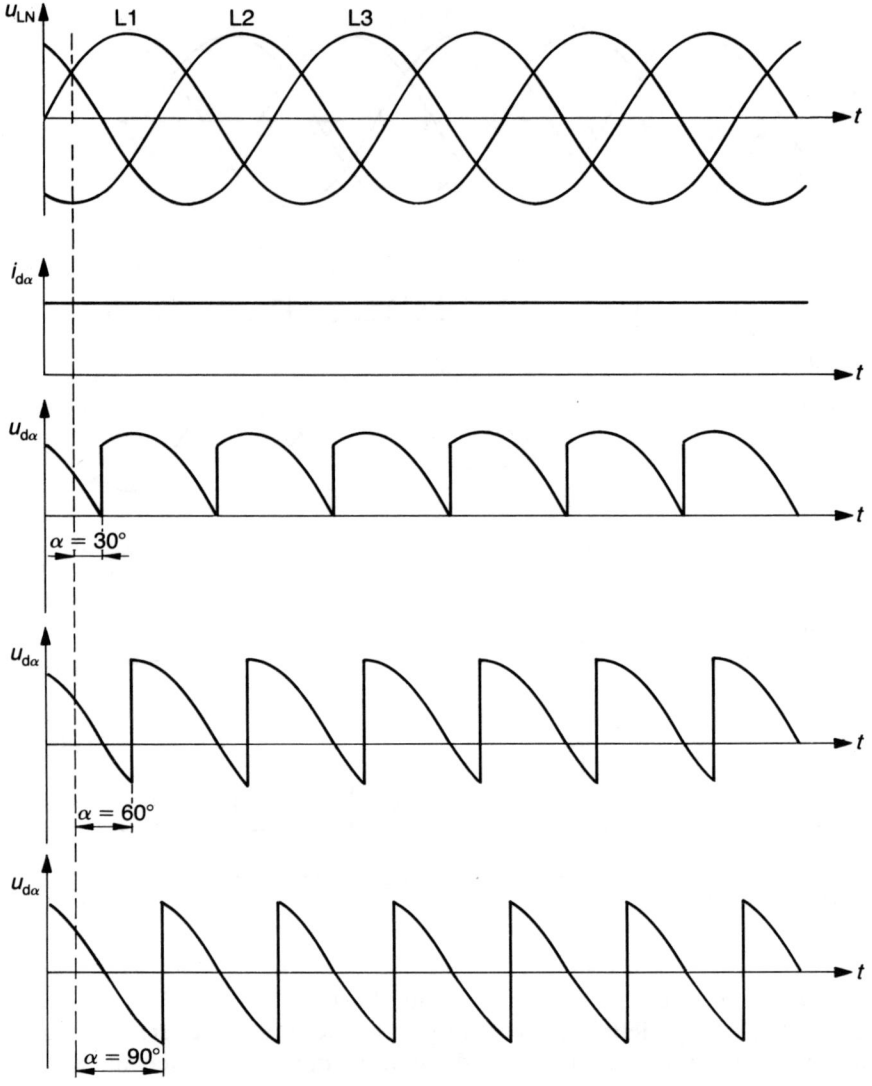

Bild 4.19   M3C-Schaltung, Spannungs- und Strombildung mit idealer induktiver Last

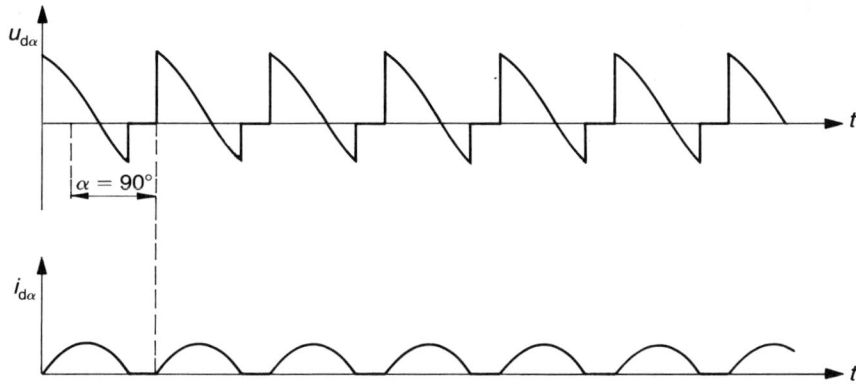

Bild 4.20 M3C-Schaltung, Spannungs- und Strombildung mit einer ohmsch-induktiven Last

Erreicht der Zündwinkel $\alpha = 90°$, so ergeben sich gleich große positive und negative Spannungszeitflächen, das bedeutet $U_{d\alpha} = 0$ V!

Dieser Sonderfall stellt den Übergang vom *netzgeführten Gleichrichterbetrieb* zum *netzgeführten Wechselrichterbetrieb* dar und wird in Abschnitt 4.2.2.3 erläutert.

Selbstverständlich besitzt eine real in der Praxis eingesetzte Induktivität nicht die Fähigkeit, bei Spannung null unbegrenzt den Strom weiterfließen zu lassen (ohmsche Verluste in der Induktivität). Deshalb wird dieser Fall nur so lange aufrechtzuerhalten sein, bis die Induktivität ihre gespeicherte Energie an das speisende Netz abgegeben hat. Anschließend wird ein Lücken des Stromes auftreten (Bild 4.20).

Außerdem wird bei einer realen Spule je nach Verhältnis L/R eine mehr oder weniger ausgeprägte Welligkeit des Stromes vorhanden sein.

4.2.2.3 M3C-Schaltung mit aktiver Last

Unter einer aktiven Last werden Verbraucher verstanden, die ständig eine Gegenspannung aufbauen können, z. B. Akkumulatoren und Gleichstrommotoren.

Insbesondere die Speisung von fremderregten Gleichstromnebenschlußmaschinen hat in der Praxis große Bedeutung.

Vereinfacht ergibt sich bei der Speisung eines Gleichstrommotors ein Ersatzschaltbild wie in Bild 4.21 dargestellt, wobei U_0 die Gegenspannung des Motors, R_A den Ankerwiderstand und L_A die Ankerinduktivität darstellt.

Netzgeführter Gleichrichterbetrieb
Für diesen Betriebsfall liegt der Zündwinkel im Bereich:
$$0° < = \alpha < = 90°$$
Außerdem gilt: $U_{d\alpha} > U_0$
Damit wird der Strom vom Netz über den Stromrichter I zum Motor fließen. Der Motor nimmt Energie vom Netz auf. Die Drehzahl des Motors ist proportional der Gegenspannung U_0, und das Drehmoment ist proportional dem Strom $I_{d\alpha}$.

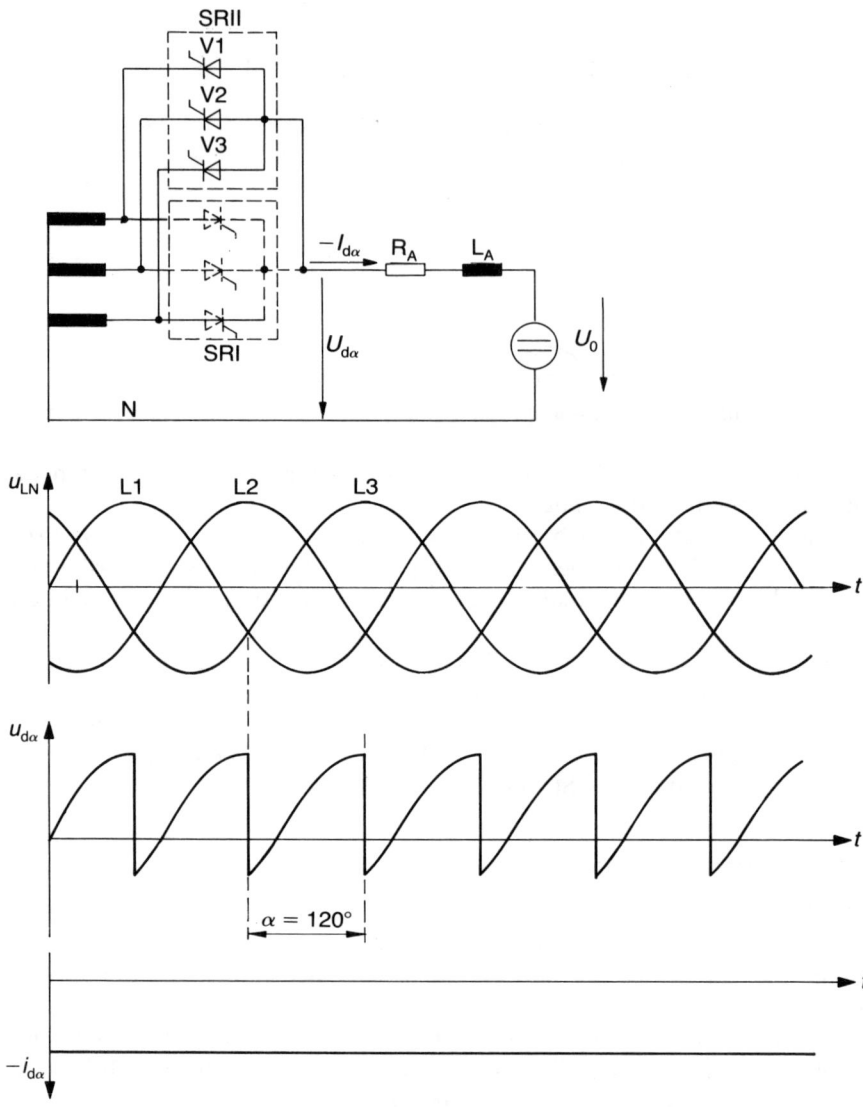

Bild 4.21 M3C-Schaltung mit antiparallelgeschalteten Stromrichtern
(netzgeführter Wechselrichterbetrieb)

Damit besteht die Möglichkeit, über den Zündwinkel α die Spannung $U_{d\alpha}$ und damit die Drehzahl und auch den Strom des Motors zu beeinflussen.

Netzgeführter Wechselrichterbetrieb

Dieser Betriebsfall liegt immer dann vor, wenn der Motor abgebremst werden soll. Die in der Antriebsmaschine gespeicherte Energie wird dabei in das Netz zurückgeführt (Nutzbremsung), d. h., der Motor läuft als Generator und gibt seine Energie über den Stromrichter ins speisende Netz zurück.

$$U_{d\alpha} < U_0$$

In diesem Fall wird sich eine Umkehrung des Stromes ergeben (Drehmomentenänderung). Da der Strom nur in einer Richtung durch den Stromrichter fließen kann, könnte der Stromrichter I keinen Strom aufnehmen.

Abhilfe schafft hier ein zweiter antiparallelgeschalteter Stromrichter II.

Der Stromrichter II erzeugt jedoch bei Zündwinkeln im Bereich

$$0° < = \alpha < = 90°$$

eine negative Polarität der Gleichspannung $U_{d\alpha}$; dieses würde aber eine Addition der Spannungen $U_{d\alpha} + U_0$ am niederohmigen Ankerwiderstand bedeuten. Diese hohe Spannung würde zu einem sehr hohen, kurzschlußähnlichen Ankerstrom führen, der zum Auslösen der Überstromschutzeinrichtung führen würde. Deshalb muß für diesen Betriebsfall der Zündwinkel über 90° hinausgeschoben werden. Damit ergibt sich eine Polaritätsänderung der Gleichspannung $U_{d\alpha}$. Die wirksame Spannung am Ankerwiderstand ergibt sich nun aus der Spannungsdifferenz $U_0 - U_{d\alpha}$.

Eine andere Möglichkeit der Energierückführung ins Netz besteht darin, mit Schützen den Ankerkreis umzuschalten – elektromechanische Ankerkreisumschaltung (Bild 4.22). Bei der vorhandenen Polung fließt nun der Strom in Durchlaßrichtung durch den Stromrichter, der Zündwinkel α muß jedoch über 90° geschoben werden. Damit ergibt sich für $U_{d\alpha}$ eine negative Spannung. In diesem Fall arbeitet die Gleichstrommaschine als Generator, und das Netz in Verbindung mit dem Stromrichter bildet die Gegenspannung.

Wird eine Maschine in dieser Betriebsart abgebremst, können die Zündimpulse mit Hilfe eines Stromreglers so nachgeführt werden, daß der Strom bis zum Stillstand des Motors konstant bleibt. Der Motor wird in dem Fall also mit einem konstanten Drehmoment abgebremst (Abschnitt 4.3.2).

Wechselrichterkippen

Der in der Praxis genutzte Steuerwinkel liegt in der Betriebsart netzgeführter Wechselrichterbetrieb im Bereich:

$$90° < = \alpha < = 150°$$

Der maximale, theoretisch mögliche Zündwinkel liegt im netzgeführten Wechselrichterbetrieb bei $\alpha = 180°$. Dieser Zündwinkel darf jedoch nicht eingestellt wer-

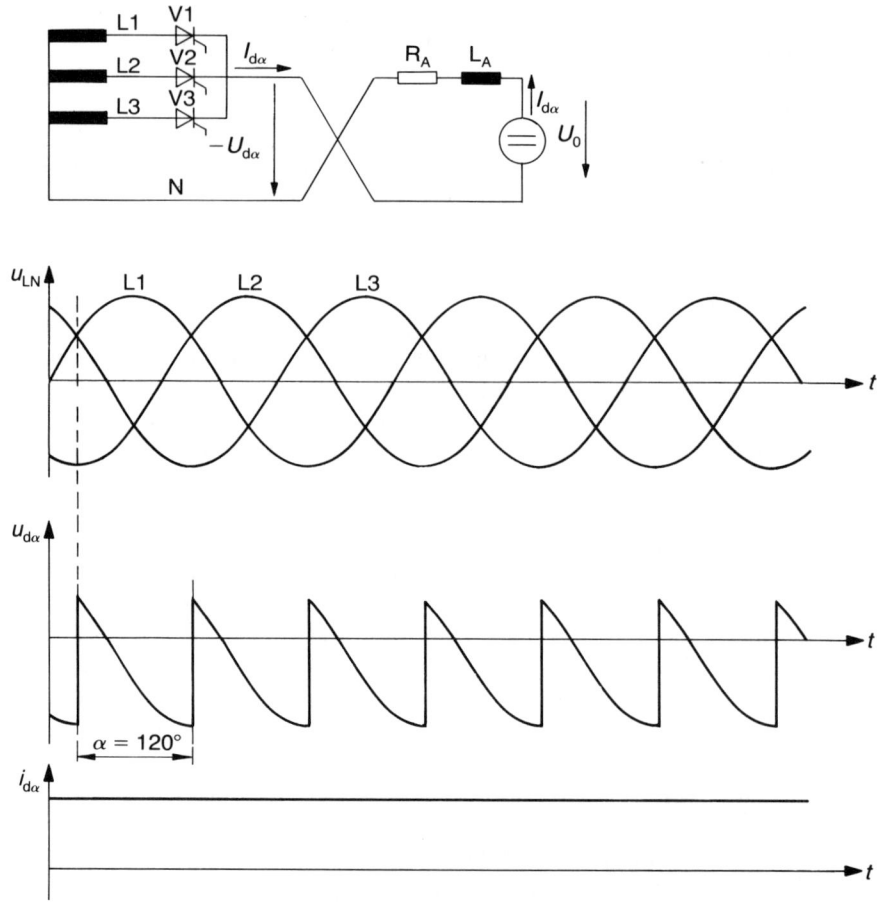

Bild 4.22   M3C-Schaltung mit elektromechanischer Ankerkreisumschaltung
(netzgeführter Wechselrichterbetrieb)

den, da es sonst zu dem gefürchteten *Wechselrichterkippen,* einem kurzschlußähnlichen Vorgang, kommen kann.

Das Wechselrichterkippen soll beispielhaft an der M3C-Schaltung erklärt werden (Bild 4.23):

Es wird davon ausgegangen, daß der Zündwinkel α etwas größer als 180° ist, wobei die Kommutierung von Thyristor V1 zum Thyristor V2 betrachtet werden soll. Wie in Bild 4.23 dargestellt, ist die Anodenspannung des Thyristors V2 im Augenblick der Zündung negativer als die Katodenspannung. Z. B. ergeben sich bei $\alpha = 181°$ folgende Augenblickswerte: $u_{L2} = -167$ V, $u_{d\alpha} = -157$ V. Das bedeutet, der Thyristor V2 kann den Strom nicht übernehmen – er ist gesperrt, weil die Katodenspannung positiver als die Anodenspannung ist. Der Laststrom fließt weiterhin über den Thyristor V1. Dieser Strom wird von der Außenleiterspannung u_{L1N} getrieben. Die Augenblickswerte dieser Spannung laufen in den positiven Bereich; damit wechselt auch die Polarität von $u_{d\alpha}$. Nun bildet $u_{d\alpha}$ keine Gegenspannung zu u_0 der Gleichstrommaschine, sondern ist mit U_0 in Reihe geschaltet, beide Spannungen addieren sich. In Verbindung mit den niederohmigen Netzimpedanzen und dem niederohmigen Ankerwiderstand kommt es zu einem raschen, sehr hohen Stromanstieg, der zum Auslösen der vorgeschalteten Halbleitersicherungen und nicht selten zu einer Zerstörung des Thyristors führen kann.

Damit dieser Vorgang des Wechselrichterkippens mit Sicherheit nicht auftritt, muß ein Respektabstand zum Zündwinkel $\alpha = 180°$ gewahrt bleiben. Unter Berücksichtigung der Freiwerdezeit t_q (siehe «Grundlagen der Elektronik») und der Kommutierungszeit (siehe Abschnitt 4.2.2.4) beträgt dieser «Respektabstand» ca. 30°.

Aus Symmetriegründen sollte nun im Gleichrichterbereich der minimale Zündwinkel nicht bei $\alpha = 0°$ liegen, sondern bei $\alpha = 30°$.

Die Aussteuerungsgrenze im Gleichrichterbereich wird auch als *Gleichrichtertrittgrenze* und die im Wechselrichterbereich als *Wechselrichtertrittgrenze* bezeichnet.

Bild 4.23
M3C-Schaltung,
Wechselrichterkippen

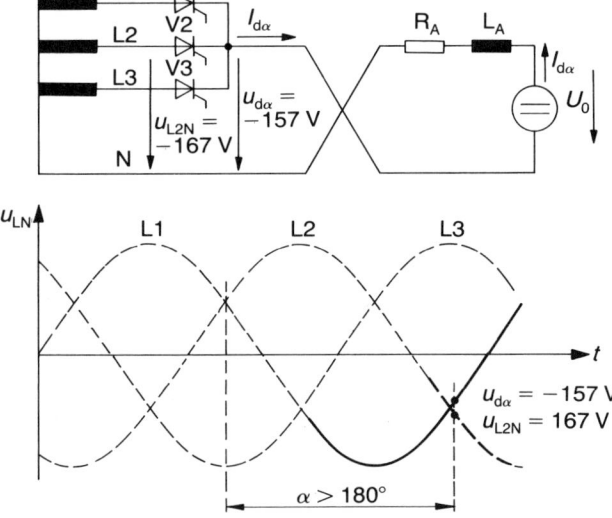

4.2.2.4 Der Kommutierungsvorgang

Die Stromübergabe von einem Ventilzweig auf einen anderen Ventilzweig wird als Kommutierung bezeichnet.

Bei den bisherigen Betrachtungen wurde der Kommutierungsvorgang als ideal angesehen, d. h., der Übergang vom stromführenden Thyristor zum stromübernehmenden Thyristor ging in vernachlässigbar kurzer Zeit vonstatten.

213

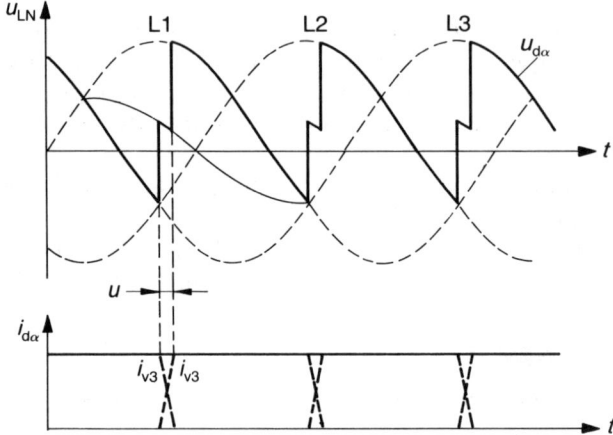

In der Praxis ist die Kommutierungszeit eine endliche Zeit und beeinflußt die Spannungs- und Strombildung bei gesteuerten und ungesteuerten Schaltungen.

Im folgenden Beispiel (Bild 4.24) soll die Kommutierung bei einer M3C-Schaltung mit einem Zündwinkel von $\alpha = 60°$ betrachtet werden. Dabei wird eine ideale induktive Last vorausgesetzt. Es wird der Stromübergang vom Thyristor V3 zum Thyristor V1 beschrieben.

Zunächst leitet noch der Thyristor V3, d. h., die Augenblickswerte der Spannung $u_{d\alpha}$ laufen vom positiven in den negativen Spannungsbereich. Im Zeitpunkt der Zündung von V1 ist V3 ebenfalls noch leitend. Damit entsteht ein Kurzschlußkreis über die Thyristoren V1 und V3. Die Augenblickswerte von u_{L3} sind negativ und die von u_{L1} positiv. Durch die treibende Spannung u_{L1L3} kommt es zu einem kurzschlußähnlichen Kommutierungsstrom I_K, der über V1 nach V3 fließt. Da die den Kommutierungsstrom begrenzenden Impedanzen symmetrisch in der Schaltung liegen, springt der Augenblickswert der Spannung $u_{d\alpha}$ nicht sofort auf den Wert u_{L1}, sondern nimmt den halben Wert der Augenblickswerte von u_{L1} und u_{L3} an: $u_{d\alpha} = (u_{L1} + u_{L2}) / 2$.

Im gleichen Maße, wie der Kommutierungsstrom i_K zunimmt, wird der Strom durch V1 i_{V1} größer und i_{V3} kleiner. Für den Stromverzweigungspunkt gilt:

$$I_d = i_{V1} + i_{V3}$$

214

Das bedeutet: Wenn $i_{V1} = I_d$ ist, wird $i_{V3} = 0$. Nun fließt der Strom durch den Thyristor V1, der Kommutierungsvorgang ist damit beendet.

Die Zeit, in der beide Thyristoren leitend sind, wird auch als Überlappungszeit u bezeichnet.

Der Kommutierungsstrom wird lediglich durch die im Kommutierungsstromkreis liegenden Induktivitäten begrenzt. In den meisten Fällen bewirken diese Induktivitäten keine ausreichende Begrenzung des Kommutierungsstromes, so daß noch zusätzliche Kommutierungsdrosseln (L_{k1} bis L_{k3}) in den Kreis geschaltet werden.

4.2.3   Gesteuerte Sechspuls-Brückenschaltung B6C

Die B6C-Schaltung wird häufig auch als Drehstrombrückenschaltung bezeichnet. Sie ist die in der Praxis am häufigsten eingesetzte Stromrichterschaltung. Ein großer Vorteil gegenüber der M3C-Schaltung besteht darin, daß in der Netzzuleitung ein Wechselstrom fließt; das bedeutet eine bessere Ausnutzung eines ggf. vorhandenen Stromrichtertransformators. Da die Gleichspannung einen sechspulsigen Verlauf erhält, ist die Welligkeit wesentlich geringer als bei der M3C-Schaltung; dies verringert den Glättungsaufwand beim Anschluß von Gleichstrommotoren erheblich.

4.2.3.1 B6C-Schaltung mit ohmscher Last

Die Schaltung soll zunächst bei einem Zündwinkel von $\alpha = 0°$, d. h., $U_{d\alpha}$ nimmt den maximalen Wert an, betrachtet werden.

Damit in der B6C-Schaltung ein Strom fließen kann, müssen immer zwei Thyristoren gleichzeitig gezündet werden. Wie im Bild 4.26 noch gezeigt wird, erwartet die Schaltung einen Impulsabstand von 60°.

Zunächst werden die Thyristoren V1 und V6 gezündet (Bild 4.25). Damit liegen die Augenblickswerte u_{L1L2} an der Last (Spannungsfälle an den Thyristoren sowie Kommutierungsdrosseln vernachlässigt). Z. B. beträgt dann der Wert $u_{L1N} = 162,5$ V (bezogen auf einen Scheitelwert der Strangspannung von 325 V), der dazugehörige Augenblickswert der Spannung beträgt $u_{L2N} = -325$ V. Die gesamte Spannung $u_{d\alpha}$ beträgt also 487,5 V.

Bild 4.25
B6C-Schaltung

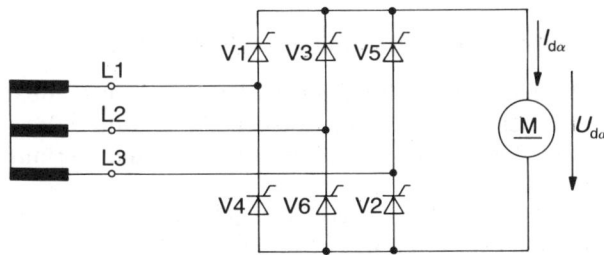

215

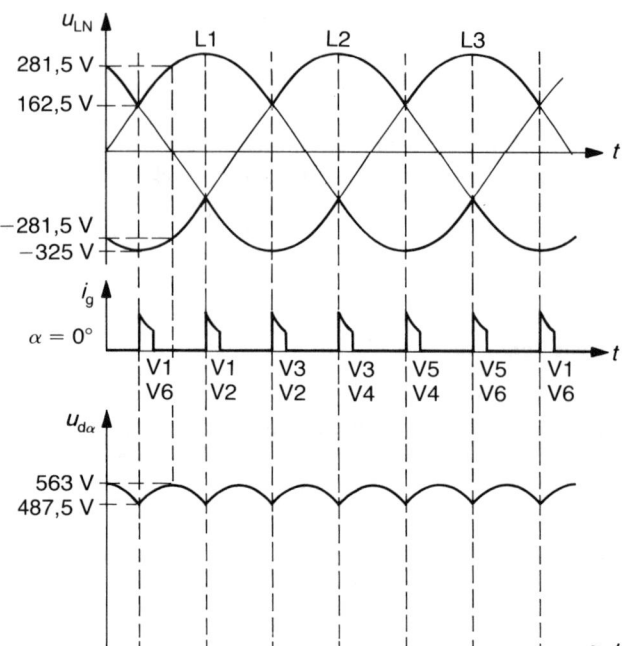

Bild 4.26
B6C-Schaltung, Spannungs-
bildung bei ohmscher Last,
Zündwinkel $\alpha = 0°$

Dem Bild 4.26 ist weiter zu entnehmen, daß der Augenblickswert der Ausgangsspannung zum Zeitpunkt t_1 demzufolge $u_{L1N} = 281$ V und der Augenblickswert
$u_{L2N} = -281$ V beträgt. Damit ergibt sich für $u_{d\alpha} = 563$ V.
Betrachtet man den arithmetischen Mittelwert der Ausgangsspannung, so ergibt
sich bei einem Zündwinkel von $\alpha = 0°$ ein Wert von:

$$U_{d\alpha} = 1{,}35 \cdot U_{LL}$$

Das bedeutet: Bei einer Außenleiterspannung von $U_{LL} = 400$ V beträgt die ideale
Ausgangsgleichspannung $U_{d0} = 540$ V.

In Bild 4.27 ist die Spannung $U_{d\alpha}$ für einen Zündwinkel von $\alpha = 75°$ dargestellt.
Hier ist der Lückbetrieb deutlich zu erkennen. Der Lückbetrieb beginnt bei dieser
Schaltung (ohmsche Last) bei Zündwinkeln von $\alpha > 60°$.

4.2.3.2 B6C-Schaltung mit induktiver Last

Bei dieser Betrachtung wird wieder von einer idealen Induktivität, d. h. von einem
ideal geglätteten Strom, ausgegangen (Bild 4.28).

Im Bereich $0° < \alpha < 60°$ entspricht der Verlauf von $u_{d\alpha}$ dem Verlauf bei ohmscher Last.

Bei Zündwinkeln von $\alpha > 60°$ wurde der Strom bei ohmscher Last zu null
(Lückbetrieb); da der Strom bei induktiver Last weiter fließt, ergeben sich hier ne-

216

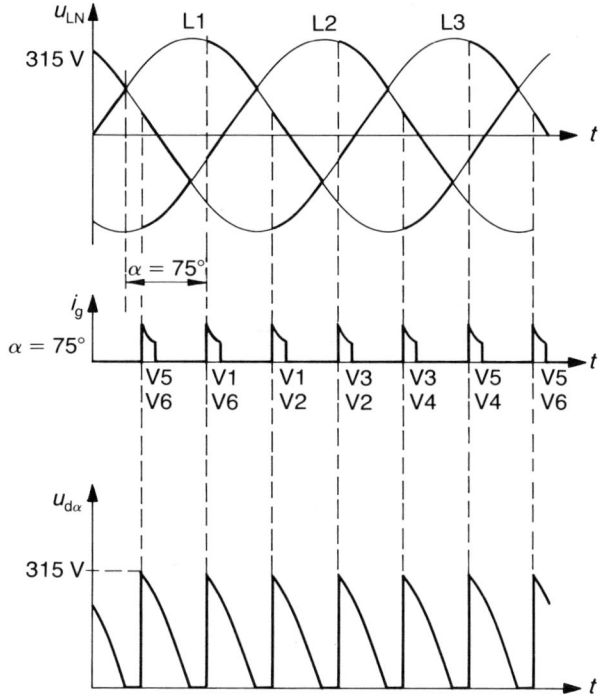

Bild 4.27
B6C-Schaltung, Spannungsbildung
bei ohmscher Last,
Zündwinkel $\alpha = 75°$

gative Spannungszeitflächen. Beträgt der Zündwinkel $\alpha = 90°$, sind die positiven und die negativen Spannungszeitflächen gleich groß. Dies ist der Übergang vom netzgeführten Gleichrichterbetrieb zum netzgeführten Wechselrichterbetrieb (siehe M3C-Schaltung mit aktiver Last).

Der in der Praxis genutzte Steuerbereich liegt bei dieser Schaltung im Bereich:

$$0° < = \alpha < = 150°$$

Theoretisch nutzbar wäre ein maximaler Steuerwinkel von $\alpha = 180°$. Praktisch muß hier ein Respektabstand von ca. 30° zu $\alpha = 180°$ wegen des gefürchteten Wechselrichterkippens eingehalten werden (siehe M3C-Schaltung «Wechselrichterkippen»).

4.2.4 Gesteuerte Zweipuls-Brückenschaltung B2C

Diese Schaltung wird bei kleineren Leistungen bis zu einigen Kilowatt eingesetzt. Der Nachteil gegenüber der B6C-Schaltung besteht darin, daß das Netz nur einphasig belastet wird. Beim Anschluß von Gleichstrommaschinen (induktiven Verbrauchern) ergibt sich ein wesentlich welligerer Ausgangsstrom, so daß zusätzliche Glättungsdrosseln eingesetzt werden müssen. Natürlich ist der Elektronikaufwand (Halbleiterventile, Ansteuerelektronik) wesentlich geringer als bei der B6C-Schaltung.

217

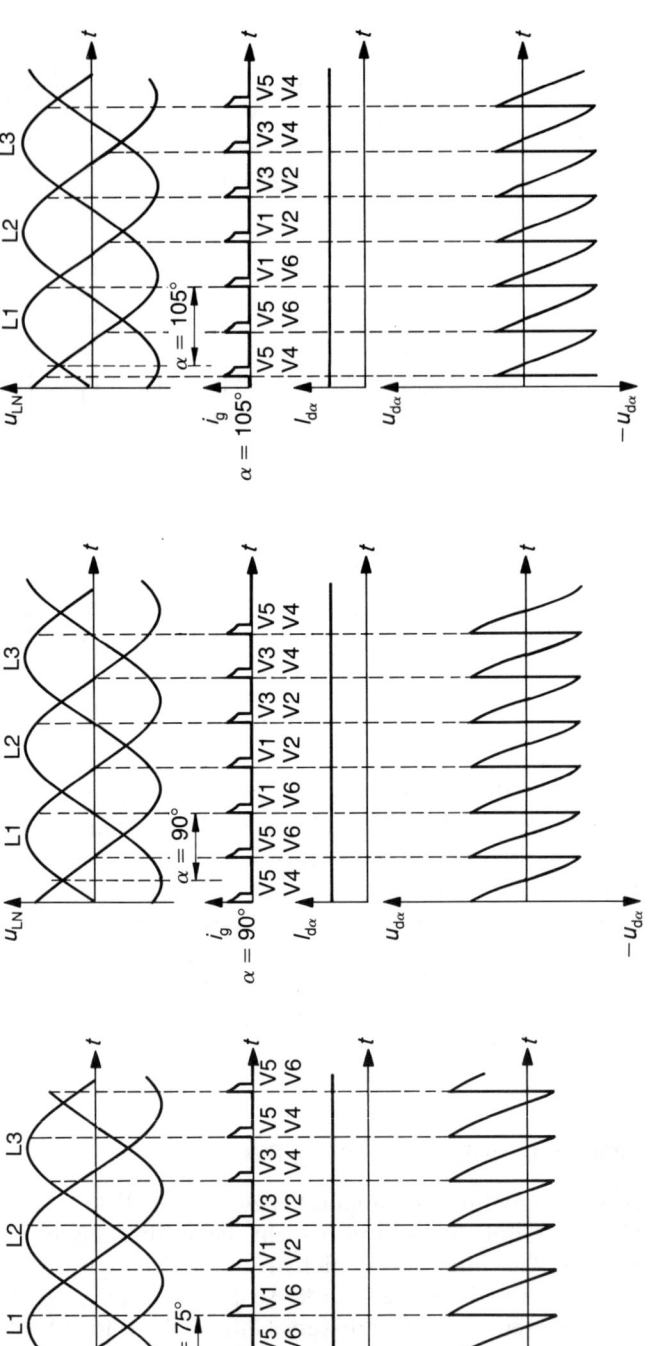

Bild 4.28 B6C-Schaltung, Spannungs- und Strombildung bei induktiver Last und unterschiedlichen Zündwinkeln

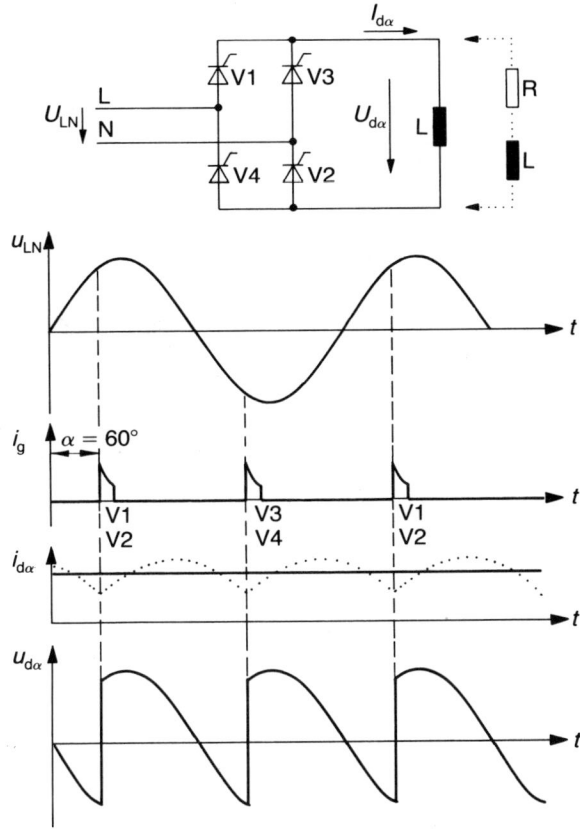

Bild 4.29
B2C-Schaltung, Strom- und
Spannungsbildung

Da die B2C-Schaltung in der Praxis üblicherweise zur Speisung von GS-Motoren eingesetzt wird, sind in Bild 4.29 die Liniendiagramme für $U_{d\alpha}$ sowie $I_{d\alpha}$ für einen Zündwinkel von $\alpha = 60°$ bei idealer induktiver Last dargestellt.

Die maximale Ausgangsspannung einer B2C-Schaltung beträgt:

$$U_{d0} = 0,9 \cdot U_{LN}$$

In Bild 4.29 ist ebenfalls der Stromverlauf einer realen Last, bestehend aus einem ohmschen Widerstand und einer Induktivität, eingezeichnet. Je kleiner das Verhältnis L/R ist, desto größer und ausgeprägter wird die Welligkeit des Stromes sein. Im dargestellten Fall beträgt das Verhältnis L/R = 20 ms. Die Welligkeit des Stromes kann so groß werden, daß ein lückender Stromfluß zustande kommt (z. B. bei motorischer Last im Teillastbereich oder im Leerlauf).

219

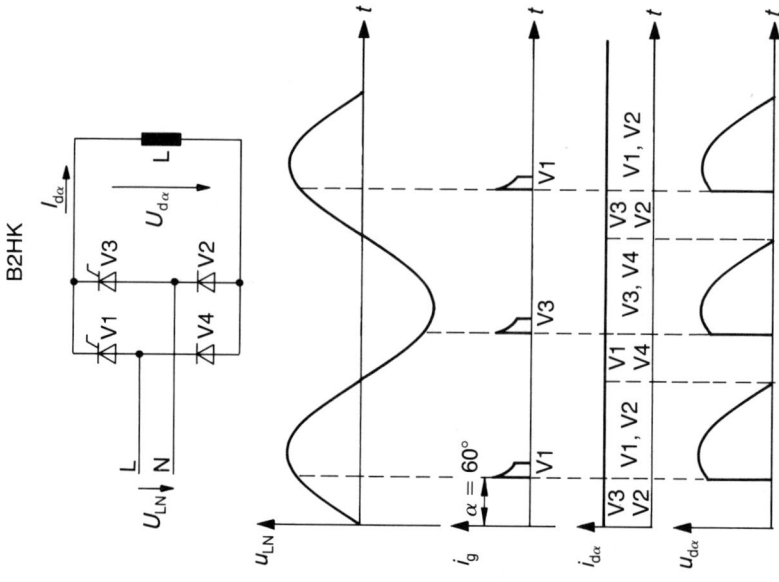

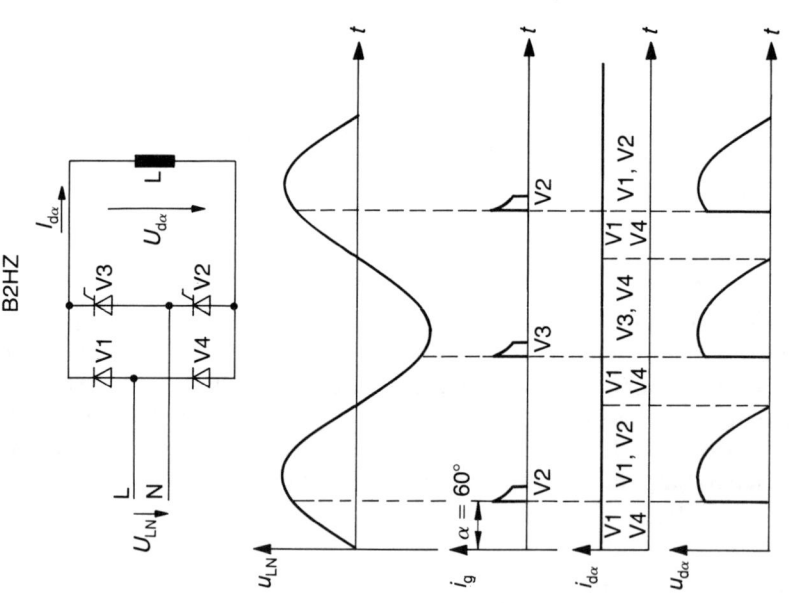

Bild 4.30   Strom- und Spannungsbildung bei halbgesteuerten Schaltungen

4.2.5 Halbgesteuerte Zweipuls-Brückenschaltung B2H

Bei allen Brückenschaltungen besteht die Möglichkeit, die eine Hälfte des Stromrichters mit Dioden und die andere Hälfte mit Thyristoren auszurüsten. Solche Schaltungen heißen «halbgesteuerte Brückenschaltungen».

Diese Stromrichterschaltung kennt die Varianten B2HZ und B2HK (Bild 4.30). Bei der Schaltung B2HZ liegen zwei Thyristoren in einem Stromrichterzweig, während bei der Schaltung B2HK zwei Thyristoren katodenseitig zusammengeschlossen sind.

In der Praxis hat sich diese Schaltungsart insbesondere bei zweipulsigen Brückenschaltungen durchgesetzt. Die Vorteile dieser Schaltung liegen einerseits in der verringerten Anzahl von Thyristoren, andererseits in dem wesentlich verringerten Blindleistungsbedarf gegenüber einer B2HC-Schaltung (siehe Abschnitt 4.2.6).

4.2.5.1 Spannungs- und Strombildung

Da diese Stromrichterschaltung überwiegend zur Speisung von Gleichstrommotoren eingesetzt wird, sollen hier nur die Zusammenhänge bei idealer induktiver Last gezeigt werden, zunächst am Beispiel der B2HZ-Schaltung.

In Bild 4.30 ist zu erkennen, daß bei einem Zündwinkel von $\alpha = 60°$ keine negativen Spannungszeitflächen, wie sie bei der vollgesteuerten Schaltung auftreten, gebildet werden. Dies hat seine Ursache im internen Freilaufkreis der Schaltung, der durch die Dioden V1 und V4 gebildet wird. Zum Zeitpunkt $\alpha = 60°$ wird der Thyristor V2 gezündet, der Strom wird über die Diode V1, die Last und den Thyristor V2 fließen. Nach dem negativen Nulldurchgang und Netzspannung liegt am Thyristor V2 eine negative Spannung u_{AK}; das bedeutet, der Thyristor V2 sperrt. Die in der Induktivität gespeicherte Energie hält jedoch einen Stromfluß aufrecht, der über den inneren Freilaufkreis, gebildet durch die Dioden V1 und V4, fließt. Damit nehmen die Augenblickswerte der Spannung an der Last nahezu den Wert Null an (Spannungsfall an den Dioden vernachlässigt). Anschließend wird der Thyristor V3 gezündet, der Strom fließt nun wiederum von der Netzspannung getrieben über V3, die Last und die Diode V4. Nach dem positiven Nulldurchgang sperrt der Thyristor V3, d. h., der Strom wird wieder vom Freilaufkreis, gebildet durch die Dioden V1 und V4, übernommen.

Bei der Betrachtung des Stromes ist zu erkennen, daß der Strom bei einem Zündwinkel $\alpha > 0°$ durch den internen Freilaufkreis fließt. Dies ist bei der vollgesteuerten Brückenschaltung nicht der Fall. Deshalb wird das Netz durch den internen Freilaufkreis einer halbgesteuerten Schaltung entlastet, das bedeutet geringeren Blindleistungsverbrauch (siehe Abschnitt 4.2.6).

Da bei halbgesteuerten Schaltungen keine negativen Spannungszeitflächen möglich sind, eignet sich diese Schaltung nur für den netzgeführten Gleichrichterbetrieb und nicht für den netzgeführten Wechselrichterbetrieb.

Die Wirkungsweise der B2HK-Schaltung ist ähnlich der B2HZ-Schaltung. Verlauf von Lastspannung und Laststrom sind bei beiden Schaltungen gleich, die Wirkungsweise der Freilaufkreise jedoch unterschiedlich. Während bei der B2HZ-Schaltung der Freilaufkreis grundsätzlich durch die Dioden V1 und V4 gebildet wird, besteht der Freilaufkreis der B2HK-Schaltung (je nach Polarität der Netzspannung) abwechselnd aus der Diode V4 und dem Thyristor V1 oder der Diode V2 und dem Thyristor V3.

4.2.6 Blindleistungsbetrachtung bei gesteuerten Stromrichtern

In der klassischen Wechselstromtechnik geht man von sinusförmigen Spannungen und Strömen aus; dabei ist der größte Wirkleistungsumsatz dann zu erwarten, wenn Spannungen und Ströme in Phase liegen. Tritt eine Phasenverschiebung auf, entsteht eine Blindleistungskomponente (siehe Band «Elektrotechnische Grundlagen»).

Bei gesteuerten Stromrichtern sind die Ausgangsgrößen nicht sinusförmig, außerdem entstehen durch die Steuerung (Zündwinkeleinstellungen) Phasenverschiebungen zwischen Strom und Spannungen. Gesteuerte Stromrichter verursachen deshalb Blindleistung (Steuerblindleistung), auch bei rein ohmschen Verbrauchern. Diese Zusammenhänge sollen im folgenden genauer erläutert werden.

4.2.6.1 Stromoberschwingungen

In Bild 4.31 sind die Spannung und der dazugehörige Netzstrom (ideale Induktivität) einer B2C-Schaltung für einen Zündwinkel von $\alpha = 60°$ aufgetragen. Der Netzstrom wird in dem Fall durch einen rechteckförmigen Wechselstrom gebildet.

Mit einem mathematischen Verfahren, der sogenannten «Fourier-Analyse», kann jede beliebige periodische Signalform in eine Anzahl rein sinusförmiger Einzelschwingungen zerlegt werden. Wird dieses Verfahren auf den rechteckförmigen Wechselstrom angewandt, so entstehen eine Grundschwingung sowie ungradzahlige, d. h., 3., 5., 7. usw., Oberschwingungen, wobei die Grundschwingung die größte Amplitude besitzt und mit der Netzfrequenz schwingt. Je höher die Ordnungszahl der Oberwelle, desto kleiner ist die Amplitude. Es sei noch hinzugefügt, daß die 3. Oberwelle mit der dreifachen Frequenz der Grundschwingung schwingt, die 5. Oberwelle mit der fünffachen Frequenz der Grundschwingung usw.

Eine Addition der einzelnen Grund- und Oberwellen ergibt dann den ursprünglichen Stromverlauf. In Bild 4.31 ist dieses Verfahren gezeigt. Der Übersichtlichkeit wegen sind aber nur die Grundschwingung sowie die dritte und fünfte Oberschwingung aufaddiert. Es ist aber bereits deutlich zu erkennen, wie durch die Addition der einzelnen Augenblickswerte der Oberschwingungen der rechteckförmige Wechselstrom nachgebildet wird.

Bild 4.31
Zerlegung eines rechteck-
förmigen Stromes in Grund-
und Oberwellen

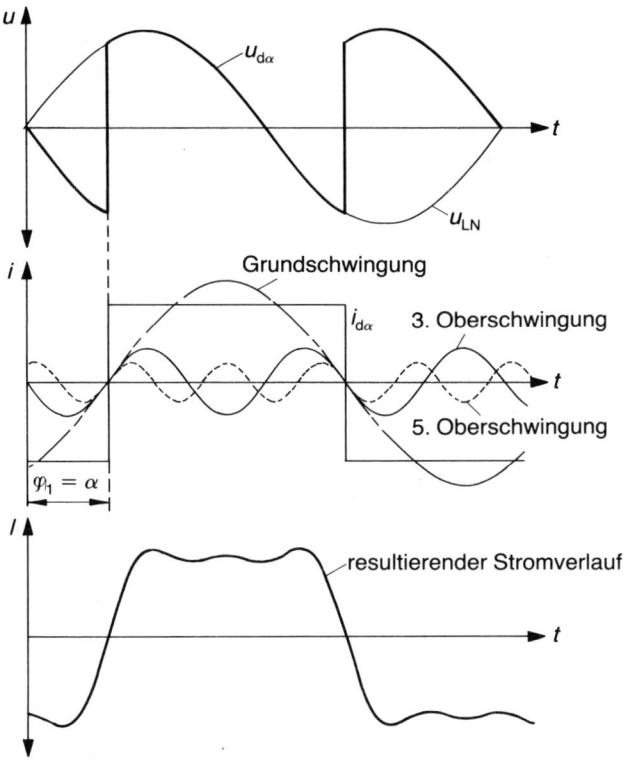

Es kann nachgewiesen werden, daß die Stromgrundschwingung sowohl eine Wirkleistungs- als auch eine Blindleistungskomponente zur Folge hat, während alle anderen Überschwingungsströme reine Blindleistung verursachen. Betrachtet man die im Netz auftretende Scheinleistung S, so ist der größte Teil der Scheinleistung durch die Grundwelle bedingt. Soll die im Netz auftretende Gesamtscheinleistung exakt betrachtet werden, so sind natürlich alle Oberschwingungsströme mit zu berücksichtigen. Deshalb ist die gesamte Scheinleistung stets größer als die Scheinleistung, die durch die Grundwelle hervorgerufen wird.

$$S > S_1$$

S: Gesamte Scheinleistung
S_1: Scheinleistung der Grundwelle

Der Leistungsfaktor, der sowohl die Grundwelle als auch die Oberwellen berücksichtigt, wird in der Stromrichtertechnik als «Totaler Leistungsfaktor» λ (griech.: Lambda) bezeichnet.

223

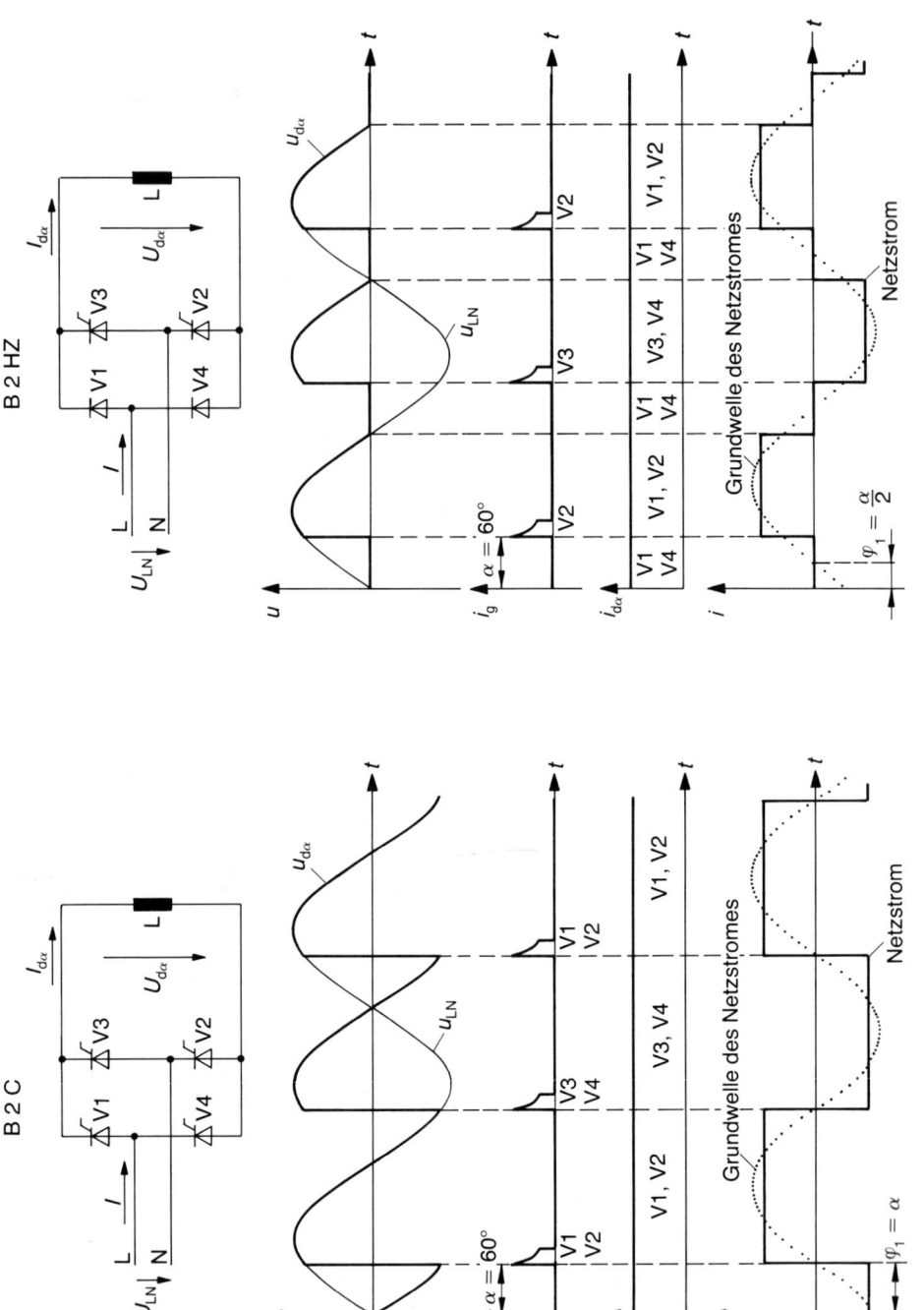

Bild 4.32   Gegenüberstellung der Schaltungen B2C und B2HZ bezüglich Phasenverschiebung der Stromgrundwelle

Es gilt der Zusammenhang:

$$P = \lambda \cdot S$$

P: Wirkleistung
S: Gesamte Scheinleistung
λ: Totaler Leistungsfaktor

In der Praxis ist es relativ einfach, die Scheinleistung zu ermitteln. Es müssen in dem Fall die Effektivwerte für U und I auf der Netzseite des Stromrichters gemessen werden,

$$S = U \cdot I$$

Wird mit einer weiteren Messung oder Rechnung die Wirkleistung P ermittelt, kann der Totale Leistungsfaktor bestimmt werden.

Der Leistungsfaktor, der nur die Grundwelle berücksichtigt, wird als «Grundschwingungsleistungsfaktor» mit cos φ 1 bezeichnet. Es gilt der Zusammenhang:

$$P = S_1 \cdot \cos \varphi\ 1$$

Neben der Steuerblindleistung tritt noch zusätzlich die *Kommutierungsblindleistung* auf. Durch die Kommutierung wird eine Überlappung u hervorgerufen, die eine weitere Nacheilung des Netzstromes und damit ebenfalls eine Blindleistungskomponente verursacht (siehe Abschnitt 4.2.2.4).

4.2.6.2 Blindleistungssparende Schaltungen

In Bild 4.32 sind die Spannungs- und Stromverläufe einer voll- und einer halbgesteuerten B2-Schaltung gegenübergestellt ($\alpha = 60°$). In den Netzstromverlauf ist die Grundwelle des Stromes eingezeichnet. Es ist zu erkennen, daß durch den Freilaufeffekt der halbgesteuerten Schaltung eine Entlastung des Netzes eintritt. Damit ist der Winkel φ1 bei der vollgesteuerten Schaltung doppelt so groß wie der der halbgesteuerten. Das bedeutet: Der Grundschwingungsleistungsfaktor cos φ1 verringert sich.

Vollgesteuerte Schaltung:

$$\varphi 1 = \alpha = 60°$$
$$\cos \varphi 1 = 0{,}5$$

Halbgesteuerte Schaltung:

$$\varphi 1 = \frac{\alpha}{2} = 30°$$
$$\cos \varphi 1 = 0{,}866$$

Damit wird der Blindleistungsanteil der Grundwelle für den betrachteten Bereich ($\alpha = 60°$) durch eine halbgesteuerte Schaltung um ca. 41% verringert.

225

Man kann die Blindleistung also durch Einsatz von halbgesteuerten Schaltungen herabsetzen.

Bei vollgesteuerten Schaltungen kann durch Verwendung einer Freilaufdiode (Bild 4.33) der gleiche Effekt erzielt werden. Es sei aber nochmals der Hinweis angebracht, daß dadurch keine negativen Spannungszeitflächen am Ausgang auftreten können. Netzgeführter Wechselrichterbetrieb ist also nicht möglich!

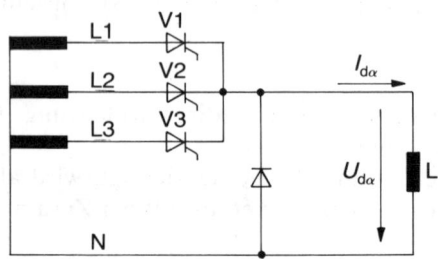

Bild 4.33
M3C-Schaltungen mit Freilaufdiode

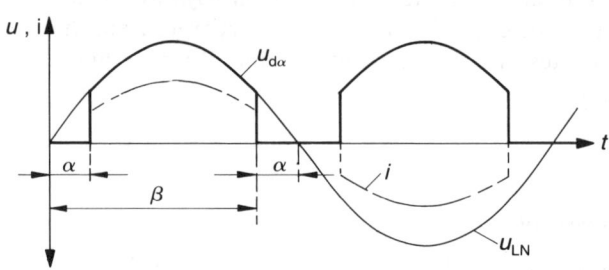

Bild 4.34
Arbeitsweise einer Sektorsteuerung

Ein anderes Verfahren, mit dem man die Steuerblindleistung fast völlig unterdrükken kann, besteht im Einsatz einer «Sektorsteuerung». Hierzu müssen aber die Thyristoren beim Steuerwinkel β zwangsgelöscht werden, d. h., es erfolgt keine natürliche, durch die Netzspannung hervorgerufene Kommutierung (Bild 4.34). Dies kann z. B. durch Einsatz von GTO-Thyristoren (Grundlagen der Elektronik) realisiert werden.

Im Bild dargestellt ist die Arbeitsweise eines B2C-Stromrichters mit ohmscher Last. Die Stromgrundschwingung des Netzstromes liegt bei dieser Steuerungsart genau symmetrisch zur Netzspannung. Damit werden der Verschiebungswinkel der Stromgrundschwingung $\varphi 1 = 0°$ und der $\cos \varphi 1 = 1$.

226

Bild 4.35
Steuerkennlinien
unterschiedlicher Schaltungen

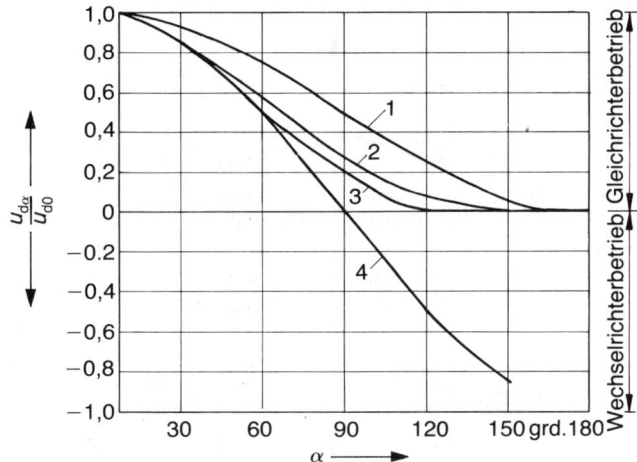

4.2.7 Steuerkennlinien

Die bisherigen Betrachtungen zeigten eine Abnahme der Spannung bei Vergrößerung des Steuerwinkels. Dabei war die Spannungsbildung einerseits von der Lastart (ohmsch, induktiv), andererseits von der Art der Schaltung und von der Art der Ansteuerung abhängig. In Bild 4.35 sind deshalb die Steuerkennlinien der wichtigsten Schaltungen dargestellt.

Kurve 1 bezieht sich auf alle zweipulsigen Schaltungen mit ohmscher Last sowie auf alle halbgesteuerten Schaltungen mit induktiver Last.

Kurve 2 bezieht sich auf die dreipulsigen Schaltungen (M3C) mit ohmscher Last.

Kurve 3 bezieht sich auf die sechspulsigen Schaltungen mit ohmscher Last.

Kurve 4 gilt für alle zwei-, drei- und sechspulsigen Schaltungen für induktive Last. Der Wechselrichterbetrieb ist selbstverständlich nur mit einer aktiven Last, z. B. motorischer Last, zu realisieren.

4.3 Stromrichter für Gleichstrommotoren

Stromrichter sind wegen ihrer guten Steuerbarkeit besonders als Stellglieder für elektrische Steuerungen und Regelungen geeignet. Ihre Ausgangsspannung $U_{d\alpha}$ bzw. ihr Ausgangsstrom $I_{d\alpha}$ wirken als Stellgröße auf die Steuer- bzw. Regelstrecke. Insbesondere in der Antriebstechnik nehmen Stromrichter zur Drehzahlregelung von Gleichstrommaschinen wegen der Einfachheit der Regelung und der erzielbaren hohen Dynamik einen hohen Stellenwert ein.

In der Antriebstechnik wird zwischen Einquadrantantrieben und Mehrquadrant(Vierquadrant-)antrieben unterschieden (Bild 4.36). Ein Einquadrantantrieb

227

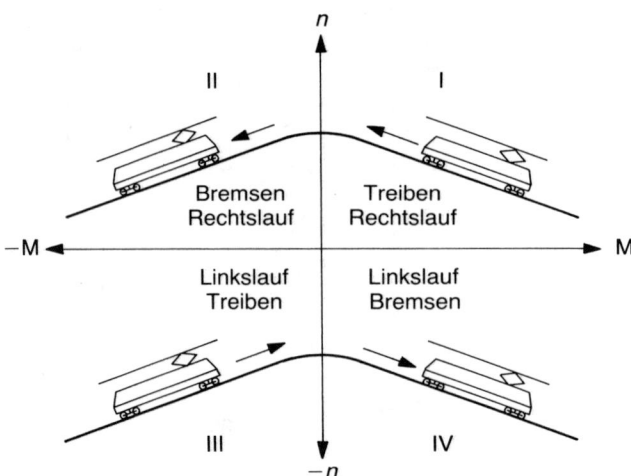

ist nur für den Betrieb «Treiben», d. h. nur für den I- oder III-Quadranten, geeignet.

Von einem Mehrquadrantantrieb erwartet man Treiben und Bremsen in beiden Drehrichtungen. Entscheidend für den II. und IV. Quadranten ist hier eine Energierückführung ins Netz. Der Stromrichter arbeitet also im II. und IV. Quadranten als netzgeführter Wechselrichter (Abschnitt 4.2.2.3).

Stromrichtergeräte bestehen aus dem Leistungsteil und dem Steuerungs- und Regelungsteil.

4.3.1   Aufbau eines typischen Einquadrantantriebes

4.3.1.1 Leistungsteil

In dem betrachteten Beispiel besteht der Leistungsteil (Bild 4.37) aus einer B2HZ-Schaltung (Abschnitt 4.2.5). Zusätzlich sind noch die TSE-Beschaltung (Grundlagen der Elektronik) und Varistoren als Überspannungsschutz zu erkennen. Der Überstromschutz erfolgt in dem Fall mit zwei «superflinken» Halbleitersicherungen.

Als zusätzlicher Energiespeicher ist eine Glättungsdrossel L_A mit dem Ankerkreis der Gleichstromnebenschlußmaschine in Reihe geschaltet. Diese Glättungsdrossel bewirkt eine zusätzliche Glättung des Ankerstromes und damit auch des Drehmomentes. Bei zweipulsigen Schaltungen reicht die Ankerinduktivität zur Glättung des Ankerstromes nicht aus. Bei sechspulsigen Schaltungen kann wegen der geringeren Restwelligkeit die Glättungsdrossel häufig entfallen.

Für die Erregung des Nebenschlußmotors wird in diesem Beispiel eine einfache B2-Gleichrichterschaltung eingesetzt. In vielen Fällen kann darauf verzichtet werden, weil Gleichstrommaschinen kleinerer Leistung (bis ca. $P = 8$ kW mit permanenten Erregermagneten ausgestattet sind.

228

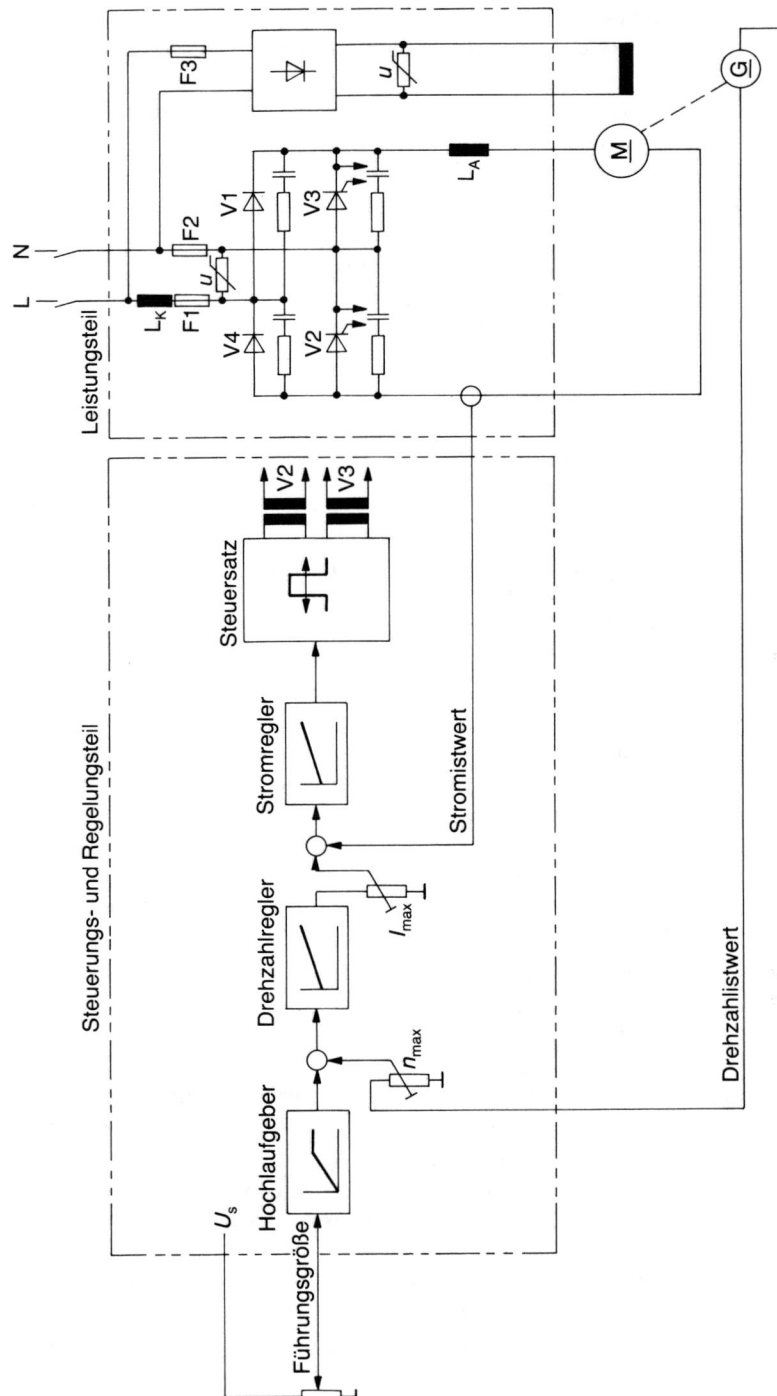

Bild 4.37 Prinzipieller Aufbau eines Einquadrantantriebes

229

Die Schnittstelle zwischen dem Leistungsteil sowie Steuer- und Regelungsteil bilden der Drehzahl-Istwert, der Strom-Istwert sowie die Zündimpulse zur Ansteuerung der Thyristoren.

Der Drehzahl-Istwert wird von einer Tachomaschine gebildet, die eine drehzahlproportionale Spannung liefert.

Der Stromistwert entsteht, indem der Gleichstromwandler den Ankerstrom in eine dem Strom proportionale Spannung umsetzt.

Die Zündimpulse werden mit Impulsüberträgern von dem Steuersatz zu den Gate-Anschlüssen der Thyristoren übertragen.

Um einen sicheren Betrieb zu gewährleisten, ist eine konsequente galvanische Trennung zwischen Steuerungs- und Regelungsteil sowie dem Leistungsteil wichtig.

4.3.1.2 Steuerungs- und Regelungsteil

Die Führungsgröße (Sollwert) kann von einem externen Potentiometer oder bei Leitantrieben von Tachomaschinen gebildet werden. Dieses Signal wird einem Hochlaufgeber zugeführt. Am Hochlaufgeber können die Hochlaufzeit und die Auslaufzeit eingestellt werden (Hochlauframpe und Bremsrampe). Einige Hersteller sprechen auch von einem «Hochlaufintegrator».

Die Ausgangsgröße des Hochlaufgebers ist gleichzeitig Eingangsgröße des Drehzahlreglers. Der Drehzahlregler kontrolliert die Regelabweichung (Band: Meß- und Regelungstechnik) und regelt sie aus, entsprechend seiner Regelcharakteristik. In der Praxis hat sich der Einsatz von PI- (seltener PID-)Reglern bewährt. Im Drehzahl-Istwertkreis ist häufig noch eine Abgleichmöglichkeit zur Anpassung der Motordrehzahl vorgesehen.

Dem Drehzahlregler ist ein Stromregler unterlagert, d. h., die Ausgangsgröße des Drehzahlreglers ist Eingangsgröße und damit Strom-Sollwert des Stromreglers. Der Trimmer I_{max} (Strom-Sollwerteinstellung) dient zum Einstellen des maximalen Ankerstromes. Der Strom-Sollwert wird mit dem Strom-Istwert verglichen und entsprechend der Regelcharakteristik des Stromreglers ausgeregelt. Als Stromregler werden in der Praxis PI-Regler eingesetzt. Der Stromregler arbeitet im Gegensatz zum Drehzahlregler mit kleinen Nachstellzeiten (ca. einige Millisekunden) und kleinen Proportionalverstärkungen ($V_P < 1$).

Die Ausgangsgröße des Stromreglers ist gleichzeitig Eingangsgröße des Steuersatzes. Der Steuersatz erzeugt die zur Steuerung der Thyristoren notwendigen Zündimpulse (Grundlagen der Elektronik). Als Steuersätze stehen heute integrierte Schaltkreise zur Verfügung. Durch die Änderung der Eingangsspannung des Steuersatzes werden die Zündimpulse von $\alpha = 0°$ (Vollaussteuerung) in Richtung $\alpha = 180°$ verschoben.

Das Zusammenwirken des Stromrichters mit dem Antrieb kann man sich beim Auftreten einer Störgröße folgendermaßen vorstellen: Wird sich z. B. die Belastung des Motors vergrößern, so ist zunächst mit einem Drehzahleinbruch ent-

230

Bild 4.38
Verhalten eines Einquadrantantriebes bei einer Belastungsänderung

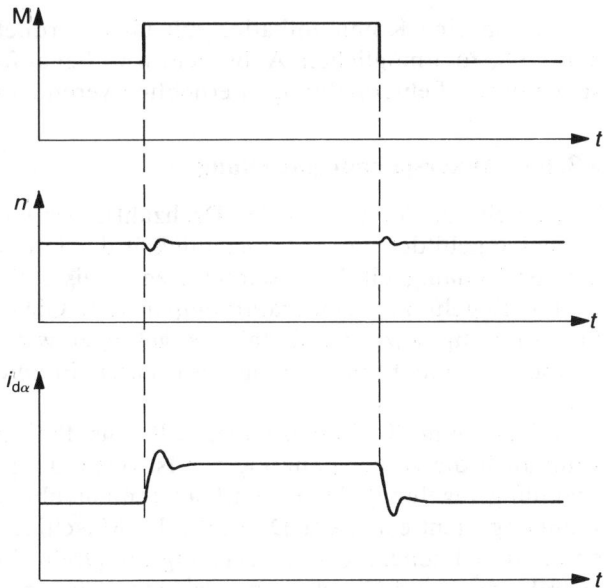

sprechend der Nebenschlußcharakteristik des Motors zu rechnen (Bild 4.38). Damit sinkt der Drehzahl-Istwert, und am Drehzahlregler tritt eine Regeldifferenz
auf. Der Betrag der Ausgangsspannung des Drehzahlreglers wird steigen, ebenfalls der Betrag des Strom-Sollwertes und damit auch der Betrag der Eingangsspannung des Steuersatzes. Der Steuersatz schiebt nun die Zündimpulse in Rich-
tung $\alpha = 0°$; damit werden die Ausgangsspannung $U_{d\alpha}$ und der Strom $I_{d\alpha}$ steigen,
ebenfalls die Drehzahl des Motors. Erst wenn die Drehzahldifferenz, die infolge
der Belastungsänderung aufgetreten ist, ausgeregelt ist, befindet sich die Regelung
wieder im stationären Zustand.

Selbstverständlich befindet sich der unterlagerte Stromregler ständig im Eingriff, d. h., er stellt sicher, daß beim Beschleunigen bis zum blockierten Antrieb
der maximal eingestellte Ankerstrom nicht überschritten wird.

Beim Auftreten einer Störgröße soll diese so schnell und genau wie möglich
ausgeregelt werden (Optimierung). Dies setzt natürlich auch eine optimale Anpassung der Reglerparameter (V_p, T_i und T_N) an die Regelstrecke voraus. Dies im einzelnen zu beschreiben, würde jedoch den Rahmen dieses Buches sprengen.

Der Regelungs- und Steuerteil ist heute noch häufig in analoger Technik aufgebaut, z. B. werden die Reglerfunktionen mit Operationsverstärkern realisiert. Es
gelangen aber immer mehr digitalisierte Geräte zum Einsatz. Hier werden die Re-
gel- und Steuerfunktionen von Mikrocomputern übernommen. Digital geregelte
Geräte haben den Vorteil, ihre Regelparameter bei der Inbetriebnahme selbständig einzustellen oder während des Betriebes automatisch nachzujustieren (adapti-
ves Regelsystem). Sie sind häufig mit standardisierten seriellen Schnittstellen ver-

231

sehen, um eine Kommunikation mit übergeordneten Automatisierungssystemen, z. B. SPS, zu ermöglichen. Außerdem wird bei auftretenden Störungen die Fehlersuche durch Fehlermeldungen erheblich vereinfacht (siehe Abschnitt 4.8.2).

4.3.1.3 Ankerspannungsregelung

Wie bereits erwähnt, wird der Drehzahl-Istwert üblicherweise mit einer Tachomaschine gebildet. Von der Genauigkeit der Istwertbildung hängt selbstverständlich die Genauigkeit des gesamten Regelkreises ab. Deshalb haben sich für hochwertige Regelungen temperaturkompensierte Gleichstrom-Tachomaschinen in der Praxis durchgesetzt. Bei digitalen Regelungen wird der Istwert häufig inkremental erfaßt, d. h. mit Impulsaufnehmern, deren Frequenz proportional der Drehzahl ist.

Soll auf eine Tachomaschine, z. B. aus Preisgründen, verzichtet werden, so kann auch die Ankerspannung zur Istwertbildung herangezogen werden (Ankerspannungsregelung). Dabei darf aber nicht übersehen werden, daß die Ankerspannung nicht exakt der Drehzahl der Maschine proportional ist. Das bedeutet, daß z. B. bei zunehmender Belastung die Drehzahl – aufgrund der Nebenschlußcharakteristik der Gleichstrommaschine – sinken würde.

Dieser Nachteil kann jedoch teilweise wieder kompensiert werden, indem man von dem Signal des Strom-Istwertes einen Teil auf einen zusätzlichen Eingang des Drehzahlreglers schaltet. Dies heißt IR-Kompensation. Das ganze Verfahren wird also als Ankerspannungsregelung mit IR-Kompensation bezeichnet. Natürlich kann von einer Ankerspannungsregelung mit IR-Kompensation nicht die Genauigkeit erwartet werden, die bei einer Drehzahlregelung mit Tachomaschine zu erreichen ist. Hinzu kommt, daß eine Ankerspannungsrückführung (als Istwert) einen Trennverstärker zur galvanischen Trennung erfordert. Die Kosten des Trennverstärkers heben in vielen Fällen den wirtschaftlichen Vorteil der Ankerspannungsregelung auf.

4.3.2 Aufbau von Vierquadrantantrieben

In Abschnitt 4.3 ist bereits besprochen worden, daß von einem Vierquadrantantrieb Bremsen und Treiben in beide Drehrichtungen gefordert wird. Da beim Bremsen die Bremsenergie ins Netz zurückgespeist werden soll, kommen als Leistungsteil nur vollgesteuerte Schaltungen zur Anwendung. In der Praxis haben sich, je nach Art der Verwendung, drei Schaltungsarten für den Leistungsteil durchgesetzt:

□ Vierquadrant-Stromrichter mit elektromechanischer Umschaltung,
□ Vierquadrant-Stromrichter mit zwei gegenparallelgeschalteten Stromrichtern (kreisstromfrei),
□ Vierquadrant-Stromrichter mit zwei gegenparallelgeschalteten Stromrichtern (kreisstrombehaftet).

232

Der Steuerungs- und Regelungsteil ist ähnlich aufgebaut wie unter 4.3.1.2 beschrieben.

4.3.2.1 Vierquadrantantrieb mit elektromechanischer Umschaltung

Hier besteht der Leistungsteil aus einer vollgesteuerten Schaltung, z. B. B2C, B6C oder M3C. Die Wirkungsweise dieser Schaltung ist in Bild 4.39 zu erkennen und in Abschnitt 4.2.2.3 beschrieben. Es soll an dieser Stelle aber noch einmal auf die grundsätzliche Wirkungsweise eingegangen werden.

Im ersten Quadranten arbeitet der Stromrichter als netzgeführter Gleichrichter. Die Ausgangsgleichspannung des Stromrichters ist größer als die Gegenspannung U_0 des Motors. Der Strom fließt vom Stromrichter zum Motor. Da sowohl die

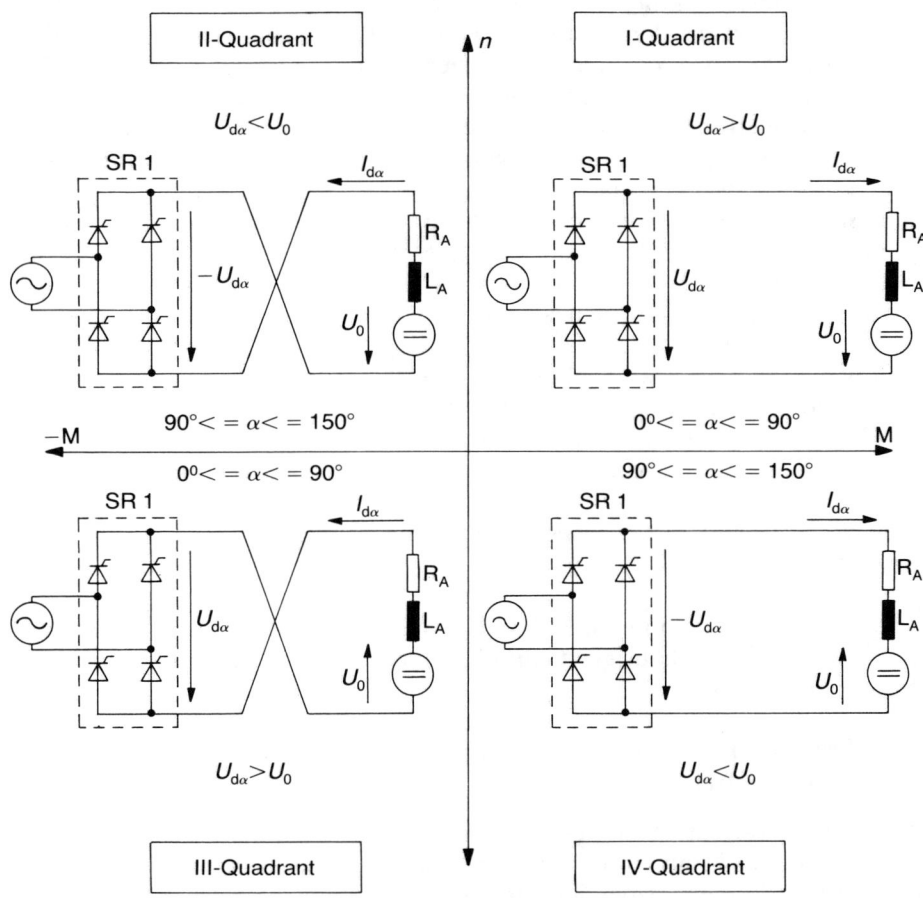

Bild 4.39   Vierquadrantantrieb mit elektromechanischer Umschaltung

233

Spannung $U_{d\alpha}$ als auch der Strom $I_{d\alpha}$ positiv sind, ergibt sich eine positive Leistung, d. h., die Leistung wird dem Netz entnommen und gelangt über den Stromrichter zum Motor, wo sie in mechanische Leistung umgesetzt wird. Die Zündwinkel liegen im Bereich $0° < = \alpha < = 90°$.

Soll der Motor gebremst werden, so erfolgt eine Umschaltung in den zweiten Quadranten. Das elektromechanische Umschalten des Ankerkreises wird üblicherweise mit Schützen vorgenommen. Hierbei ist unbedingt sicherzustellen, daß die Umschaltung im stromlosen Zustand erfolgt (dabei können einfache Wechselstromschütze eingesetzt werden). Die Steuerung der Umschaltung kann im einfachsten Fall durch folgende Maßnahmen erreicht werden: In dem Moment des Umschaltens zum zweiten Quadranten (Polaritätswechsel der Ausgangsspannung des Drehzahlreglers) werden zunächst die Zündimpulse der Thyristoren gesperrt. Je nach Verhältnis der Zeitkonstanten L/R wird der Strom im Ankerkreis mehr oder weniger schnell abklingen. Die Zeit hierfür beträgt einige hundert Millisekunden. Nun erfolgt das Umschalten der Schütze, danach werden die Zündimpulse wieder freigegeben, die Zündwinkel liegen im Bereich $90° < = \alpha < = 150°$. Achtet man auf den Betrag der Spannung, so ist zu erkennen, daß $U_{d\alpha}$ kleiner ist als U_0. Der Ankerstrom hat also als Ursache die Spannung U_0, während $U_{d\alpha}$ als Gegenspannung anzusehen ist. Da $U_{d\alpha}$ und $I_{d\alpha}$ unterschiedliche Polarität besitzen, ergibt sich für den zweiten Quadranten negative Leistung. Der Motor übernimmt die Funktion eines Generators und gibt die Bremsenergie über den Stromrichter zurück ins Netz. Während des Bremsvorganges wird der Strom durch den Stromregler ständig überwacht. Da der Ankerstrom proportional dem Drehmoment ist, kann das Bremsmoment über den Stromregler als Führungsgröße (Strombegrenzung) vorgegeben werden.

Ist der Motor zum Stillstand gekommen ($\alpha = 90°$, $U_{d\alpha} = 0$ V), so kann er durch eine Stillstandsüberwachung abgeschaltet werden, oder es erfolgt ein erneuter Hochlauf mit umgekehrter Drehrichtung (dritter Quadrant). Damit entspricht von der Wirkungsweise her der dritte Quadrant dem ersten und der zweite dem vierten.

Vorteil des Vierquadrantantriebes mit elektromechanischer Umschaltung:
□ preiswert.
Nachteile:
□ momentenlose Pause von einigen hundert Millisekunden,
□ eingeschränkte Schalthäufigkeit und Dynamik wegen elektromechanischer Schaltgeräte im Ankerkreis.

4.3.2.2 Vierquadrantantrieb mit zwei gegenparallelgeschalteten Stromrichtern (kreisstromfrei)

Diese Schaltungsvariante benötigt zwei vollgesteuerte Stromrichterschaltungen. Dafür entfällt die elektromechanische Umschaltung (Bild 4.40).

Im ersten Quadranten ist der Stromrichter 1 aktiviert, die Wirkungsweise entspricht der Schaltung, wie in Abschnitt 4.2.2.3 erklärt.

234

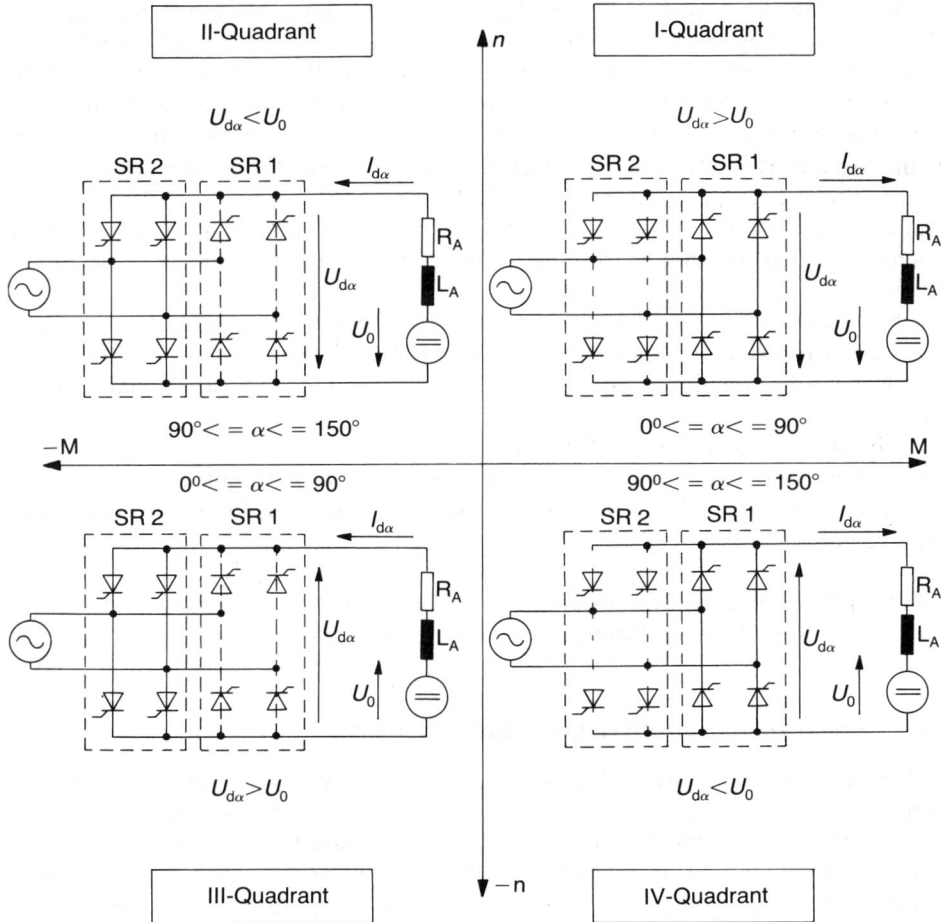

Bild 4.40 Vierquadrantantrieb, kreisstromfreie Gegenparallelschaltung

Ein Übergang vom ersten in den zweiten Quadranten wird hier ebenfalls durch einen Polaritätswechsel der Ausgangsspannung des Drehzahlreglers eingeleitet. Eine Steuerlogik sorgt nun für die Umschaltung, wobei im einzelnen folgendes abläuft: Der Strom-Sollwert wird zunächst auf null gesetzt. Dabei wird der Stromrichter 1 kurzzeitig in den netzgeführten Wechselrichterbetrieb gesteuert ($90° < = \alpha < = 150°$). Damit wird die im Ankerkreis gespeicherte magnetische Energie sehr rasch abgebaut, d. h., der Ankerstrom wird sehr schnell zu null. Ist der Ankerstrom null – dies wird durch eine entsprechende Auswertlogik erkannt –, wird der Stromrichter 2 aktiviert. Die hierbei auftretende momentenlose Pause beträgt ca. 5 ms bis 20 ms. Der Stromrichter 2 muß nun so gesteuert wer-

235

den, daß seine Ausgangsspannung $U_{d\alpha}$ als Gegenspannung zur Spannung U_0 wirkt. Deshalb liegen die Zündimpulse im Bereich $90° < = \alpha < = 150°$. Der Strom $I_{d\alpha}$ hat gegenüber dem ersten Quadranten seine Richtung geändert (negatives Drehmoment). Die Leistung ist negativ, d. h., der Motor läuft als Generator, die Bremsenergie wird über den Stromrichter 2 ins Netz zurückgeführt. Wie bereits im vorigen Abschnitt erklärt, kann der Motor im Stillstand ausgeschaltet werden oder im dritten Quadranten wieder hochlaufen ($0° < = \alpha < = 90°$).

Auf eine genaue Beschreibung des dritten und vierten Quadranten kann hier verzichtet werden, da ihre Wirkungsweisen den ersten und zweiten Quadranten ähnlich sind.

Da bei dieser Schaltung immer nur ein Stromrichter aktiv ist, kann zwischen den beiden Stromrichtern kein Strom fließen (vergleiche hierzu Abschnitt 4.3.2.3). Deshalb wird die Schaltung auch als kreisstromfreie Gegenparallelschaltung bezeichnet.

Vorteile der kreisstromfreien Gegenparallelschaltung:
□ gegenüber elektromechanischer Umschaltung kürzere momentenlose Pause,
□ elektronische Umschaltung, d. h. keine Einschränkung bei der Schalthäufigkeit,
□ gute Regeldynamik.

Nachteile:
□ hoher Aufwand an Leistungshalbleitern (zwei Stromrichter) sowie im Steuerungs- und Regelungsteil (Steuerlogik, Zündelektronik).

4.3.2.3 Kreisstrombehaftete Gegenparallelschaltung

Die beiden bisher beschriebenen Varianten eines Vierquadrantantriebes waren durch eine stromlose und damit momentenlose Pause beim Übergang vom ersten in den zweiten bzw. vom dritten in den vierten Quadranten gekennzeichnet. Bei Antrieben, bei denen keine momentenlose Pause zulässig ist und höchste Dynamik gefordert wird, müssen kreisstrombehaftete Gegenparallelschaltungen eingesetzt werden.

Bei der kreisstrombehafteten Gegenparallelschaltung (Bild 4.41) werden ständig beide Stromrichter gesteuert. Für die im Bild dargestellte Stromrichtung des Ankerstromes muß der Stromrichter 1 im Gleichrichterbetrieb (z. B. $\alpha 1 = 60°$) ausgesteuert werden. Weil beide Stromrichter gegenparallel arbeiten, muß der Stromrichter 2 im Wechselrichterbetrieb ($\alpha 2 = 120°$) ausgesteuert werden.

Ein besonderes Merkmal dieser Schaltung ist der Kreisstrom, der dadurch zustande kommt, daß die Augenblickswerte der Gleichspannungen verschieden sind, obgleich ihre Mittelwerte gleich sind. Ist also der als Gleichrichter arbeitende Stromrichter 1 mit $\alpha 1 = 75°$ ausgesteuert, so muß der Zündwinkel des Stromrichters 2 $\alpha 2 = 180° - \alpha 1 = 105°$ betragen. Unter dieser Voraussetzung sind in Bild 4.42 die Verläufe der Spannungen $u_{d\alpha 1}$ und $u_{d\alpha 2}$ gezeichnet. Die Differenz beider Spannungen ist die Kreisspannung u_{kr}. Die Kreisspannung treibt den Kreisstrom, der sich dem Gleichstrom des den Belastungsstrom führenden Strom-

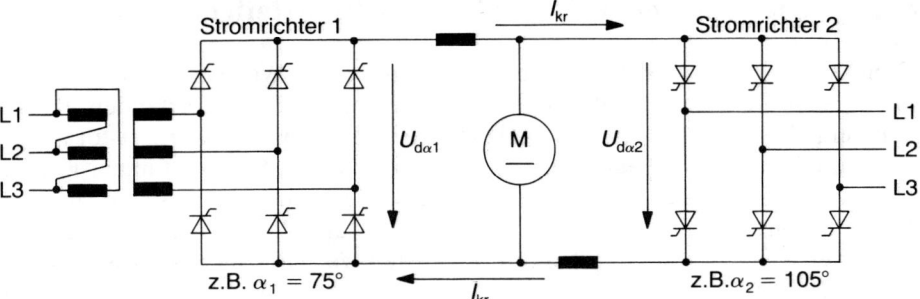

Bild 4.41
Vierquadrantantrieb,
kreisstrombehaftet

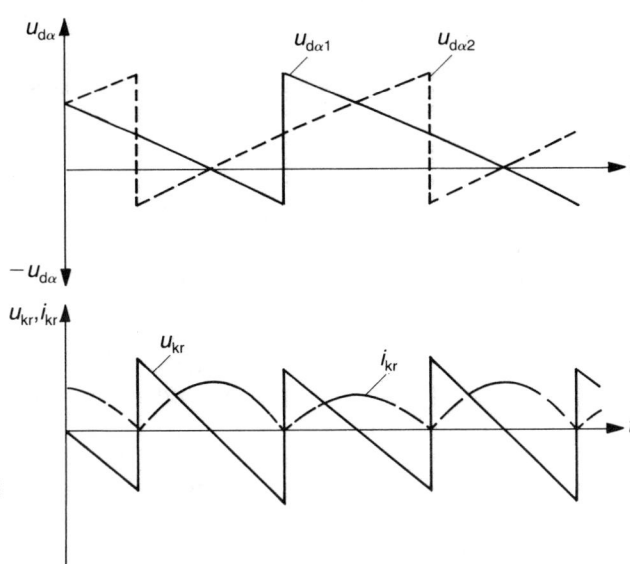

Bild 4.42
Entstehung einer Kreisspannung
und eines Kreisstromes bei
einer B6C-Schaltung,
Zündwinkel $\alpha_1 = 75°$, $\alpha_1 = 105°$

richters überlagert, während der andere Stromrichter nur den Kreisstrom führt. Der Kreisstrom wird durch Kreisstromdrosseln begrenzt.

Beim Wechsel vom ersten zum zweiten Quadranten werden der Stromrichter 1 kontinuierlich vom Gleichrichterbetrieb in den Wechselrichterbetrieb und Stromrichter 2 vom Wechselrichterbetrieb in den Gleichrichterbetrieb gesteuert. Eine stromlose und damit momentenlose Pause tritt dabei nicht auf.

Vorteile der kreisstrombehafteten Gegenparallelschaltung:
□ keine momentenlose Pause,
□ sehr gute Regeldynamik.
Nachteile:
□ hoher elektronischer Aufwand,
□ zusätzliche Kreisstromdrosseln.

4.4 Gleichstromumrichter (Gleichstromsteller)

Gleichstromsteller sind Gleichstromumrichter ohne Wechselstromzwischenkreis. Die beiden Gleichstromseiten sind galvanisch miteinander verbunden. Prinzipiell kann ein Gleichstromsteller auch als stetiger Steller mit Längstransistor aufgebaut werden (siehe «Grundlagen der Elektronik»). Derartige Schaltungen werden als Netzgeräte in der Elektronik für kleine Leistungen eingesetzt. Sie erfüllen jedoch nicht die Forderung einer verlustarmen Umrichtung der Gleichstromenergie. Deshalb werden in diesem Abschnitt «schaltende» Gleichstromsteller betrachtet. Gleichstromsteller werden im wesentlichen für die Drehzahlsteuerung von Gleichstromfahrzeugmotoren eingesetzt, die aus Batterien oder Gleichstromfahrleitungen versorgt werden (Straßenbahnen, U-Bahnen, Gabelstapler, Rollstühle).

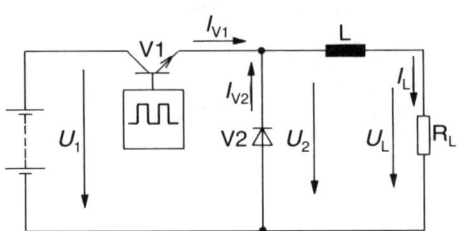

Bild 4.43
Transistor-Gleichstromsteller

4.4.1 Gleichstromsteller mit Transistoren

Transistorisierte Gleichstromsteller (Bild 4.43) werden bis zu Leistungen von einigen zehn Kilowatt eingesetzt. Die Schaltfrequenz der Leistungstransistoren liegt im Bereich einige Kilohertz bis hundert Kilohertz. Die Drossel dient als Energiespeicher und sorgt für einen unterbrechungsfreien Laststrom. Während der Leitphase des Transistors fließt der Strom über den Transistor und die Last. Solange der Transistor sperrt, wird der Strom, von der Induktivität getrieben, über den Freilaufkreis (Diode V2) und die Last fließen. In Bild 4.44 ist der Verlauf der Spannungen und Ströme zu erkennen. Die im Einschaltaugenblick des Transistors auftretende Stromüberhöhung entsteht dadurch, daß nach dem Nulldurchgang des Stromes i_{V2} noch nicht alle Ladungsträger in der Sperrschicht der Diode abgebaut sind; deshalb nimmt die Diode noch kurzzeitig zusätzlichen Strom in Sperrrichtung auf. Hier schaffen Dioden mit kurzer Sperrverzögerungszeit t_{rr} Abhilfe. Es können auch Ferritkerndrosseln in die Emitterleitung des Transistors eingebaut werden.

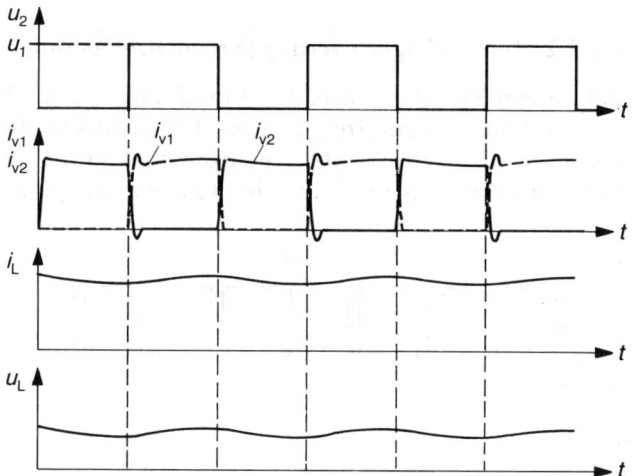

Bild 4.44
Spannungs- und Stromverlauf
eines Gleichstromstellers

4.4.2 Steuerverfahren von Gleichstromstellern

Dem Bild 4.44 kann entnommen werden, daß der arithmetische Mittelwert der Ausgangsspannung U_2 vom Tastverhältnis der Ansteuerung des Leistungstransistors abhängig ist.

$$U_2 = U_1 \cdot t_1 / T$$

U_2: arithmetischer Mittelwert der Lastspannung (Verluste am Transistor und an der Induktivität vernachlässigt)

U_1: arithmetischer Mittelwert der Eingangsspannung

t_i: Impulszeit

T: Periodendauer

Es wird in der Praxis zwischen zwei Steuerverfahren unterschieden.

4.4.2.1 Impulsbreitensteuerung

Hier wird die Periodendauer T konstant gehalten, während die Einschaltzeit t_i des Transistors variiert wird (Bild 4.45).

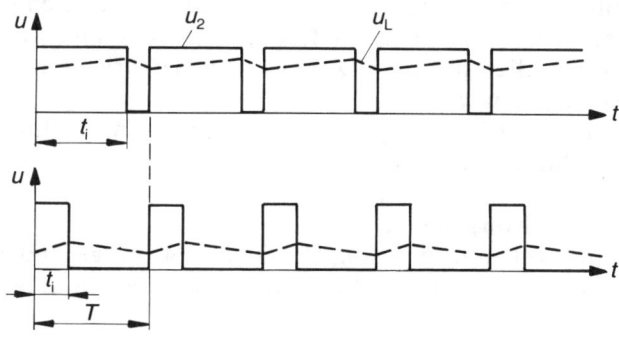

Bild 4.45
Impulsbreitensteuerung
(T = konstant, t_i = variabel)

239

4.4.2.2 Impulsfolgesteuerung (Frequenzsteuerung)

Bei diesem Verfahren wird die Einschaltzeit t_i des Transistors konstant gehalten, während die Ansteuerfrequenz des Transistors verändert wird (Bild 4.46). Hierbei bedingen niedrige Arbeitsfrequenzen sehr große und teure Induktivitäten. Deshalb wird meistens die Impulsbreitensteuerung eingesetzt.

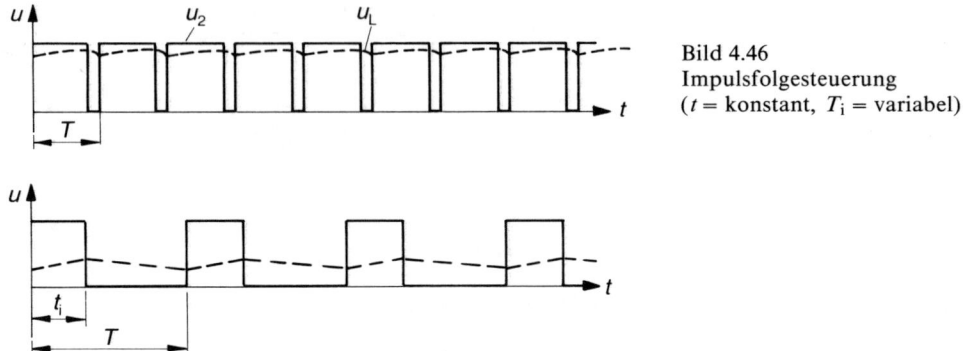

Bild 4.46
Impulsfolgesteuerung
(t = konstant, T_i = variabel)

4.4.3 Thyristor-Gleichstromsteller

Bei größeren Anschlußleistungen (über 100 kW) sowie hoher Spannungsfestigkeit werden Thyristor-Gleichstromsteller eingesetzt. Hier bietet sich natürlich der Abschaltthyristor (GTO) an. Jedoch dürfen der hohe Preis dieses Bauelementes und die zum Löschen aufwendige Löscheinrichtung nicht übersehen werden.

Werden normale katodenseitig gesteuerte Thyristoren als Gleichstromsteller eingesetzt, so ist ein Hilfsstromkreis mit einem zusätzlichen Energiespeicher (Kondensator) zum Löschen des Thyristors notwendig (Grundlagen der Elektronik). Da von einem Gleichstromsteller jedoch rasche Umschaltzeiten gefordert werden, wird der Löschkreis zu einem sogenannten Umschwingkreis erweitert.

4.4.3.1 Thyristor-Gleichstromsteller mit Umschwingkreis

Bild 4.47 zeigt einen Gleichstromsteller mit Umschwingkreis. Die Schaltung arbeitet in der Praxis mit Taktfrequenzen von einigen hundert Hertz – Voraussetzung ist natürlich der Einsatz von Frequenzthyristoren und Dioden mit kleiner Sperrverzögerungszeit t_{rr}.

Für den im Bild gezeigten Steller sollen der Einschalt- und Ausschaltvorgang beschrieben werden.

Einschaltvorgang:
Zunächst muß einmalig der Thyristor V2 gezündet werden. Der Löschkondensator wird damit auf die Betriebsspannung U_1 aufgeladen (Bild 4.47a).

240

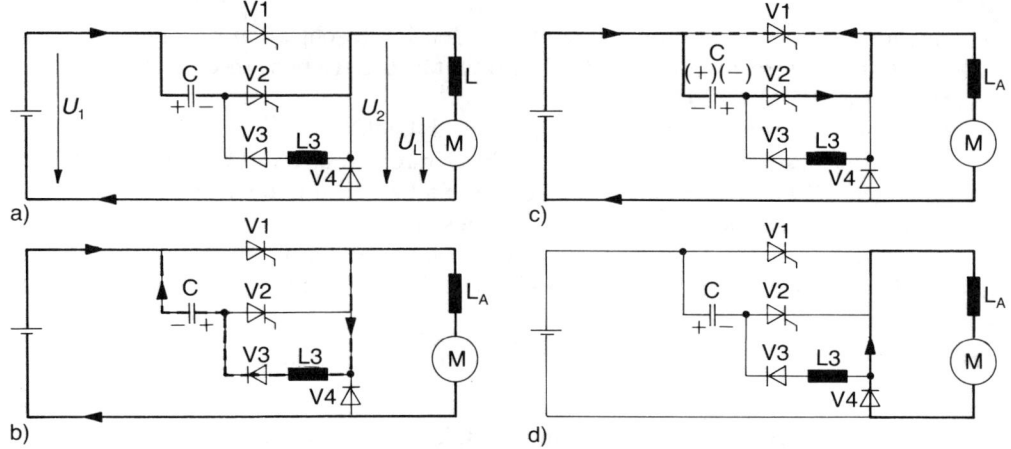

Bild 4.47   Thyristor-Gleichstromsteller (Umschwingverfahren)

Durch Zündung von Thyristor V1 wird der Laststrom eingeschaltet. Gleichzeitig mit dem Zünden fließt jedoch noch kurzzeitig ein Umladestrom über die Induktivität L3 und die Diode V3. Der Kondensator wird mit der Resonanzfrequenz des Schwingkreises umgeladen, der aus L3 und C gebildet wird. Ein Zurückschwingen des Umladestromes verhindert die Diode V3. Der Löschkondensator besitzt damit die zum Löschen des Hauptthyristors notwendige Polarität (Bild 4.47b).

Ausschaltvorgang:
Durch Zündung des Thyristors V2 wird der geladene Kondensator dem Thyristor V1 parallelgeschaltet. Es fließt ein Kommutierungsstrom und löscht den Thyristor V1. Der Laststrom wird vom Thyristor V2 und dem Löschkondensator übernommen und lädt den Löschkondensator um (Bild 4.47c). Hier ist zu beachten, daß im Moment des Zündens des Thyristors V2 eine Addition der Spannung U_1 und u_c erfolgt ($U_L = U_1 + u_c$). An der Last ergibt sich deshalb im Moment des Ausschaltens eine Spannungsspitze von ca. zweimal U_1 (Bild 4.48).

Bild 4.48
Thyristor-Gleichstromsteller,
Spannungs- und Stromverlauf

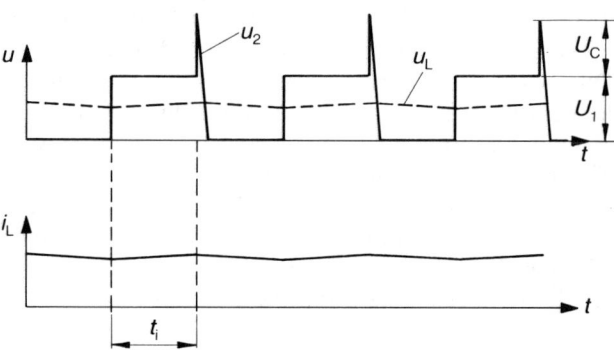

241

Nachdem der Löschkondensator umgeladen ist, löscht auch der Thyristor V2. Der Laststrom wird nun, durch die Induktivität L getrieben, in den Freilaufkreis kommutieren (Bild 4.47d).

Nun kann V1 erneut gezündet werden (Bild 4.47b)

Neben der beschriebenen Schaltung gibt es noch eine Reihe weiterer herstellerabhängiger Schaltungsvarianten. An dieser Stelle sei auf die Herstellerbeschreibungen und deren spezielle Literatur verwiesen.

Vereinfacht werden Thyristor-Gleichstromsteller auch mit einem Thyristorsymbol mit zwei Steueranschlüssen (löschbarer Thyristorschalter) dargestellt (Bild 4.49).

Bild 4.49
Schaltsymbol eines Gleichstromstellers

4.4.4.1 Energierückspeisung mit einem Gleichstromsteller

Eine Energierückspeisung von einer Gleichstromquelle U_L in eine Gleichstromquelle mit höherer Spannung U_1 zeigt Bild 4.50. Der löschbare Thyristorschalter V1 liegt in diesem Fall parallel zur Gleichspannungsseite U_2. Zum Zeitpunkt des

4.4.4 Mehrquadrant-Gleichstromsteller

Insbesondere bei Elektrofahrzeugen kommt dem Bremsbetrieb mit Energierückspeisung in die vorhandene Gleichstromquelle große Bedeutung zu. Der Wirkungsgrad steigt hierdurch um ca. 30 %.

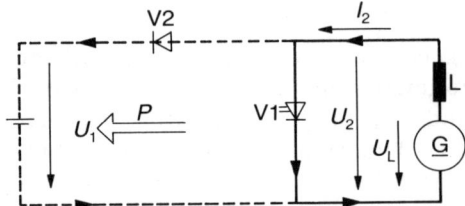

Bild 4.50
Energierückspeisung mit einem
Gleichstromsteller

Zündens des Gleichstromschalters V1 steigt der Laststrom I_2 an. Damit wird in der Induktivität L magnetische Energie gespeichert. Nach dem Löschen des Gleichspannungsschalters fließt der Laststrom, der durch die Energie der Induktivität getrieben wird, über die Sperrdiode V2 in die Gleichspannungsquelle U_1. Nun wird der Gleichstromschalter V1 erneut gezündet, die Sperrdiode verhindert in dem Fall einen Kurzschluß der Gleichspannungsquelle U_1, der Laststrom steigt wieder an, und nach dem Löschen von V1 wird erneut der Laststrom in die Gleichspannungsquelle U_1 fließen.

Auch bei diesem Verfahren kann durch die Art der Steuerung (Impulsbreitensteuerung bzw. Impulsfolgesteuerung) noch eine Energierückspeisung bei sehr kleinen Spannungen U_L erfolgen, d. h., ein Gleichstrommotor kann bis zu sehr niedrigen Drehzahlen heruntergebremst werden.

4.4.4.2 Vierquadrant-Gleichstromsteller

Bei einem Vierquadrantbetrieb können Strom und Spannung auf der Lastseite beide Richtungen annehmen, außerdem ist ein Energiefluß in beide Richtungen möglich. Da diese Forderung auch bei selbstgeführten Wechselrichtern gestellt wird, ist diese Schaltung bereits eine Wechselrichterschaltung (ein «selbstgeführter Wechselrichter» arbeitet unabhängig vom Wechselstromnetz im Gegensatz zum netzgeführten Wechselrichter, siehe Abschnitt 4.2.2.3).

Für einen Vierquadrant-Gleichstromsteller ist für jeden Betriebsquadranten ein Gleichstromsteller notwendig, deshalb werden vier Gleichstromsteller benötigt (Bild 4.51).

Als Steuerverfahren der Gleichstromsteller wird – wie bereits erwähnt – die Impulsbreitensteuerung oder Impulsfolgesteuerung angewendet.

Bild 4.51
Vierquadrant-
Gleichstromsteller

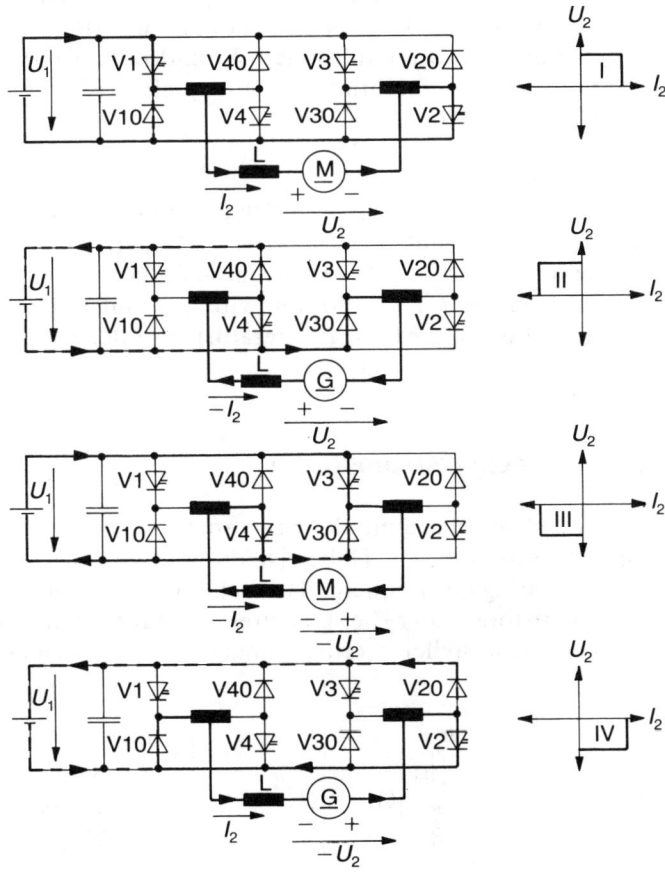

I. Quadrant:

Der Laststrom fließt während der Impulszeit t_i (Thyristorschalter leitend) über die Thyristorschalter V1 und V2 und während der Impulspause t_p (Thyristorschalter V1 gesperrt) über die Freilaufdiode V10 und Thyristorschalter V2. Der Motor läuft mit rechter Drehrichtung, der Energiefluß ist von der Gleichspannungsquelle zum Motor gerichtet.

II. Quadrant:

Der Laststrom fließt über den Thyristorschalter V4 sowie die Diode V30. Der Laststrom steigt, und die Induktivität L speichert Energie. Wird der Thyristorschalter V4 gesperrt, fließt der Strom über die Dioden V40 und V30 in die Gleichspannungsquelle U_1. Der Motor wird mit rechter Drehrichtung abgebremst, der Energiefluß ist vom Motor (Generator) zur Gleichspannungsquelle U_1 gerichtet.

III. Quadrant:

Der Laststrom fließt während der Impulszeit (Thyristorschalter leitend) über die Thyristorschalter V3 und V4 und während der Impulspause (Thyristorschalter V3 gesperrt) über die Freilaufdiode V30 und dem Thyristorschalter V4. Der Motor läuft mit linker Drehrichtung, der Energiefluß ist von der Gleichspannungsquelle zum Motor gerichtet.

IV. Quadrant

Der Laststrom fließt über den Thyristorschalter V2 sowie die Diode V10. Der Laststrom steigt, und die Induktivität L speichert Energie. Wird der Thyristorschalter V2 gesperrt, fließt der Strom über die Dioden V20 und V10 in die Gleichspannungsquelle U_1. Der Motor wird mit linker Drehrichtung abgebremst, der Energiefluß ist vom Motor (Generator) zur Gleichspannungsquelle U_1 gerichtet.

4.5   Wechselstromsteller

Wechselstromsteller sind Wechselstromumrichter zum Verstellen der abgegebenen Wechselspannung. Dabei ist die Ausgangsfrequenz der Grundschwingung gleich der Eingangsfrequenz. Die Schaltung besteht aus zwei antiparallelgeschalteten Thyristoren oder (bei kleineren Leistungen) aus einem Triac (Bild 4.52). Wechselstromsteller werden eingesetzt zur Beleuchtungssteuerung bzw. zur

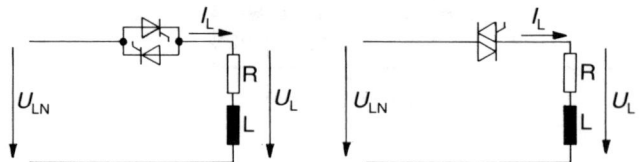

Bild 4.52
Wechselstromsteller mit
ohmsch-induktiver Last

Steuerung von Motoren kleinerer Leistung, z. B. Wechselstrom-Universalmotoren (Reihenschluß-Kommutatormotoren). Diese Motoren findet man in Haushaltsmaschinen bzw. Elektrowerkzeugen.

Wechselstromsteller mit ohmscher Last sind bereits im Band «Grundlagen der Elektronik» beschrieben, deshalb kann hier darauf verzichtet werden.

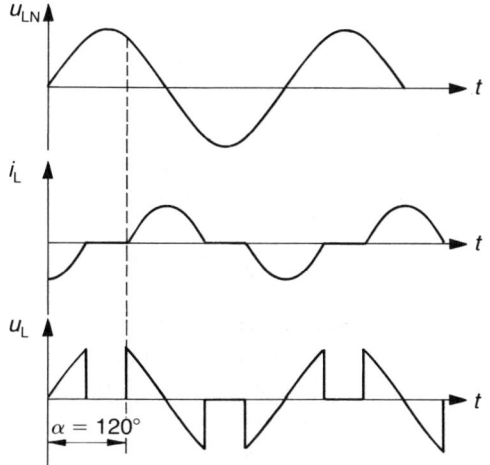

Bild 4.53 Strom- und Spannungsverläufe eines Wechselstromstellers mit induktiver Last

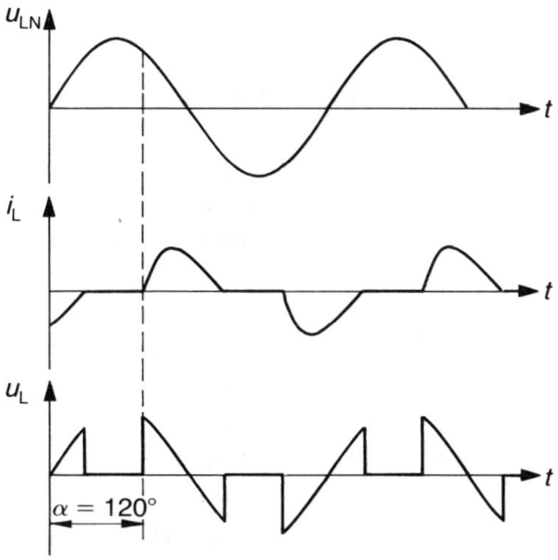

Bild 4.54 Strom- und Spannungsverläufe eines Wechselstromstellers mit ohmsch-induktiver Last

4.5.1   Wechselstromsteller mit induktiver, ohmsch-induktiver Last

In Bild 4.53 sind die Liniendiagramme der Ströme und Spannungen eines Wechselstromstellers mit idealer induktiver Last für einen Zündwinkel von $\alpha = 120°$ dargestellt. Dabei ist zu beachten, daß die Induktivität vom Zündzeitpunkt bis zum Nulldurchgang der Netzspannung positive Leistung aufnimmt, Strom- und Spannungsaugenblickswerte sind positiv. Der Strom erreicht im Spannungsnulldurchgang seinen maximalen Wert (Stromnacheilung gegenüber der Spannung), deshalb bleibt der Thyristor (Triac) leitend, während die Augenblickswerte der Spannung in den negativen Bereich hineinlaufen. Die augenblickliche Leistung wird jedoch nach dem Spannungsnulldurchgang negativ. Die Induktivität (Energiespeicher) gibt also nun die vorher aufgenommene Leistung wieder zurück ins Netz. Da an einer idealen Induktivität keine Verluste entstehen, muß die aufgenommene Leistung genauso groß wie die abgegebene Leistung sein. Deshalb ist der Stromflußwinkel nach dem Nulldurchgang der Netzwechselspannung genauso groß wie vor dem Nulldurchgang. Dies bedeutet, daß bei einem Zündwinkel von $\alpha = 90°$ bereits die volle Netzwechselspannung an der Last liegt.

245

An einer realen Induktivität oder auch bei ohmsch-induktiver Last treten ohmsche Verluste auf. Die elektrische Leistungsaufnahme wird also größer sein als die Leistungsrückgabe ins Netz, deshalb tritt hier nach dem Spannungsnulldurchgang ein kleinerer Stromflußwinkel auf als vor dem Spannungsnulldurchgang (Bild 4.54).

4.6 Drehstromsteller

Drehstromsteller bestehen aus drei Wechselstromstellern (Bild 4.55). Sie sind Drehstromumrichter und dienen dem Verstellen der abgegebenen Spannung, deren Ausgangsfrequenz (der Grundschwingung) gleich der abgeschlossenen Netzspannung ist.

Drehstromsteller werden eingesetzt zur Steuerung von Beleuchtungsanlagen größerer Leistung, in Elektrolyseanlagen sowie in der Antriebstechnik zur Steuerung von Drehstromasynchronmotoren. Bei der Steuerung von Asynchronmotoren ist aber zu beachten, daß die Ausgangsfrequenz des Stellers konstant bleibt. Die Drehzahländerung eines Asynchronmotors ist die Folge des durch die Spannungsänderung zurückgehenden Drehmomentes. Da das Motormoment quadratisch mit der Spannung abnimmt, ist der Einsatz stark eingeschränkt auf Antriebe mit quadratischer Drehzahl-Drehmomentenkennlinie, z. B. Lüfter und Pumpenantriebe. Außerdem treten in der Maschine bei Drehzahlen $n < n_{nenn}$ erhebliche Verluste auf, da die Läuferverluste proportional mit dem Schlupf steigen.

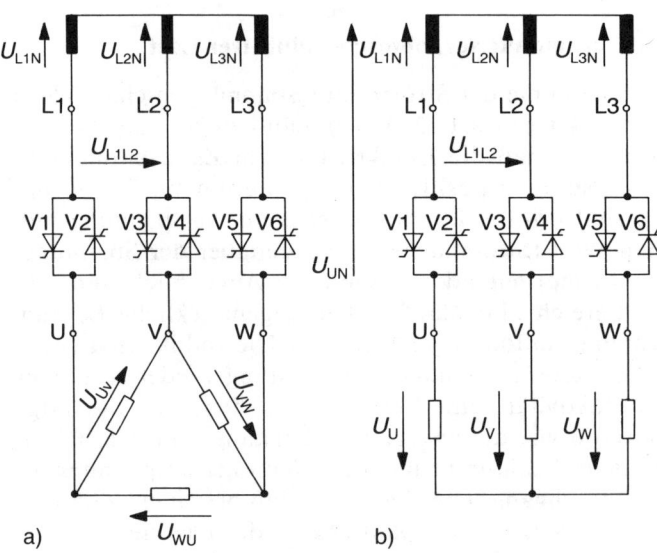

Bild 4.55
Drehstromsteller mit ohmscher Last,
a) Dreieckschaltung,
b) Sternschaltung

246

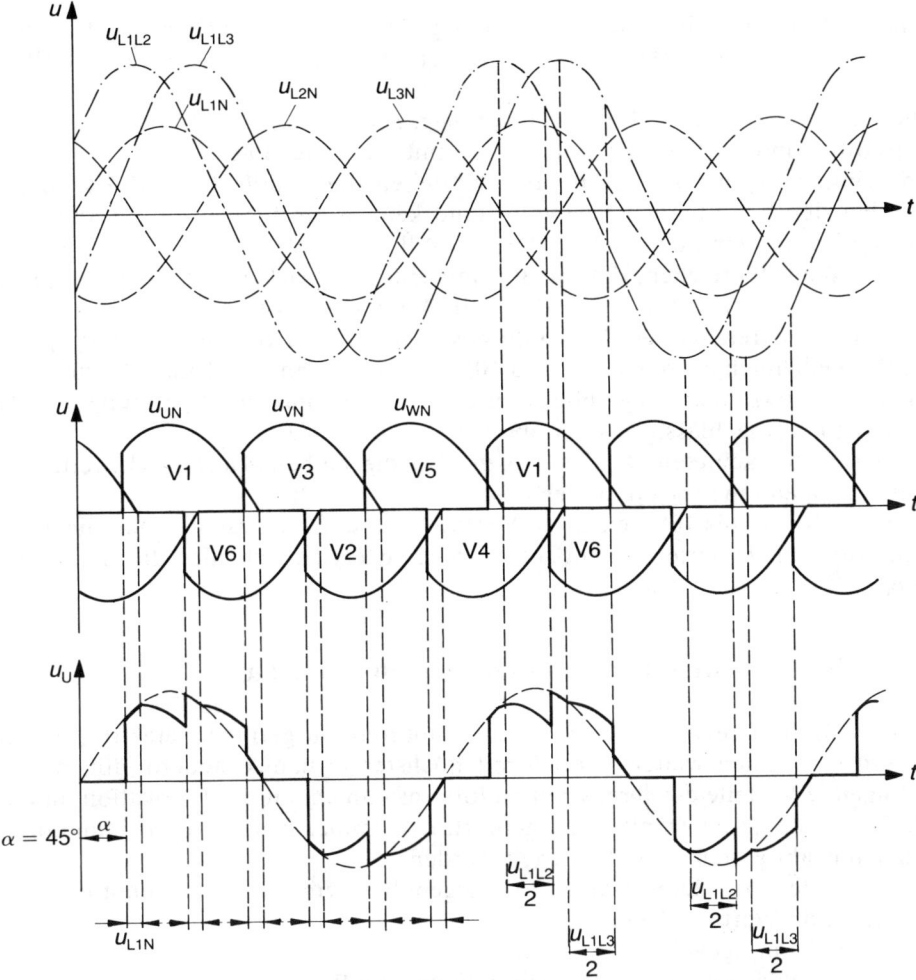

Bild 4.56 Spannungsbildung eines Drehstromstellers mit ohmscher Last in Sternschaltung

4.6.1 Spannungsbildung eines Drehstromstellers mit ohmscher Last

Der Verlauf der Lastspannung (Strangspannung U_u) soll beispielhaft an der Sternschaltung beschrieben werden. Selbstverständlich ist der Effektivwert der Lastspannung vom Zündwinkel α abhängig und erreicht bei $\alpha = 0°$ sein Maximum, d. h., bei $\alpha = 0°$ liegt die volle sinusförmige Strangspannung an der Last. Wird der Zündwinkel vergrößert, sinkt der Effektivwert der Lastspannung, bei $\alpha = 150°$ erreicht die Lastspannung den Wert null.

Da der Stromfluß über mehr als einen Hin- und Rückleiter erfolgen kann, ist die Konstruktion des Liniendiagrammes der Lastspannung ziemlich schwierig.

Deshalb soll hier lediglich die Lastspannung für einen Verbraucher mit ohmscher Last bei einem Zündwinkel von $\alpha = 45°$ (Sternschaltung) gezeigt werden (Bild 4.56).

Die Liniendiagramme der Spannungen u_{UN}, u_{VN} und u_{WN} zeigen das bereits bekannte Bild von drei Wechselstromstellern mit ohmscher Last.

Im Winkelbereich zwischen 0° und 45° leiten die Ventile V5 und V4; damit kann über den betreffenden Lastwiderstand kein Strom fließen, die Strangspannung ist also im dem betrachteten Bereich null.

In den Winkelbereichen, die im Bild mit einem * markiert sind, leiten immer drei Ventile, z. B. zwischen 45° und 60° die Ventile V1, V4 und V5; damit ergibt sich in diesen Bereichen der Augenblickswert der Strangspannung $u_U = u_{L1N}$.

Im Winkelbereich zwischen 60° und 105° leiten die Ventile V1 und V4. Betrachtet man die wirksamen Augenblickswerte in dem Stromkreis (Spannungsabfälle am Thyristor vernachlässigt), so ergibt sich: $u_U = u_{L1L2}/2$.

In diesem betrachteten Bereich liegen also die halben Augenblickswerte der Außenleiterspannung (u_{L1L2}) an der Last.

Im Bereich 120° bis 165° leiten die Ventile V1 und V6. Betrachtet man die wirksamen Augenblickswerte in dem Stromkreis, so ergibt sich hier die Spannung $u_U = u_{L1L3}/2$.

4.7 Drehzahlsteuerung von Drehstrommotoren

Obwohl sich die Drehzahl bei Gleichstrommotoren mit geringem elektronischem Aufwand über einen weiten Bereich mit höchster Dynamik steuern läßt, haben nachfolgende Vorteile des Drehstrommotors zusammen mit der Innovation im Bereich der Leistungselektronik dazu geführt, daß immer mehr Drehstrommotoren in der Drehzahl gesteuert und geregelt werden.

Einige Vorteile des Drehstrommotors gegenüber dem Gleichstrommotor:
□ weitgehende Wartungsfreiheit,
□ kleines Leistungsgewicht,
□ hohe Schutzklassen, leichte Realisierung von Ex-Schutz,
□ einfache und robuste Konstruktion,
□ hohe Betriebsdrehzahlen im Mittelfrequenzbetrieb,
□ preiswerter als Gleichstrommotoren.

Bekannterweise werden Drehstrommotoren in synchroner und asynchroner Bauart hergestellt (siehe «Elektrische Maschinen»). Die Drehzahl von Drehstrommaschinen wird im wesentlichen von den Größen Netzfrequenz und Polpaarzahl bestimmt:

$$n_0 = \frac{f_1 \cdot 60}{p}$$

n_0: synchrone Drehzahl in min^{-1}
$f1$: Ständerfrequenz (Netzfrequenz) in Hz
p: Polpaarzahl

Bei gegebener Polpaarzahl und konstanter Netzfrequenz ergibt sich also eine feste Motordrehzahl. Bei polumschaltbaren Motoren kann die Drehzahl entsprechend der Wicklungen in festen Stufen umgeschaltet werden.

Werden größere Läuferverluste akzeptiert, kann z. B. bei Lüfterantrieben eine Drehzahlverstellung auch über die Ständerspannung bei konstanter Frequenz erfolgen (Abschnitt 4.6).

Eine stufenlose, mit geringen Verlusten behaftete Drehzahlverstellung ist nur durch Frequenzänderung bei gleichzeitiger Spannungsänderung möglich. Aus folgenden Gründen muß bei einer Frequenzänderung die Spannung mit verändert werden:

Der induktive Widerstand X_L verhält sich proportional zur Frequenz. Das bedeutet z. B. bei einer Verringerung der Ständerfrequenz eine Erhöhung des Magnetisierungsstromes; dies würde zu Sättigungserscheinungen innerhalb der Maschine und zu einem zu hohen Ständerstrom führen.

Um bei einer Drehzahlverstellung ein konstantes Drehmoment zu bekommen, muß der magnetische Ständerfluß möglichst konstant bleiben. Dies ist nur möglich, wenn der Magnetisierungsstrom ebenfalls konstant bleibt. Die Spannung muß daher proportional mit der Frequenz verändert werden. Eine Frequenzänderung wirkt sich unter Berücksichtigung einer proportionalen Spannungsänderung so aus, als würde die Drehmomentenkennlinie etwa parallel auf der Frequenzachse verschoben werden (Bild 4.57). Wird beim Erreichen der Ständernennspan-

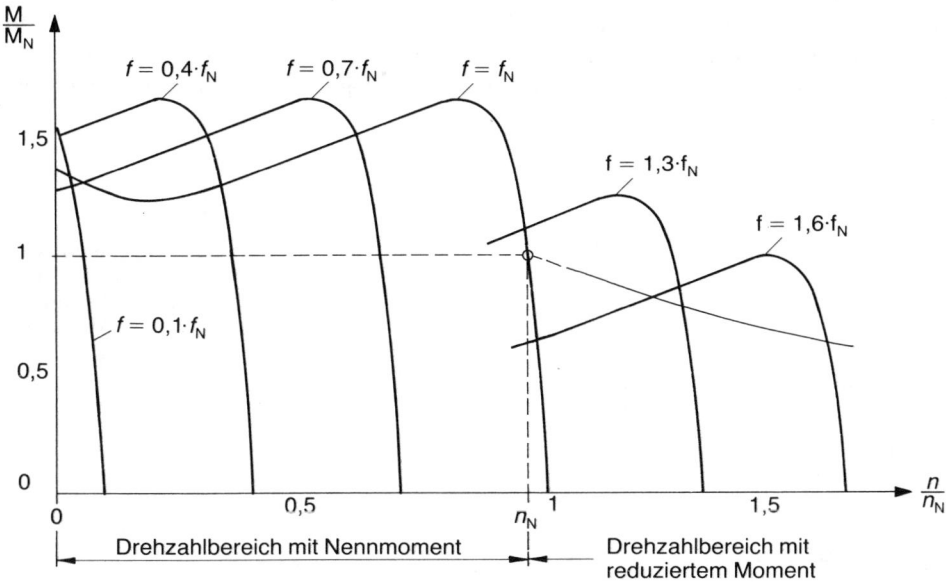

Bild 4.57 Kennlinienfeld eines Drehstromasynchronmotors bei Speisung durch einen Frequenzumrichter

249

nung (des Umrichters) die Frequenz weiter erhöht, so ergibt dies, da die Spannung nicht weiter erhöht werden kann, einen kleineren Magnetisierungsstrom und damit einen fallenden Drehmoment. Die Maschine wird im Bereich der Feldschwächung betrieben. Drehzahlen über die Nenndrehzahl des Motors hinaus werden insbesondere bei Werkzeugmaschinen erwartet, da gerade in der spanabhebenden Fertigung kleine Drehmomente bei hohen Drehzahlen gefordert werden.

4.7.1   Motorauslegung und Kühlung des Motors

Es muß sichergestellt sein, daß durch Frequenzumrichter geregelte Motoren ausreichend gekühlt werden. In diesem Zusammenhang sind folgende Punkte besonders zu beachten:

◻ Die Kühlluftmenge sinkt bei fallender Drehzahl.
◻ Der Motor entwickelt eine geringfügig höhere Verlustwärme, da die Motorströme des Frequenzumrichters nicht rein sinusförmig sind (oberschwingungsbehaftete Ströme).

Bei Drehzahlen unter 50% der Nenndrehzahl darf der Motor drehzahlabhängig mit einem Moment von 50% bis 90% des Nennmomentes belastet werden (Bild 4.58). Im Drehzahlbereich 50% bis 100% der Nenndrehzahl darf der Motor drehzahlabhängig mit einem Moment von 90% bis 95% des Nennmomentes belastet werden. Wird vom Motor im Drehzahlbereich von 0% bis 100% das Nennmoment erwartet, so ist eine Zusatzbelüftung (Fremdbelüftung) erforderlich.

Der Motor sollte immer gegen das Ausfallen der Kühlung geschützt sein. Sehr gute Erfahrungen wurden mit einem eingebauten Wicklungsschutz gemacht, z. B. Kaltleiterschutz, der bei Auslösung die Stromversorgung abschaltet und ggf. eine Störmeldung signalisiert.

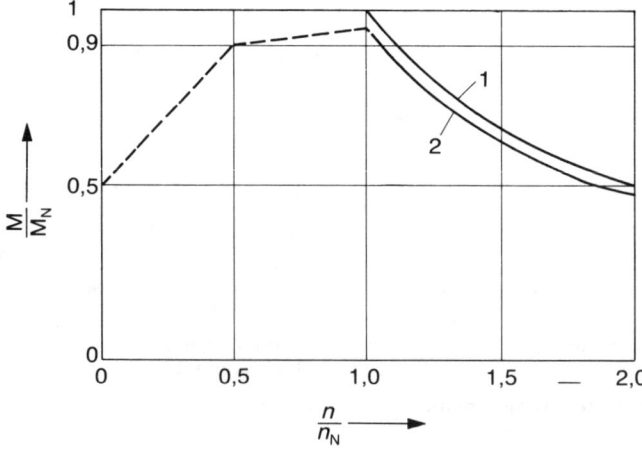

Bild 4.58
Drehmoment als Funktion der Drehzahl bei Umrichterspeisung, Kurve 1: Motor mit Fremdbelüftung, Kurve 2: Motor ohne Fremdbelüftung

250

Die Ausgangsspannung des Umrichters beträgt üblicherweise 400 V (bei 400 V Netzanschlußspannung). Wird hier ein vierpoliger Motor eingesetzt, so kann dieser, z. B. zwischewn 1 Hz und 50 Hz Umrichterfrequenz, Drehzahlen zwischen 30 min^{-1} bis 1500 min^{-1} annehmen. Wird hier ein Motor von 230 V $\triangle$/400 V $\curlywedge$ eingesetzt und in Dreieckschaltung betrieben, so ist die Nenndrehzahl bei einer Ausgangsspannung des Umrichters von 230 V und einer Frequenz von 50 Hz erreicht. Durch Erhöhung der Ausgangsfrequenz auf 87 Hz und der Ausgangsspannung auf 400 V kann die Drehzahl, bei konstantem Moment, um den Faktor 1,73 über die Nenndrehzahl hinaus gesteigert werden. Das bedeutet ebenfalls eine Leistungssteigerung des Motors in den Faktor 1,73 und eine Erweiterung des Steuerbereiches um den Faktor 1,73. Soll die Drehzahl noch weiter, z. B. auf 3000 min^{-1}, gesteigert werden, so muß das Motormoment selbstverständlich reduziert werden, da dann der Motor im Bereich der Feldschwächung betrieben wird.

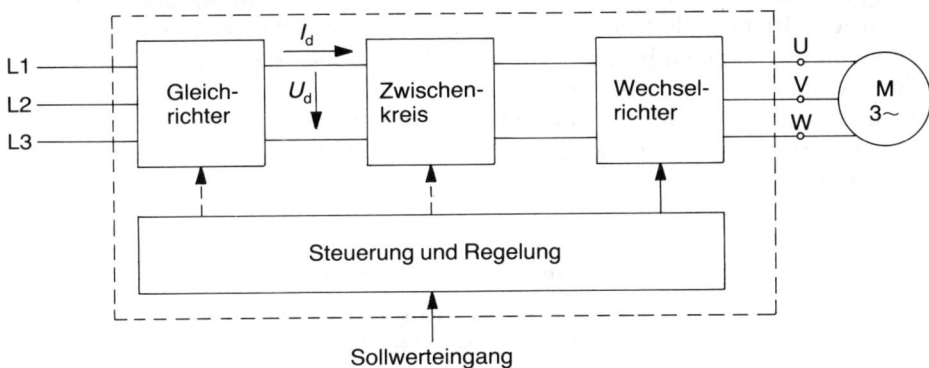

Bild 4.59 Prinzipschaltbild eines Zwischenkreisumrichters

4.7.2 Drehzahlverstellung mit Zwischenkreisumrichtern

Alle Zwischenkreisumrichter arbeiten nach folgendem Prinzip (Bild 4.59):

Ein Gleichrichter (gesteuert oder ungesteuert) wird an das Versorgungsnetz angeschlossen. Der Gleichrichter formt die Wechselspannung in eine Gleichspannung um. Die Gleichspannung wird über den Zwischenkreis dem Wechselrichter zugeführt, der diese wieder in eine 3phasige Wechselspannung mit variabler Frequenz umformt. Der Steuer- und Regelkreis steuert den Leistungsteil so, daß die Ausgangsspannung und die Ausgangsfrequenz zusammenpassen. Wie bereits erwähnt, muß sich die Ausgangsspannung proportional mit der Ausgangsfrequenz ändern, damit der Motor ein konstantes Drehmoment unabhängig von der Drehzahl abgeben kann.

Man kennt in der Praxis zwei Arten von Zwischenkreisumrichtern: die Spannungszwischenkreisumrichter und die Stromzwischenkreisumrichter. Der Spannungszwischenkreisumrichter ist durch eine eingeprägte Spannung und der Stromzwischenkreisumrichter durch einen eingeprägten Strom gekennzeichnet.

4.7.2.1 Spannungszwischenkreisumrichter (U-Umrichter)

Spannungszwischenkreisumrichter (Bild 4.60) bestehen netzseitig üblicherweise aus einer ungesteuerten Gleichrichterschaltung (B6- oder bei kleinen Leistungen B2-Schaltung).

Die Spannung im Gleichspannungszwischenkreis wird durch die Ladungsspeicherung entsprechend dimensionierter Kondensatoren geglättet (eingeprägte Spannung).

Der Wechselrichter hat die Aufgabe, die Zwischenkreisspannung in eine Drehspannung mit variabler Frequenz und ggf. mit variabler Spannung umzuwandeln. Da der Wechselrichter als Eingangsspannung mit einer Gleichspannung versorgt wird, müssen hier abschaltbare Leistungshalbleiter eingesetzt werden. Die Wechselrichter werden, bis zu Leistungen von über fünfhundert kVA und Ausgangsspannungen von 400 V, mit Leistungstransistoren ausgeführt. Bei noch größeren Leistungen wird auf GTO (*G*ate-*T*urn-*O*ff-Thyristoren (siehe Elektronikband) zurückgegriffen.

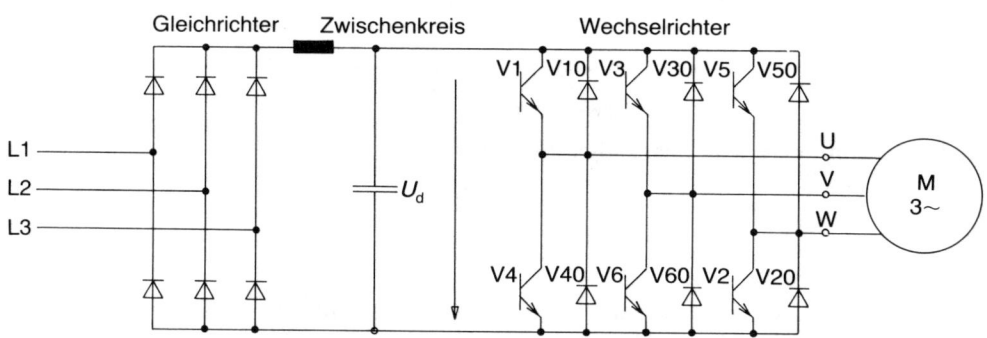

Bild 4.60   Leistungsteil eines Spannungszwischenkreisumrichters

Arbeitsweise des Wechselrichters

Wie bereits erwähnt, hat der Wechselrichter die Aufgabe, die konstante Zwischenkreisspannung in eine Drehspannung mit variabler Frequenz umzuwandeln. Außerdem muß die Ausgangsspannung der Ausgangsfrequenz des Umrichters angepaßt werden; dies wird bei modernen Umrichtern ebenfalls vom Wechselrichter übernommen.

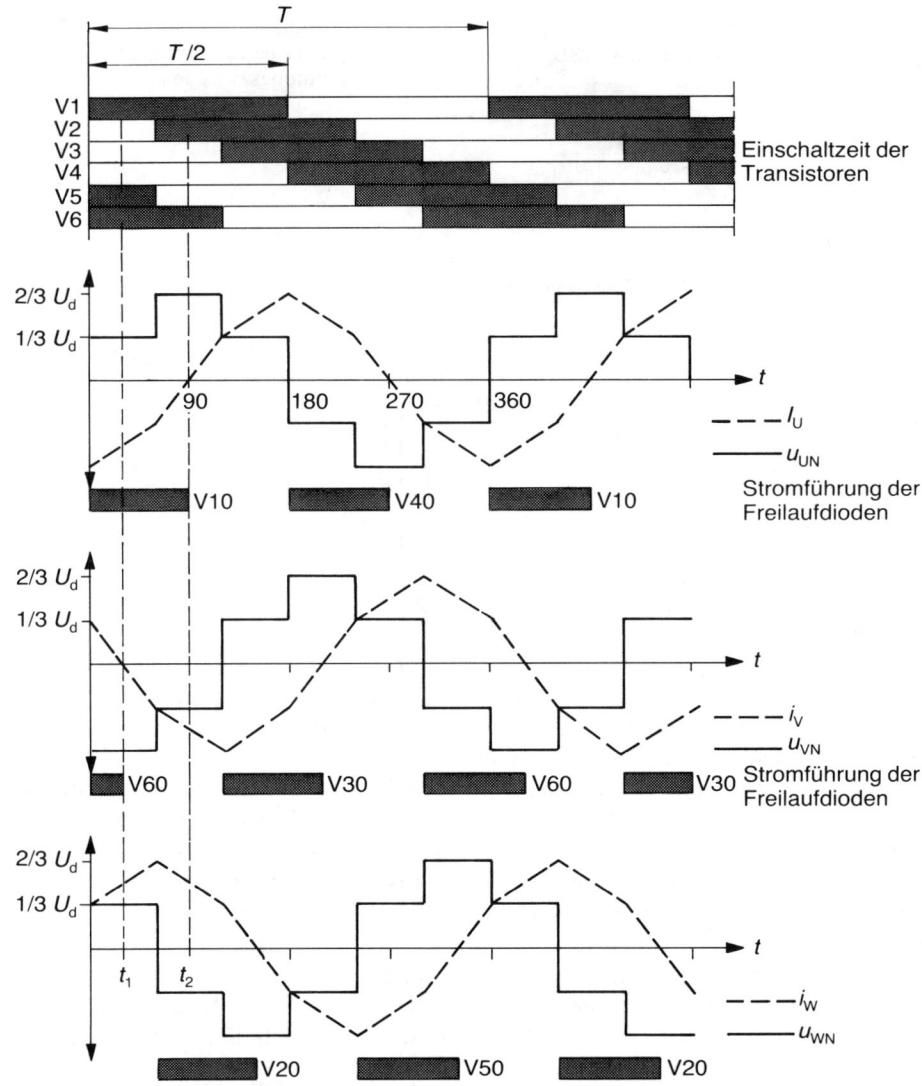

Bild 4.61 Liniendiagramme der Ausgangsspannung und des Ausgangsstromes eines Span-nungszwischenkreisumrichters (induktive Last)

Es soll zunächst einmal beschrieben werden, wie die Umformung der Zwischenkreisspannung in eine Drehspannung mit variabler Frequenz erfolgt.

Die Steuerelektronik erzeugt ein Impulsmuster, wie in Bild 4.61 dargestellt. Das Impulsmuster ist so angelegt, daß die Leistungstransistoren im Abstand von 60° angesteuert werden und über 180° eingeschaltet sind. Daraus folgt, daß in jedem Augenblick drei Transistoren angesteuert sind.

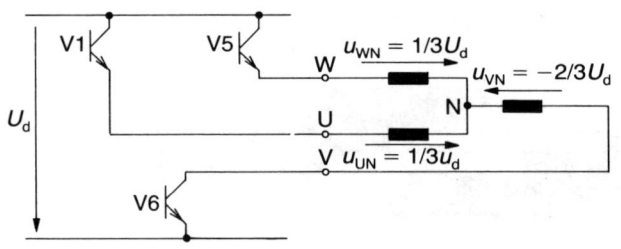

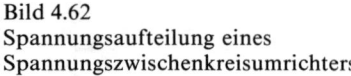

Bild 4.62
Spannungsaufteilung eines
Spannungszwischenkreisumrichters

Spannungsaufteilung zum Zeitpunkt t_1

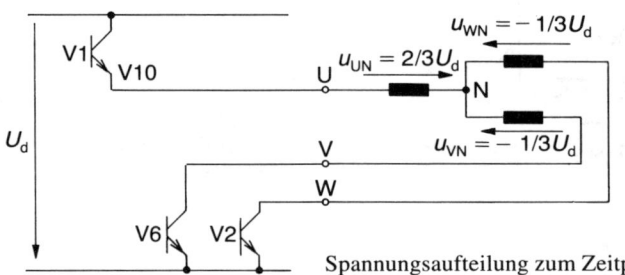

Spannungsaufteilung zum Zeitpunkt t_2

Betrachtet man z. B. die Schaltung (Last in Sternschaltung) im Augenblick t_1, so leiten die Transistoren V1, V5 und V6. Unter Vernachlässigung der Spannungsfälle an den Transistoren ergeben sich folgende Ausgangsspannungen (Bild 4.62): $u_{UN} = 1/3\ U_d$, $u_{VN} = -2/3\ U_d$, $u_{WN} = 1/3\ U_d$.

Im Augenblick t_2 leiten die Transistoren V1, V2 und V6. Die Spannungsaufteilung beträgt nun: $u_{UN} = 2/3\ U_d$, $u_{VN} = -1/3\ U_d$, $u_{WN} = -1/3\ U_d$. Insgesamt gesehen entstehen also drei treppenförmige Ausgangsspannungen, wie in Bild 4.61 dargestellt. Wird die Ansteuerfrequenz der Transistoren verringert, so verändert sich ebenfalls die Ausgangsfrequenz der Ausgangsspannung.

Durch die netzseitige Gleichrichterschaltung des Umrichters nimmt der Umrichter vom Netz fast reine Wirkleistung auf. Da ein Drehstrommotor als Last jedoch Blindleistung benötigt, ist die Frage zu klären, woher der Motor seine Blindleistung bezieht. Die im Bild dargestellten Ströme gelten deshalb für einen idealen induktiven Verbraucher, Wirkleistung gleich Null!

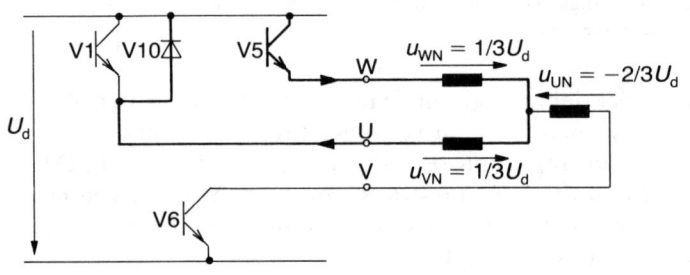

Bild 4.63
Stromfluß zum Zeitpunkt t_1

In Bild 4.61 ist zu erkennen, daß im Augenblick t_1 der Strom i_u negativ und der Strom i_w positiv ist, während der Strom i_v null ist. In Bild 4.63 sind die Augenblickswerte dieser Ströme eingezeichnet. Der Transistor V1 kann natürlich keinen negativen Strom aufnehmen, deshalb fließt in dem Zeitpunkt der Strom über die Freilaufdiode V10. In Bild 4.61 sind die Leitphasen der Freilaufdioden mit angegeben. Die Ladungsträgerspeicherung des Kondensators und die Freilaufdioden parallel zu den Leistungstransistoren ermöglichen also den Anschluß eines Blindleistungsverbrauchers an den Wechselrichter.

Die Erzeugung einer variablen Ausgangsspannung erfolgt bei den modernen Umrichtern ebenfalls durch den Wechselrichter. Durch mehrmaliges Ein- und Ausschalten der Transistoren während ihrer Leitphase kann der Effektivwert der Ausgangsspannung entsprechend dem Impuls-Pausen-Verhältnis stetig verringert werden. Das Impuls-Pausen-Verhältnis wird dabei so gewählt, daß sich im Motor ein möglichst sinusförmiger Strom einstellt (Bild 4.64). Man nennt dieses Verfahren «sinusförmige Pulsbreitenmodulation». Umrichter, die nach diesem Verfahren arbeiten, heißen *Pulsumrichter*. Je niedriger die Ausgangsfrequenz des Um-

Bild 4.64
Außenleiterspannungen
eines Pulsumrichters bei
verschiedenen Frequenzen

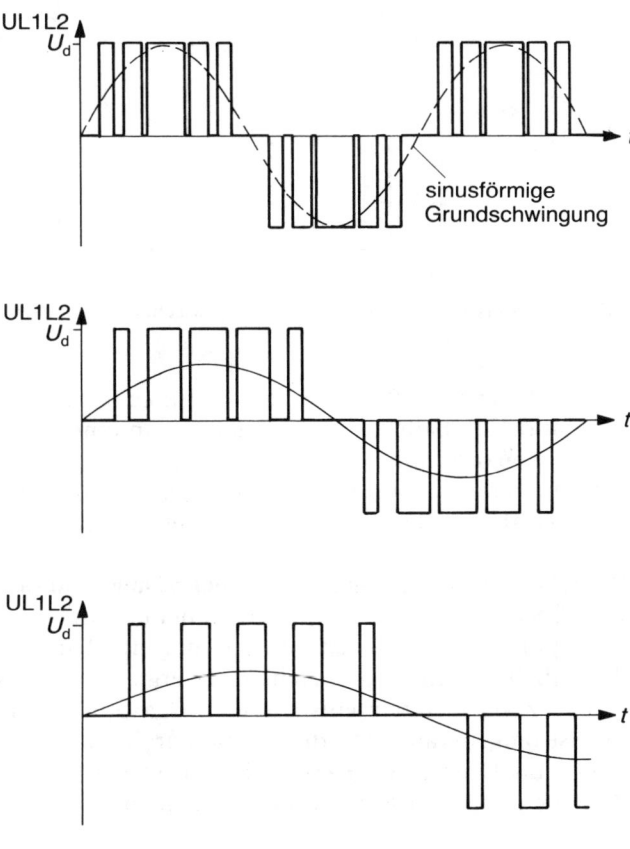

255

richters ist, desto größer werden die Pausenzeiten bei kleiner werdenden Impulszeiten. Die Modulationsfrequenzen betragen einige hundert Hertz bis zu einigen Kilohertz. Obwohl die Modulationsverfahren so weit verfeinert sind, daß sich im Motor ein möglichst oberschwingungsarmer sinusförmiger Strom ausbildet, verursacht das Modulationsverfahren Motorgeräusche. Bei Umrichtern kleiner Leistungen – bis zu einigen Kilowatt – wird deshalb mit Modulationsfrequenzen von über zwanzig Kilohertz gearbeitet. Die daraus resultierenden höherfrequenten Motorgeräusche sind für das menschliche Ohr nicht mehr wahrnehmbar. Allerdings steigen mit größer werdenden Modulationsfrequenzen auch die Schaltverluste der Leistungstransistoren, d. h., der Wirkungsgrad des Umrichters sinkt.

Eine andere Möglichkeit zur Erzeugung einer variablen Ausgangsspannung besteht darin, die Zwischenkreisspannung mit einem Gleichstromsteller (sog. «Chopper») zu verändern (Bild 4.65).

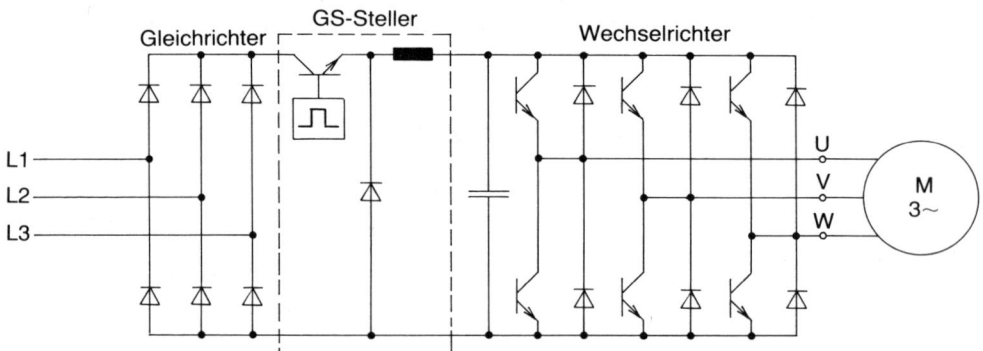

Bild 4.65   Leistungsteil eines Spannungszwischenkreisumrichters mit Gleichstromsteller

Dem Wechselrichter wird also im Eingang bereits eine veränderbare Spannung zugeführt. Deshalb ist die Ausgangsspannung bei niedrigen Frequenzen durch eine kleine, bei hohen Frequenzen durch eine entsprechend größere Amplitude gekennzeichnet – pulsamplitudenmoduliert (Bild 4.66). Umrichter, die nach diesem Verfahren arbeiten, werden häufig als *Chopperumrichter* bezeichnet.

Bremsbetrieb bei Spannungszwischenkreisumrichtern
Der Wechselrichter kann Energie in beiden Richtungen führen. Das bedeutet, bei einer plötzlichen Frequenzverringerung des Umrichters würde der Motor die in der Arbeitsmaschine gespeicherte Energie in elektrische Energie umformen und in den Zwischenkreis einspeisen. Der Motor arbeitet also im Bremsbetrieb als Drehstromgenerator. Da die Bremsenergie nicht ohne weiteres über den Gleichrichter ins Drehstromnetz zurückgespeist werden kann, muß der Kondensator im Zwischenkreis den Bremsstrom aufnehmen. Die Spannung am Kondensator und

Bild 4.66
Außenleiterspannungen eines
Chopperumrichters bei
verschiedenen Frequenzen

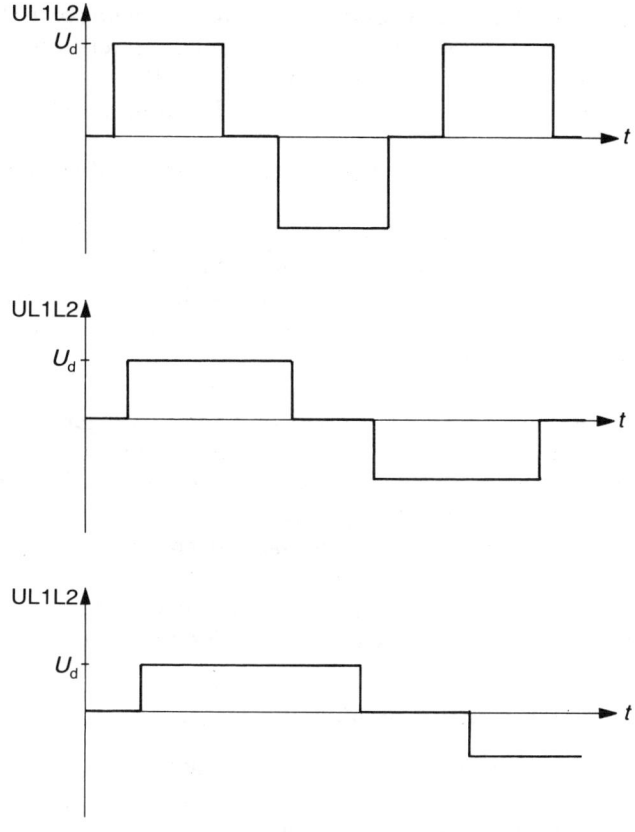

damit die Spannung im Zwischenkreis steigt. Natürlich darf die Zwischenkreisspannung einen bestimmten Grenzwert nicht überschreiten, deshalb wird die
Größe der Zwischenkreisspannung überwacht, und beim Ansprechen eines
Grenzwertes wird der Wechselrichter gesperrt. Der Bremsvorgang ist unterbrochen. Erst wenn die Zwischenkreisspannung auf einen zulässigen Wert gesunken
ist, kann der Wechselrichter wieder freigegeben werden. Dies führt zu einem
Bremsvorgang mit schlechter Dynamik (Stotterbremsen). Bei Antrieben mit erhöhten dynamischen Anforderungen besteht die Möglichkeit, einen zusätzlichen
Bremswiderstand in den Zwischenkreis zu schalten. Dieser Widerstand nimmt
dann die Bremsenergie auf und verhindert ein unzulässiges Ansteigen der Zwischenkreisspannung. Eine Steuerung im Umrichter sorgt dafür, daß der Widerstand nur dann zugeschaltet wird, wenn generatorischer Betrieb vorliegt.

Direkt ins Drehstromnetz kann nur dann zurückgespeist werden, wenn dem
Eingangsgleichrichter zusätzlich ein gesteuerter Gleichrichter antiparallelgeschal-
tet wird.

Eigenschaften und Einsatzgebiete von Spannungszwischenkreisumrichtern

Der Umrichterwirkungsgrad liegt bei Nennleistung zwischen 94 % bis 98 %.

Der Drehzahlsteuerbereich beträgt 1:1000.

Es werden Umrichter mit einer Leistungspalette von ca. 1 kVA bis zu einigen MVA angeboten.

Der Ausgang des Wechselrichters ist bei den meisten Herstellern kurzschlußsicher.

Es lassen sich problemlos Normmotoren betreiben.

Parallelbetrieb von Motoren ist ohne Einschränkungen möglich. Die Umrichter belasten das Netz kaum mit Oberwellen. Der Leistungsfaktor ist drehzahlunabhängig und liegt fast bei 1. Energierückspeisung ins Drehstromnetz ist nicht ohne weiteres möglich.

Spannungszwischenkreisumrichter werden beispielsweise eingesetzt an:

- ☐ Ventilatoren in Belüftungs- und Klimaanlagen,
- ☐ Zentrifugalpumpen in Wasserversorgungsanlagen,
- ☐ Kompressoren, Rührwerke, Extrudern und Dosierpumpen in der chemischen und Nahrungsmittelindustrie,
- ☐ Fördereinrichtungen, Verpackungsmaschinen in Fertigungs- und Transportsystemen,
- ☐ Dreh-, Fräs- und Holzbearbeitungsmaschinen in der Werkzeugindustrie,
- ☐ Textil- und Druckmaschinen in der Textil- und Papierindustrie.

4.7.2.2 Stromzwischenkreisumrichter (I-Umrichter)

Der Leistungsteil (Bild 4.67) von Stromzwischenkreisumrichtern besteht netzseitig aus einer gesteuerten Gleichrichterschaltung (B6C-Schaltung). Die Zwischenkreisspannung $U_{d\alpha}$ ist damit variabel.

Wie bereits erwähnt, arbeitet der Stromzwischenkreisumrichter mit einem eingeprägten Strom, deshalb wird der Strom $I_{d\alpha}$ im Zwischenkreis mit einer entsprechend dimensionierten Zwischenkreisdrossel geglättet (Bild 4.68) und dem Motor je nach Belastungszustand eingeprägt.

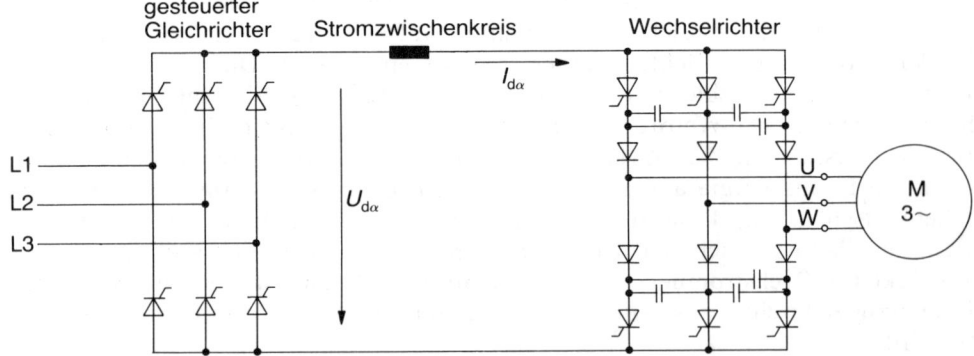

Bild 4.67   Leistungsteil eines Stromzwischenkreisumrichters

Bild 4.68
Schaltschrank eines I-Umrichters,
$S = 480\,\text{kVA}$ (Werkfoto: Siemens)

Arbeitsweise des Wechselrichters
Der Wechselrichter besteht aus Thyristoren. Die Thyristoren schalten den Zwi-schenkreisstrom auf je zwei Wicklungsstränge des angeschlossenen Drehstrom-motors drehfeld- und momentenbildend weiter (Bild 4.69). Die Kondensatoren enthalten die zum Ausschalten der Thyristoren notwendige Energie. Das bedeu-tet: Der Thyristor in einer Phase schaltet automatisch aus, wenn ein Thyristor in der folgenden Phase eingeschaltet wird. Die Dioden verhindern eine Entladung der Kondensatoren durch die angeschlossene Last. In Bild 4.69 ist außerdem noch (innerhalb des Kreises) die Wicklungsdurchflutung über eine Polteilung dar-gestellt.

Im einzelnen ist die Kommutierung von Thyristor V5 nach Thyristor V3 in Bild 4.70 dargestellt. Dabei wird zunächst von einem Strom über den Thyristoren V5 und V4 sowie die Dioden V50 und V40 ausgegangen. Die Kondensatoren sind auf die in Bild 4.70 angegebene Polarität geladen.

259

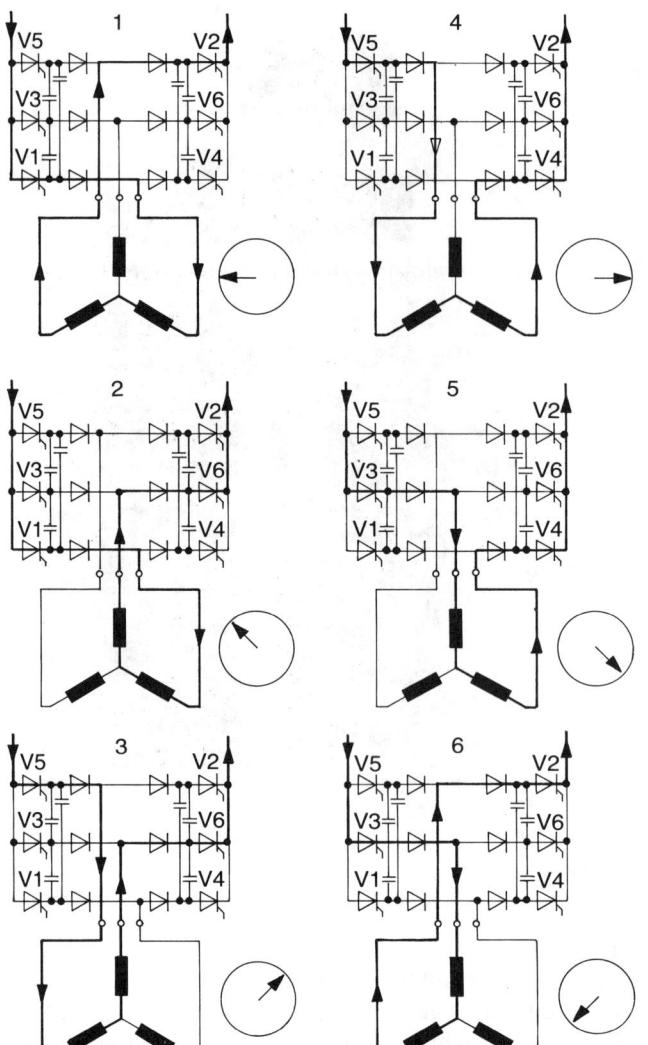

Wird nun der Thyristor V3 eingeschaltet, bewirkt die Ladungsspeicherung des Kondensators C5 ein rasches Löschen des Thyristors V5, gleichzeitig fließt der Laststrom auf die Beläge der Kondensatoren C5, C3 und C1 sowie durch die Diode V50. Dabei wird der Kondensator C5 umgeladen, während der Kondensator C3, der vorher keine Ladungsträger gespeichert hatte, aufgeladen und der Kondensator C1 entladen wird. Bei vollständiger Entladung des Kondensators C1 haben sich die Kondensatoren C5 und C3 so weit aufgeladen, daß nun der vom Zwischenkreis eingeprägte Strom von der Diode V30 übernommen wird. Der Kommutierungsvorgang von V5 nach V3 ist damit abgeschlossen.

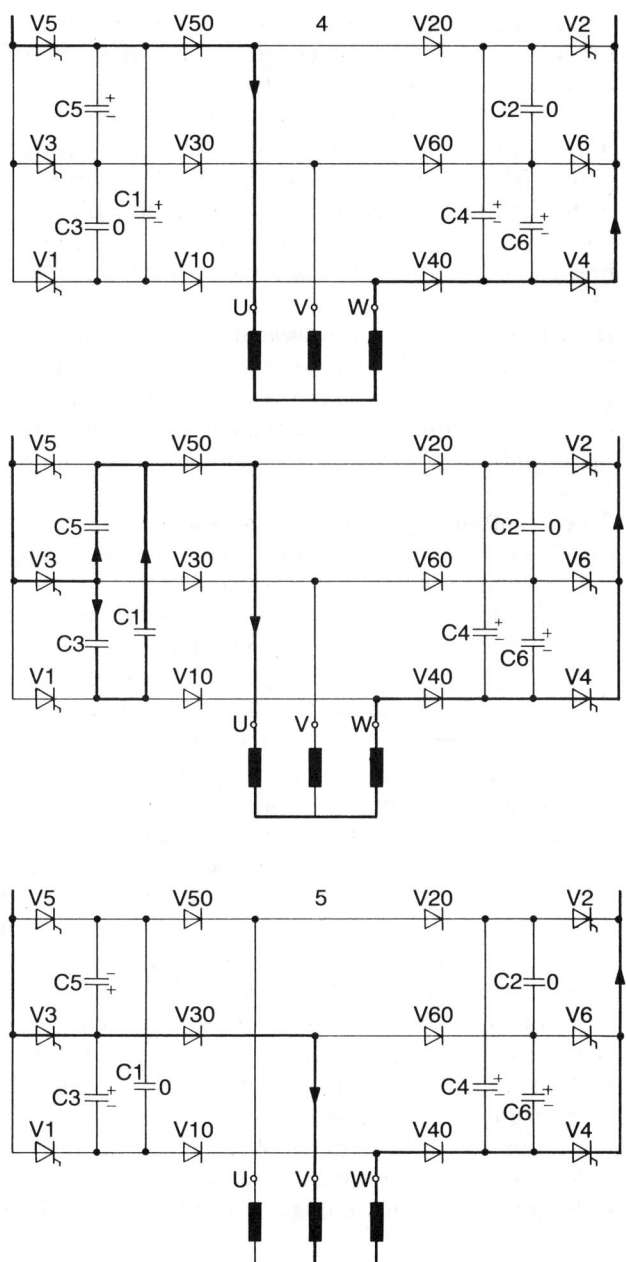

Bild 4.70
Kommutierungsvorgang
von V5 nach V3

261

Der angeschlossene Motor wird durch den Wechselrichter mit annähernd blockförmigen Strömen gespeist, wobei in der Ständerwicklung eine nahezu sinusförmige Spannung induziert wird.

Die annähernd blockförmigen Ströme führen aufgrund ihrer Oberwellen zu einem Geräuschpegel der sechsfachen Netzfrequenz, d. h. bei einer Netzfrequenz von 50 Hz zu einer Frequenz des Geräuschpegels von 300 Hz. Dieser gegenüber dem Spannungszwischenkreisumrichtern niederfrequente Geräuschpegel wird vom menschlichen Ohr angenehmer empfunden als der Geräuschpegel von pulsbreitenmodulierten Spannungszwischenkreisumrichtern.

Bremsbetrieb bei Stromzwischenkreisumrichtern
Sowohl der maschinenseitige Wechselrichter als auch der netzseitige vollgesteuerte Gleichrichter können Energie in beiden Richtungen führen (Abschnitt 4.2.2.3), deshalb ist ein Bremsbetrieb mit Energierückspeisung ins Netz (Mehrquadrantbetrieb) ohne Zusatzaufwand möglich.

Eigenschaften und Einsatzgebiete von Stromzwischenkreisumrichtern
Der Umrichterwirkungsgrad liegt bei Nennleistung zwischen 94% bis 98%.
Der Frequenzstellbereich beträgt 1 : 10.
Es werden Umrichter im Leistungsbereich von ca. 50 kVA bis ca. 4 MVA angeboten. Im angebotenen Leistungsbereich ist der Stromzwischenkreisumrichter preiswerter als der Spannungszwischenkreisumrichter.
Es lassen sich problemlos Normmotoren betreiben. Da die ordnungsgemäße Kommutierung des Wechselrichters vom Laststrom abhängig ist, ist ein Parallelbetrieb von Motoren nur mit Einschränkungen möglich; die zu Antriebsgruppen zusammengeschalteten Motoren müssen annähernd die gleiche Leistung aufweisen und dürfen betriebsmäßig nicht vom Umrichter getrennt werden.
Der Umrichter ist nur bedingt «leerlauffest».
Der Leistungsfaktor ist steuerwinkelabhängig (Abschnitt 4.2.6).
Vierquadrantantrieb ohne Zusatzaufwand ist möglich.
Stromzwischenkreisumrichter werden eingesetzt an:
- Ventilatoren in der Klimatechnik, in Verbrennungsanlagen und in Kraftwerken,
- Pumpen zur Wasserversorgung in Kläranlagen,
- Kompressoren und Verdichter in der Chemie und Klimatechnik,
- Zentrifugen und Rührwerken, Schnecken und Extrudern in der Chemie- und Nahrungsmittelindustrie,
- Fräsen und Pressen in der Werkzeugmaschinenindustrie,
- Verbrennungsmotorenprüfstände,
- Fahrwerke von Krananlagen und Fördermaschinen im Bergbau.

262

4.7.2.3 Stromrichtermotor

Der Leistungsteil ist ähnlich dem Stromzwischenkreisumrichter aufgebaut (Bild 4.71). Jedoch besitzt der maschinenseitige Stromrichter keine Löschkondensatoren.

Der Antriebsmotor besteht üblicherweise aus einer bürstenlos erregten Drehstromsynchronmaschine.

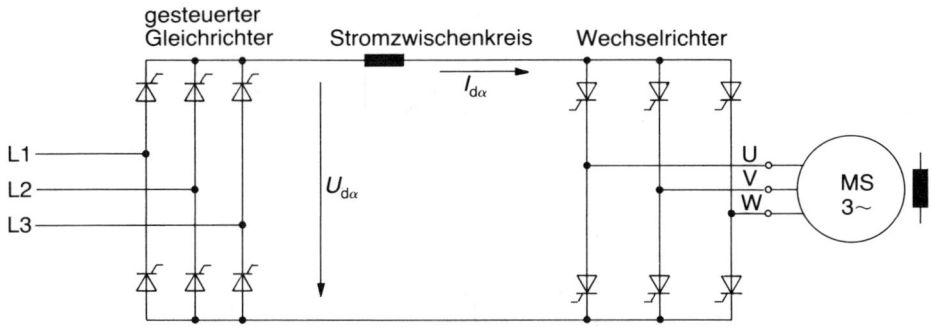

Bild 4.71   Leistungsteil Stromrichtermotor

Wirkungsweise

Über die Aussteuerung des netzseitigen Stromrichters wird dem Zwischenkreis ein dem Belastungsgrad der Maschine entsprechender Strom eingeprägt. Die Thyristoren des maschinenseitigen Stromrichters haben die Aufgabe, den Zwischenkreisstrom zyklisch (drehfeldbildend) auf die Ständerwicklung der Synchronmaschine weiterzuschalten (Bild 4.72). Damit ergibt sich ein Betriebsverhalten ähnlich dem Gleichstromantrieb (Gleichstromantrieb mit «elektronischer Kommutierung»).

Der maschinenseitige Stromrichter wird von der Maschine getaktet und geführt. Takten bedeutet, den für die nächste Kommutierung zuständigen Thyristor dann zu zünden, wenn der Läufer die Synchronmaschine so weit gedreht hat, daß die optimale Stellung für das Weiterschalten des Zwischenkreisstromes auf den Strang der Ständerwicklung erreicht ist. Hierfür muß die Steuer- und Regelungselektronik wissen, in welcher Stellung sich der Läufer befindet. Diese Abfrage kann über optoelektronische oder nach dem Hallprinzip arbeitende Rotorlagegeber erfaßt werden. Bei rechnergesteuerten Antrieben kann die Rotorlage auch aus den Maschinengrößen ermittelt werden.

Die Kommutierung, d. h. das Zünden des nächstfolgenden Thyristors und Löschen des vorher stromführenden Thyristors, erfolgt ohne Löschkondensatoren des maschinenseitigen Stromrichters.

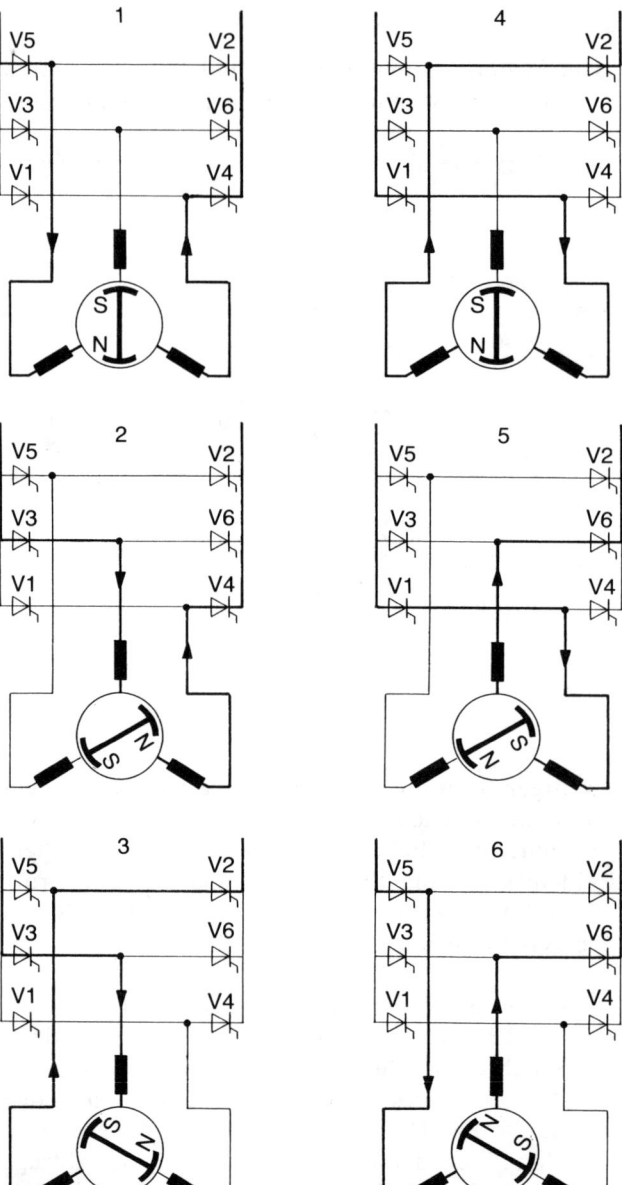

Bild 4.72
Schaltungszustände des
maschinenseitigen
Stromrichters

Beim Zünden des Folgethyristors fließt in der Synchronmaschine ein Kommutierungsstrom, der den vorher stromführenden Thyristor löscht. Diese Art der Kommutierung heißt Maschinenkommutierung.

Im Anfahrbereich – von 0 bis etwa 0,08 n_{nenn} – reicht die Klemmenspannung der Synchronmaschine nicht aus, um eine sichere Kommutierung zu gewährleisten. Für diesen Bereich kann die Zwischenkreistaktung gewählt werden; dabei erfolgt die Aussteuerung des netzseitigen Stromrichters so, daß der Zwischenkreisstrom periodisch zum Lücken gebracht wird, indem der netzseitige Stromrichter kurzzeitig in den netzgeführten Wechselrichterbetrieb gesteuert wird. Bei jedem Stromnulldurchgang erlangen die beiden stromführenden Thyristoren des maschinenseitigen Stromrichters die Sperrfähigkeit. Anschließend werden wieder zwei Thyristoren angesteuert.

Erregereinrichtung

Die Ständerwicklung der Erregermaschine ist an das Drehstromnetz angeschlossen.

Die im Läufer der Erregermaschine induzierte Drehspannung wird mit rotierenden Gleichrichtern dem Läufer schleifringlos (wartungsfrei) zugeführt (RG-Erregung). Damit auch bei kleinen Drehzahlen der Erregerfluß nicht abnimmt, wird die Erregermaschine als Gegendrehfeldmaschine betrieben. Um zu vermeiden, daß wegen des Gegendrehfeldes die Erregung zu sehr in die Sättigung getrieben wird, ist zwischen dem Drehstromnetz und der Ständerwicklung der Erregermaschine noch ein Drehstromsteller geschaltet, über den der Erregerfluß geregelt bzw. konstant gehalten werden kann.

Einsatzgebiete und Eigenschaften

Der Umrichterwirkungsgrad liegt bei Nennleistung zwischen 95% bis 98%.
Der Drehzahlstellbereich beträgt 1:50.
Es werden Antriebsleistungen im Bereich 1 MW bis 40 MW realisiert.
Vierquadrantantrieb ist ohne Mehraufwand möglich.
Stromrichtermotoren werden eingesetzt mit Nenndrehzahlen zwischen 3000 min^{-1} und 7000 min^{-1}, z. B. für Turboverdichter, getriebelose Kreiselpumpen, Kompressoren usw.

4.7.2.4 Direktumrichter

Der Direktumrichter arbeitet ohne Zwischenkreis. Der Leistungsteil besteht aus drei Umkehrstromrichtern, wobei der einzelne Umkehrstromrichter wieder aus zwei Teilstromrichtern besteht (Bild 4.73).

Wirkungsweise

Der Direktumrichter formt das netzseitige Drehstromsystem konstanter Frequenz und Spannung durch Phasenanschnittsteuerung im direkten Vorgang in ein

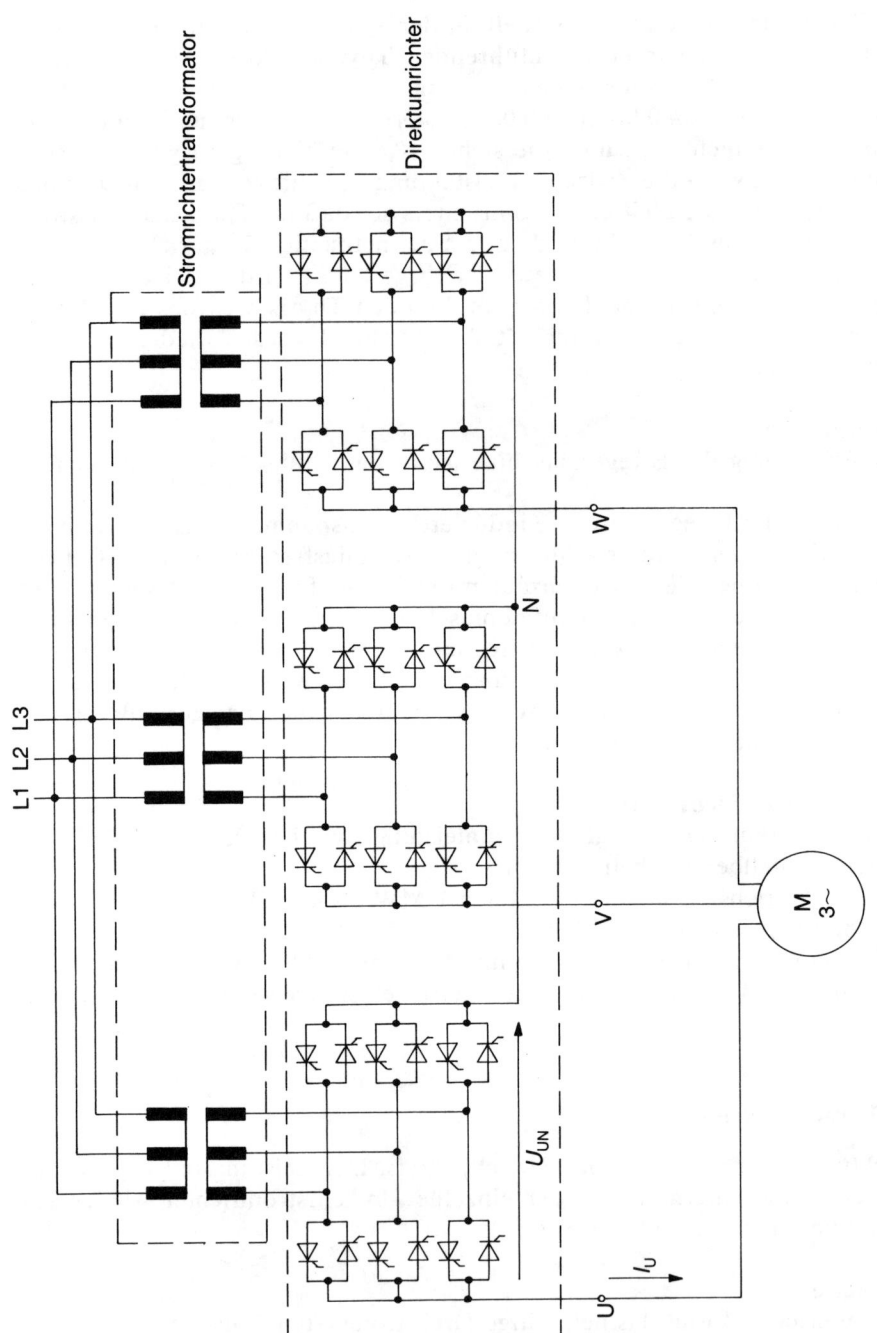

Bild 4.73 Direktumrichter mit dreiphasigem Ausgang

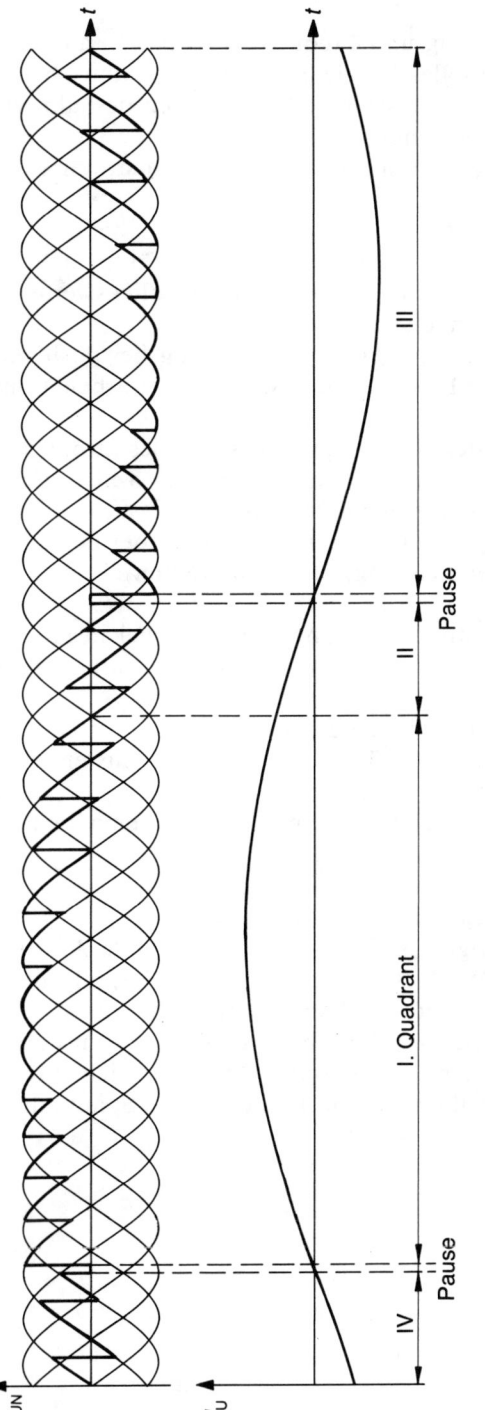

Bild 4.74 Spannungs- und Stromverlauf am Direktumrichter

System variabler Spannung und Frequenz um. Das Verfahren zur Steuerung der Thyristoren ist dabei das gleiche wie bei Gleichstromantrieben (Bild 4.74). Zur Erzeugung eines 3-Phasen-Drehstromsystems werden deshalb, wie bereits erwähnt, drei Umkehrstromrichter benötigt.

Dabei ist die Arbeitsweise des einzelnen Umkehrstromrichters in folgende Abschnitte aufgeteilt:

□ Erzeugung einer positiven Ausgangsspannung; dabei erfolgt die Steuerung des Stromrichters so, daß sich ein möglichst sinusförmiger Strom einstellt. Strom und Spannung sind positiv (positive Augenblickswerte der Leistung), der Stromrichter arbeitet im ersten Quadranten;

□ Erzeugung einer negativen Ausgangsspannung bei positivem Strom (negative Augenblickswerte der Leistung), der Stromrichter arbeitet im zweiten Quadranten;

□ in dem Moment, in dem der Augenblickswert des Stromes null ist, muß innerhalb des Umkehrstromrichters auf den zweiten Teilstromrichter umgeschaltet werden, deshalb entsteht eine kurze Umschaltpause;

□ Erzeugung einer negativen Ausgangsspannung bei negativem Strom (positive Augenblickswerte der Leistung), der Stromrichter arbeitet im dritten Quadranten;

□ Erzeugung einer positiven Ausgangsspannung bei negativem Strom (negative Augenblickswerte der Leistung), der Stromrichter arbeitet im vierten Quadranten;

□ in dem Moment, in dem der Augenblickswert des Stromes null ist, erfolgt eine Umschaltung auf den ersten Teilstromrichter, es entsteht eine kleine Umschaltpause.

Die Ausgangsfrequenz des Direktumrichters kann maximal etwa 50% der Netzfrequenz betragen.

Einsatzgebiete und Eigenschaften

Der Direktumrichter eignet sich für langsamlaufende Antriebe im Leistungsbereich 1 MW bis 22 MW. Z. B. werden mit einer vierpoligen Drehstrommaschine Betriebsdrehzahlen bis etwa $n = 700$ min^{-1} erreicht.

Der Umrichterwirkungsgrad liegt bei Nennleistung im Bereich 95% bis 98%.

Die Ausgangsströme sind im gesamten Arbeitsbereich einer Sinusform angenähert, die schnelle Einstellbarkeit von Frequenz und Spannung geben dem Antrieb eine gute Dynamik.

Tabelle 4.2

	Umrichter mit Zwischenkreis		Direktumrichter f_1 = konst.
	Spannungszwischenkreisumrichter	Stromzwischenkreisumrichter	
Leistungsbereich	ca. 1 kVA bis einige MVA	ca. 20 kVA bis einige zehn MVA	ca. 100 kVA bis einige = MVA
Drehzahlstellbereich	1:100 (1:1000)	1:10	1:100
Antriebsmotor	DS-Synchron/ DS-Käfigläufermotor (Normmotor)	DS-Käfigläufermotor (Normmotor) DS-Synchronmotor (Stromrichtermotor)	DS-Synchron/DS-Käfigläufermotor (Normmotor)
Anwendungs-schwerpunkte	Einzel-, Gruppen- und Mehrmotorenantriebe	Einzelantriebe	langsam laufende Einzelantriebe
Betriebsart	zwei Drehrichtungen, Treiben	zwei Drehrichtungen, Treiben und Bremsen	zwei Drehrichtungen Treiben und Bremsen
Typische Merkmale	großer Steuerbereich, sehr guter Netzleistungsfaktor gute Regeldynamik	geringer Stromrichteraufwand, hohes Anfahrmoment gute Motorenausnutzung	gute Regeldynamik, wirtschaftlich bei großen Leistungen und niedrigen Drehzahlen

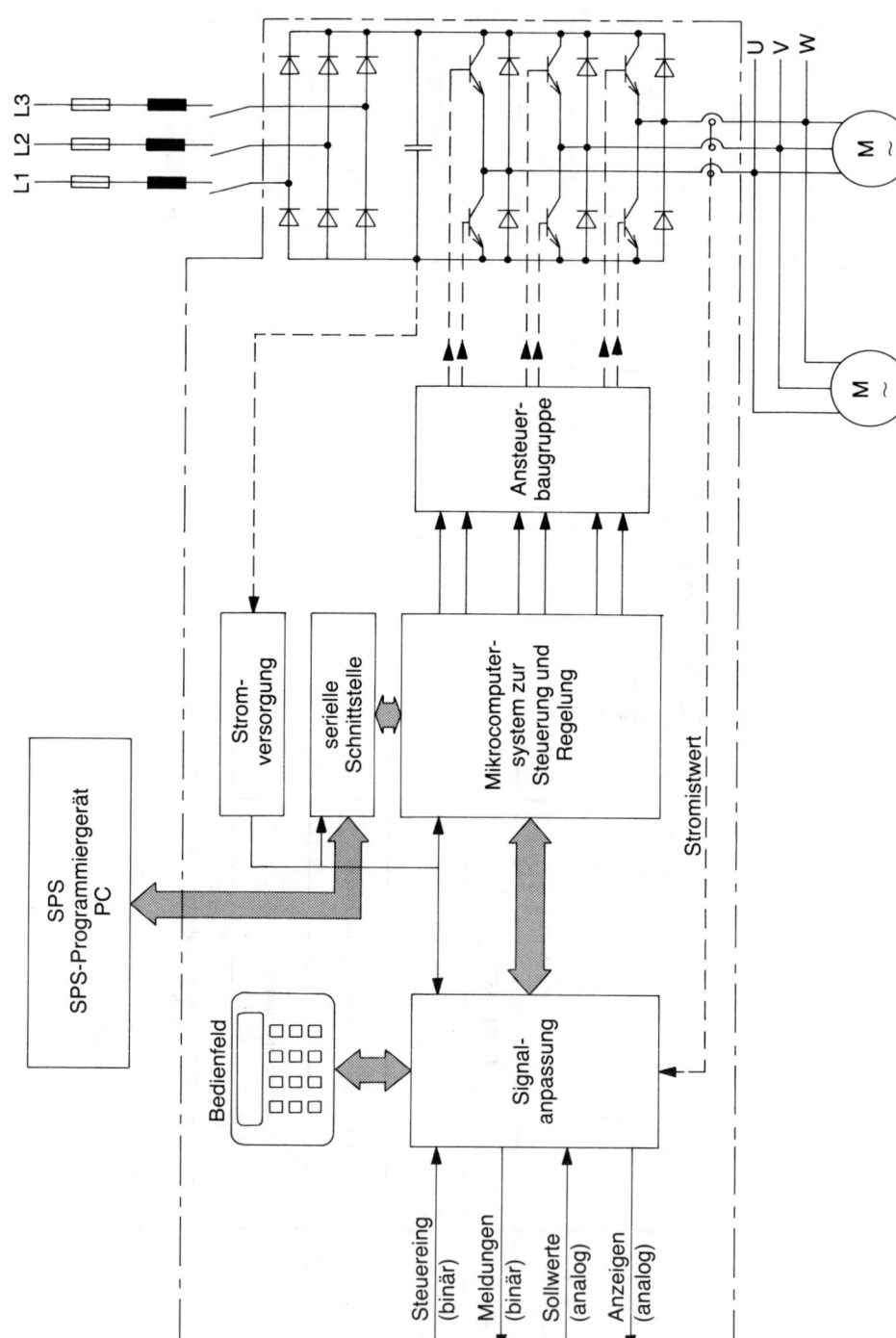

Bild 4.75   Prinzipieller Aufbau eines digitalisierten Frequenzumrichters

4.8 Entwicklungstendenzen in der Leistungselektronik

Der Vorteil eines regelbaren Gleichstromantriebssystems gegenüber einem regelbaren Drehstromantriebssystem ist die hohe Dynamik sowie die einfache Regelung. Der Hauptnachteil eines Gleichstrommotors liegt in der Stromwendung. Damit ergeben sich Probleme der regelmäßigen Wartung sowie Einsatzbeschränkungen in explosibler oder korrosiver Umgebung. Diese Nachteile besitzt der Drehstromantrieb nicht. Dafür sind die Steuerung und die Regelung eines Drehstrommotors wesentlich komplexer als die eines Gleichstrommotors. Heute stagniert das Marktvolumen von Gleichstromantrieben, während dasjenige von regelbaren Drehstrommotoren hohe Wachstumsraten aufweist.

Die Gründe für diese Entwicklung sind sicher in der Einführung moderner Leistungshalbleiter und der konsequenten Nutzung der Mikroprozessortechnik zu suchen.

4.8.1 Digitale Steuerung und Regelung

Steuer- und Regelkreise von Gleichstromantriebssystemen als auch von Frequenzumrichtern werden heute digitalisiert, d. h. mit Hilfe von Mikrocomputern realisiert. In Bild 4.75 ist beispielhaft der prinzipielle Aufbau eines digitalisierten Frequenzumrichters dargestellt.

Die Mikroprozessortechnik bietet gegenüber der analogen Technik den Vorteil einer höheren Genauigkeit des Einstellens und Reproduzierens von Soll- und Istwerten. Regelgrößen werden nicht mehr über Potentiometer justiert, sondern über Parameter eingestellt. Üblich ist bei Geräten folgender Handhabungskomfort:

☐ Sollwerte, Hochlauf- und Rücklaufzeiten; Drehmomentenbegrenzung und Spannungsfrequenzkennlinien können per Parameter vorgegeben werden;
☐ Selbstoptimierung der Antriebsregelung, d. h. selbständiges Einstellen aller Regelparameter (wie Proportionalverstärkung, Nachstellzeit usw.) über ein automatisch ablaufendes Testprogramm;
☐ Ausblendmöglichkeit bestimmter Drehzahlbereiche zur Vermeidung von mechanischen Resonanzerscheinungen;
☐ Einbindung über genormte serielle Schnittstellen in Automatisierungssystemen.

4.8.2 Einbindung von Antriebssystemen in übergeordneten Automatisierungssystemen

Wie bereits in Abschnitt 4.8.1 erwähnt, verfügen digitalisierte Stromrichter und Frequenzumrichter häufig über genormte serielle Schnittstellen.

Über diese seriellen Schnittstellen können alle Sollwertvorgaben, Istwerte, Betriebswerte, Steuerbefehle und Diagnoseinformationen übertragen werden (serielle Buskopplung). Mit handelsüblichen PCs läßt sich eine einfache, maskenge-

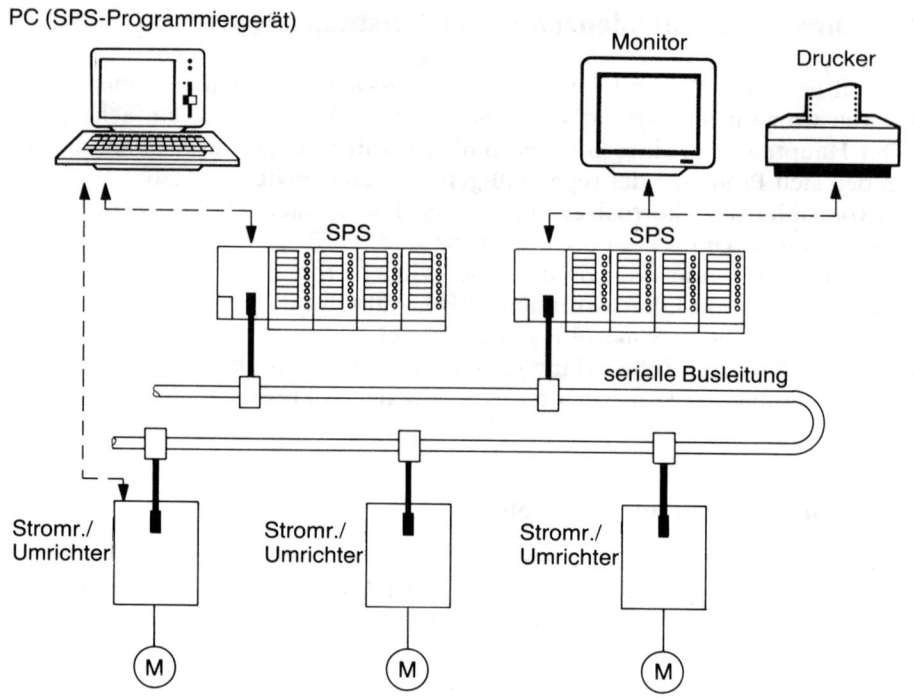

PC (SPS-Programmiergerät)

Monitor

Drucker

SPS

SPS

serielle Busleitung

Stromr./
Umrichter

Stromr./
Umrichter

Stromr./
Umrichter

M

M

M

Bild 4.76   Serielle Buskopplung

führte Bedienung der Umrichter darstellen. Darüber hinaus besteht die Möglichkeit, die Betriebsdaten und deren Dokumentation mit einem Drucker darzustellen oder mit einem Monitor zu beobachten (Bild 4.76).

Üblich sind z. B. folgende Schnittstellen:

□ TTY (20 mA) Schnittstelle als Punkt-zu-Punkt-Verbindung, z. B. zum Anschluß eines PCs oder Bildschirmprogrammiergerätes,

□ RS 232C (V24) Schnittstelle als Punkt-zu-Punkt-Verbindung, z. B. zum Anschluß eines handelsüblichen PCs,

□ serielle Busschnittstelle zur Vernetzung mehrerer Stromrichter bzw. Umrichter mit übergeordneten Automatisierungssystemen, z. B. SPS.

Über ein serielles Bussystem können Daten zwischen den am Bus angeschlossenen Geräten (Teilnehmern) ausgetauscht werden. Hierfür ist nur eine einzige Leitung notwendig. Die verschiedenen Informationen werden dabei zeitlich hintereinander (seriell) übertragen.

Damit eignet sich ein Bussystem z. B. für folgende Aufgaben:

□ Um den Anlauf der einzelnen Maschinen zu synchronisieren, müssen Drehzahlwerte und Beschleunigungswerte sowie Steuerbefehle von der SPS zu den Stromrichtergeräten übertragen werden.

☐ Maschinenzustände, z. B. Istwerte, Störungen und Produktionsdaten, werden von den Stromrichtern zur SPS übertragen.

Die Vorteile eines solchen Bussystems sind:

☐ Durch Dezentralisierung wird eine hohe Verfügbarkeit erreicht, da beim Ausfall eines Teilnehmers die übrigen Teilnehmer ungestört weiterarbeiten können;

☐ direkte Kommunikation zwischen den Teilnehmern;

☐ geringer Verkabelungsaufwand, d. h, einfach zu installieren, preiswert;

☐ bei zusätzlichen Teilnehmern einfach erweiterbar, da sie nur an die bestehende Leitung angekoppelt werden müssen.

Stichwortverzeichnis